現代の食料・農業・農村を考える

藤田武弘・内藤重之・細野賢治・岸上光克 編著

ミネルヴァ書房

は じ め に

　いま，グローバリゼーションの進展により，国境を越えてその活動領域を地球規模にまで拡大した資本（多国籍企業）の活動が，現代日本の国民生活や地域のあり方に大きく影響を及ぼしている。産業空洞化による地場産業の衰退，大型店の規制緩和に伴う中小小売業（商店街）の衰退，さらにはWTO体制を与件とする農産物輸入拡大政策のもとで，日本の農山村では地域経済・農家経営が大きく疲弊している。「都市での人間の生命活動の維持に必要な食料は近在の農村が供給する」という元来の基本的物質代謝関係は崩れ，結果として持続性に欠ける「大規模輸出型農業」という幻想への政策転換がさらに環境・生態系への負担を増幅させるといった悪しき連鎖を生じさせている。

　例えば，食の領域においては，安全・安心の確保をめぐる困難（リスクコミュニケーションが確立しにくい），食の「簡便化・外部化」の進行に伴う食品産業の原料調達をめぐる問題（「開発輸入」による輸出国の生態系への負担増大や企業のモラルハザードなど）などが深刻化している。一方で，農業・農村の現場では，農産物価格と農業所得の低迷を背景として，農業労働力・農地などの基礎資源の適正な維持・管理が危ぶまれており，さらには共同体としての集落機能が喪われる「限界集落」化が進行するなど，農山村に居住する農家や住民だけでは地域を維持・管理することが困難となっている。

　しかし近年では，少子高齢化に伴う人口減少社会の到来に警鐘を鳴らした「増田レポート」（日本創生会議・人口減少問題検討分科会による「成長を続ける21世紀のために『ストップ少子化・地方元気戦略』」）の予見とは裏腹に，山間地の過疎集落で人口の社会増が実現するなど，若年世代を中心とする「田園回帰」の動きにも注目が集まっている。実際に，ほころびをみせ始めた集落のコミュニティを，都市からの移住者や地域おこし協力隊などの外部サポーターがつなぎ合わせるような取組も各地で進んでいる。

　ただし，農政においては，都市農村交流推進と併せて，農業の多面的機能発

i

揮のための施策や中山間地域等直接支払制度を再編した日本型直接支払制度を導入するなど「地域政策」を推進しつつあるが，その根幹部分においては新自由主義的性格を強めた「産業政策」が基調とされており，前者は後者の遂行によって惹起するであろう農村における外部環境の悪化に対する緩和措置としての位置づけにすぎないとみることができる。一方で，総務省が「ふるさと」の地域づくりを支える多様な担い手として，長期的な「定住人口」でも短期的な「交流人口」でもない，地域や地域の人々と多様に関わる者として「関係人口」に着目した新たな仕組みづくりの必要を指摘しているのと対照的である。

　いま，これまでの経済成長追求型の「都市型一極社会」か，脱成長型のオルタナティブな価値観に裏付けられた「都市農村共生（対流）型社会」か，いずれを実現しようとするのかの選択が国民一人ひとりに鋭く問われている。そして，そのためには，経済効率を追求する過程で，時間的・空間的・社会的にも切り離されてきた「食」と「農」との関係性をいま一度問い直し，食料・農業・農村の各領域における連環をしっかりと再確認することが肝要であると言えよう。

　『現代の食料・農業・農村を考える』と題した本書は，上記のような現状認識と問題意識に基づいて編集・刊行するものである。本書は，第Ⅰ部（現代の食料を考える），第Ⅱ部（現代の農業を考える），第Ⅲ部（現代の農村を考える）の３部から構成されている。

　第Ⅰ部は，現代日本の食料問題をグローカルな視点から掘り下げ，その実態と課題，さらには解決に向けた道筋を模索するために必要な五つの章を配置している。各章の概要を紹介すれば以下のとおりである。

　第1章「グローバリゼーションと世界の食料需給」（櫻井清一）では，食品をめぐるグローバリゼーションの進展を，主要穀物と野菜の国際的需給動向や食の外部化の視点から概説するとともに，そのアンチテーゼとして世界各地で展開するローカル・フードシステムの成果と課題，さらには飽食と同時に併存する栄養不足問題についても指摘している。第2章「食生活・食料消費と日本の食料供給」（杉村泰彦）では，戦後日本における食生活の変化が，食料消費さらには日本農業にいかなる影響を与えたのかについて，食と農とのかい離の

はじめに

進展と輸入依存体制構築に焦点を当て概説するとともに，その過程で惹起した
諸問題を解決するために求められる課題を指摘している。第3章「食料流通と
表示・認証制度」（矢野泉）では，日本における食料（米・生鮮食料品）流通
の基本的構造を踏まえたうえで，それが1990年代以降の規制緩和の流れのなか
でいかに変化したのかを概説するとともに，生産と消費の隔たりの拡大，食の
安全・安心への関心の高まりを背景として進展する食品表示・認証制度の到達
点を確認し，併せてその課題についても指摘している。第4章「食品産業の展
開と原料調達」（佐藤和憲）では，食の外部化が進展するもとで国内経済にお
いても重要な役割を担う食品産業に焦点を当て，食品製造業・食品流通業・外
食産業の特徴を概説するとともに，とりわけ食品製造業の原料調達においては
輸入依存が進展している一方で，安全性や品質の高さなどの日本農業の優位性
に対する可能性が拡がっていることを指摘している。第5章「農産物市場開放
と日本の食料・農業」（内藤重之）では，戦後日本における農産物市場開放の
経緯を概観するとともに，WTO 交渉や FTA，EPA の取組，さらには TPP
交渉の行方が日本の食料・農業問題に与える影響について最新の動向を踏まえ
ながら，今後の日本における食料の安定確保，農業の持続的発展に求められる
課題を指摘している。

　第Ⅱ部は，現代の日本農業が直面している問題や課題を，政策や各種制度の
展開状況，主要な部門別にみた基本動向と外部環境変化への対応，そして農業
協同組合に求められる役割等の視角から，歴史をひも解きつつ総合的・多面的
に考察している。各章の概要を紹介すれば以下のとおりである。

　第6章「農業・農政をめぐる課題」（横山英信）では，日本農業をめぐる基
本指標の動向を踏まえ，戦後農政の展開過程と今日の日本農政の基本的枠組み
の特徴を概説するとともに，とりわけ近年においては産業政策と地域政策に区
分された農政が，前者による新自由主義的再編がもたらす矛盾を後者が吸収す
る関係のもとで展開していることの問題を指摘している。第7章「農地制度と
土地利用」（荒井聡）では，耕作者主義を柱とする農地法など農地制度におけ
る戦後規制緩和の変遷を概説するとともに，農地利用の現状ならびに農業経営
の持続的発展のために求められる農地管理のあり方について言及している。第

iii

8章「農業の担い手と農業経営」（山本淳子）では，農家および農業労働力の動向を概観するとともに，農業の担い手における家族経営以外の多様な形態（農業法人，集落営農，農外企業の参入など）の特徴と課題，さらには新規就農の動向と参入時の課題について指摘している。

　第9章「水田農業の確立と産地の課題」（小野之）では，米需給と需給調整政策，水田利用の動向，米流通の変化を概説するとともに，水田農業の現状と産地における稲作経営安定化に向けた取組，さらには政策展開の特徴と課題を指摘している。第10章「園芸を取り巻く環境変化と産地の課題」（宮井浩志・辻和良）では，園芸作物（野菜，果実，花き）の特性と需給動向を概説するとともに，各部門別の生産・出荷の特徴，園芸作物の流通システムの変化，さらにはそれらを踏まえたうえでの各部門別の産地課題を整理している。第11章「工芸作物を取り巻く環境変化と産地の課題」（坂井教郎）では，工芸作物の定義と生産状況を概説するとともに，種類別（糖料作物，デンプン原料作物，嗜好料作物）にみた生産・流通・消費の状況や制度・輸入との関連，さらには産地の課題について指摘している。第12章「畜産を取り巻く環境変化と産地の課題」（安部新一）では，海外輸入飼料に大きく依存した「加工型畜産」による少数の企業的経営の台頭とその特徴を概説するとともに，最終消費者や小売業，外食企業などの実需者ニーズの変化に対応した産地における6次産業化の意義や課題について指摘している。そして，第13章「農業協同組合の展開と新たな情勢・課題」（細野賢治）では，協同組合の原則が有する現代的意義，さらには農業協同組合の組織概要と主要事業について概説するとともに，戦前から現在に至るまでの農業協同組合の歴史的展開過程の整理を踏まえながら，近年の「農協改革」をめぐる問題点と農協組織のあり方をめぐる課題を指摘している。

　そして，第Ⅲ部では，戦後の経済成長を経た農村の変容過程と諸問題の発現状況，さらには若年層の「田園回帰」に象徴される近年の新たな農村との関わり方について整理し，農村振興の基本方向や現代的意義について言及している。四つの章から成る各章の概要を紹介すれば以下のとおりである。

　第14章「農村の変容と地域づくり」（岸上光克・大西敏夫）では，農村の変

遷と農村政策の展開，さらには農村の必要性やその今日的役割，地域づくりの潮流と理論について概説するとともに，「消滅しない」地域づくり戦略の意義について指摘している。第15章「都市農村交流と農業・農村振興」（藤井至・藤田武弘）では，戦後における都市農村関係の変化と関連施策の展開を整理し，多様な拡がりをみせる都市農村交流について概説するとともに，地域づくりの一環として交流事業に取り組む地域を事例とした経済波及効果の実際，ならびに交流による農業・農村振興の可能性を指摘している。第16章「移住・定住と農村コミュニティの再生」（阪井加寿子・貫田理紗）では，近年の「田園回帰」に象徴される都市から農村への移住動向を時代を追って概説するとともに，地域づくりの担い手確保を目的として移住者を受け入れる農村側の取組や国・地方自治体の支援施策の特徴，さらには移住者と行政とを介在する中間支援組織の重要性について指摘している。第17章「地域資源の活用と農村ビジネス」（中尾誠二）では，人口減少社会における農村移住者や継続的に地域と関わり続ける「関係人口」など外部からの眼差しが地域資源活用に有効であることを概説するとともに，地域資源の概念や国の政策を踏まえて農村ビジネスによって地域経済の内部循環性を高めることの重要性を指摘している。

　ところで，本書の執筆者は，年齢や勤務先，専門領域など多様であるが，関西地域に拠点を置く「農業理論研究会」のメンバーであるという点のみが共通している。同研究会は，1952年に当時大阪市立大学経済学部で教鞭を取られていた硲正夫先生を中心に数名の若手研究者の自主的な研究会として誕生したという系譜を持つが，その後会員は次世代へと継承され連綿と研究会活動が続けられ現在に至っている。現在，大学・研究所等に所属する研究者，大学院生，農業関係機関・団体や自治体の職員など約60名近い会員を擁しており，年間4～5回の定例研究会を開催するほか，これまでに数冊の著書を共同研究の成果として上梓している。本書の礎ともなった『食と農の経済学』（ミネルヴァ書房，2004年）もその一つであるが，初版からはや14年が経過し，現代の日本社会における農業・農村の重要性と問題解決に向けた国民的合意形成の必要性が高まりをみせているもとで，今回新たな執筆陣を加えて内容の充実を図ったものである。

本書刊行の企図をひとことで言い表せば，それは読者に対して現代の食料・農業・農村問題への「当事者意識」の醸成を促すということになろう。本書の執筆者は一同に，それは本書を通読したのみでは完結しないと考えている。とりわけ大学生など初学者においては，是非とも本書を手に食料・農業・農村の現場に足を踏み入れ，関係者の声に耳を傾け，そこで惹起している様々な悩みや諸問題に思いを馳せることを通じて，それらを決して「他人ごと」ではなく，私たち自身の生活に密接にかかわる自分自身の問題として理解されることを期待している。そして，そのような「当事者意識」の積み重ねこそが，現代の食料・農業・農村問題の解決に糸口を与えるものと信じてやまない。

　最後に，本書の刊行にあたり，現地調査や資料収集等において数多くの農業関係者や行政・地域住民の方々からご支援・ご協力を賜った。紙幅の関係で名前を掲載することは差し控えさせていただいたが，ご厚情に深く感謝申し上げたい。また，専門書をめぐる出版事情が極めて厳しいなかにもかかわらず，本書の出版を快くお引き受けいただいたミネルヴァ書房，ならびに編集作業にご尽力賜った浅井久仁人氏に厚くお礼申し上げる次第である。

編者を代表して　藤田武弘

目　次

は じ め に

第Ⅰ部　現代の食料を考える

第1章　グローバリゼーションと世界の食料需給 …………………… 2
1　食をめぐるグローバリゼーション ………………………………… 2
2　農産物の国際的需給動向 …………………………………………… 4
3　食の外部化とグローバリゼーション …………………………… 10
4　グローバリゼーションとローカリズム ………………………… 12
5　グローバリゼーションのただなかでの栄養不足問題 ………… 14

第2章　食生活・食料消費と日本の食料供給 ………………………… 16
1　稲作はなぜ縮小したのか …………………………………………… 17
2　戦後の食料不足への対応と食生活の変化 ……………………… 18
3　経済成長と食生活の変化 …………………………………………… 20
4　食料消費の変化と国内農業生産とのかい離 …………………… 25
5　食と農をつなげる動きと残された課題 ………………………… 29

第3章　食料流通と表示・認証制度 …………………………………… 33
1　食料の流通過程の役割 ……………………………………………… 33
2　日本における食料流通の基本的構造と規制緩和 ……………… 34
3　生産と消費の隔たりの拡大 ………………………………………… 38
4　食品表示・認証制度の変遷と現状 ……………………………… 39
5　流通構造の変化と食品表示制度の課題 ………………………… 45

第4章　食品産業の展開と原料調達 …………………………………… 47
1　加工食品と食品製造業 ……………………………………………… 47

vii

2　食品産業の位置と展開過程 ……………………………………………… 48

　3　食品製造業の原料調達 …………………………………………………… 55

第5章　農産物市場開放と日本の食料・農業 ………………………… 63

　1　戦後の食料不足と農産物輸入 …………………………………………… 63

　2　GATT 体制下における農産物市場開放 ……………………………… 65

　3　WTO 交渉と FTA・EPA ……………………………………………… 72

　4　日本における食料・農業の課題 ……………………………………… 78

第Ⅱ部　現代の農業を考える

第6章　農業・農政をめぐる課題 ……………………………………… 82

　1　日本農業をめぐる基本指標の動きとその背景 ……………………… 82

　2　戦後日本農政の展開 …………………………………………………… 85

　3　今日の日本農政の基本的枠組み ……………………………………… 88

　4　近年における日本農政の動向 ………………………………………… 90

　5　日本農業・農政の今後の課題 ………………………………………… 94

第7章　農地制度と土地利用 …………………………………………… 96

　1　農地制度の変遷過程 …………………………………………………… 96

　2　農地利用の現状 ………………………………………………………… 101

　3　農地利用と農地制度の今後──農業の持続的発展のために ………… 107

第8章　農業の担い手と農業経営 ……………………………………… 110

　1　農家および農業労働力の動向 ………………………………………… 110

　2　主な担い手の動向 ……………………………………………………… 113

　3　新規就農者の育成 ……………………………………………………… 116

目　次

第 9 章　水田農業の確立と産地の課題……………………………121
　　1　日本農業における水田農業の位置とその変化………………121
　　2　米需給調整政策と水田利用………………………………123
　　3　米流通の変化と産地間競争………………………………129
　　4　水田作経営の規模拡大と経営安定化……………………131
　　5　水田農業確立に向けた産地の課題………………………135

第 10 章　園芸を取り巻く環境変化と産地の課題………………136
　　1　園芸作物の特性……………………………………………136
　　2　園芸作物の需給動向………………………………………138
　　3　園芸作物の生産・出荷……………………………………141
　　4　園芸作物の流通システム…………………………………145
　　5　園芸産地の課題……………………………………………149

第 11 章　工芸作物を取り巻く環境変化と産地の課題…………153
　　1　工芸作物の定義と生産の状況……………………………153
　　2　糖料作物……………………………………………………156
　　3　デンプン原料作物…………………………………………158
　　4　嗜好料作物…………………………………………………162
　　5　工芸作物の産地の特徴と課題……………………………167

第 12 章　畜産を取り巻く環境変化と産地の課題………………170
　　1　畜産の基本動向と特徴……………………………………170
　　2　畜産物の生産・流通・販売をめぐる環境変化………178
　　3　産地の対応と課題…………………………………………183

第 13 章　農業協同組合の展開と新たな情勢・課題……………186
　　1　農業協同組合の組織形態…………………………………186
　　2　農業協同組合の主な事業…………………………………189

ix

3　農業協同組合の歴史的展開過程……………………………………193
　4　近年の農業協同組合を取り巻く新たな情勢と課題………………198

第Ⅲ部　現代の農村を考える

第14章　農村の変容と地域づくり……………………………………204
　1　農村の変容と今日的役割……………………………………………204
　2　農村政策をめぐる系譜と潮流………………………………………209
　3　農業・農村の再生と地域づくり……………………………………214

第15章　都市農村交流と農業・農村振興……………………………218
　1　都市と農村の関係性の変化と都市農村交流政策の展開…………218
　2　都市農村交流の特徴と多様な取組の展開…………………………221
　3　都市農村交流がもたらす経済波及効果……………………………227
　4　都市農村交流による農業・農村振興………………………………231

第16章　移住・定住と農村コミュニティの再生……………………233
　1　都市から農村への移住の現状………………………………………233
　2　国主導の都市から農村への移住・定住政策………………………237
　3　農村における移住支援の取組………………………………………242
　4　農村移住・定住のこれから…………………………………………248

第17章　地域資源の活用と農村ビジネス……………………………250
　1　田園回帰と農村ビジネス……………………………………………250
　2　地域資源活用と地域政策……………………………………………255
　3　持続可能な社会の構築に向けて……………………………………259

索　引

第Ⅰ部　現代の食料を考える

第1章 グローバリゼーションと世界の食料需給

　本章では，まず食品をめぐるグローバリゼーションはどのような局面に表れているかを概観する。続いて農産物のうち主要穀物類と野菜について，国際的な需給動向の特徴を学ぶ。穀物類は人々の基礎的食料，飼料，油糧資源として欠くことのできない農作物であるが，その取引は国際的に展開している。また野菜は物流技術や加工技術の発達に伴い，遠隔産地からの輸送が可能となり，需要量の増加もあってグローバルな取引が拡大している。また食の外部化の国際的進展についても説明する。食の外部化は加工食品を担う食品製造業の製造・販売や外食産業の発展を促し，その一部は多国籍企業となってグローバルに食材を供給している。食品企業の国際展開の概況にも触れる。また食のグローバル化が進む一方で，ローカルな食品を評価する動きもみられる。その成果と課題について考える。最後に食のグローバル化が進むなかでの栄養不足問題の状況にも触れる。

1　食をめぐるグローバリゼーション

　世界の経済・社会をめぐる状況の連動性を端的に示す用語として「グローバリゼーション」が用いられるようになったのは，1990年代の半ば頃からであろう。それまでは国や地域を超えた取引やコミュニケーションの増加を「国際化」と称することが一般的であった。しかし国境に由来する制約が緩和ないし撤廃され，国や地域をまたぐ経済社会活動が常態化するにつれ，国境を意識しない地球レベルの交流が進展していることを強調するためにグローバリゼーションという用語が多用されるようになった。

経済活動におけるグローバリゼーションとは，商品，資本，労働力およびそれらに付随する情報が，国境に由来する制約を乗り越えて地球規模で拡大していく現象を指す。ここで対象を食品に限定し，より具体的に整理すれば，食をめぐるグローバリゼーションは以下のような現象として社会に出現している。

① 食品貿易の拡大

原料農産物については，より効率的に生産できる国・地域への生産集中度が高まっている。これまで輸送が困難と言われてきた生鮮農産物についても貿易量が拡大している。また加工食品の貿易ネットワークはより広域的かつ複雑に展開している。世界各地に展開している多国籍食品企業は，原料の価格条件，産地の立地条件，労働力の質と賃金条件，加工技術の普及条件などを総合的に考慮し，自社にとってより効率的な生産拠点と販売拠点を決定しており，社会・経済条件が変化すれば拠点も移動する。

② 価格の国際連動性

食品の貿易依存度が高まるとともに，主な産地や消費地で発生する価格変動要因（気象変動等による農作物の不作，予期せぬ需要の急増，政策による生産・消費の誘導など）が当該地域だけでなく，国際的な価格動向に影響を及ぼす場合が増えている。

③ 食品をめぐる労働力の国際的な移動

農産物でも加工食品でも，その生産の場では低廉な労働力に依存していることが多い。手作業を要する農業生産の現場では，多くの国で低賃金の外国人労働者が調達されていることが多い。日本の大規模野菜産地では外国人実習生の労力活用が常態化している。アメリカ西海岸の青果物産地も移民労働者の労働力によって支えられている。

④ 食をめぐる政策・規制のハーモナイゼーション

貿易自由化の流れ，さらには食品の安全性への関心の高まりを受け，食品をめぐる政策・規制は多様な場面で緩和と強化が繰り返されている。しかし共通して言えることは，強化であれ緩和であれ，結果として残るルールの内容やその定め方について，国際的に標準化を進める方向性が強まっている。こうした傾向をハーモナイゼーションという。

第Ⅰ部　現代の食料を考える

⑤ 食生活の標準化・画一化

　国・地域ごとに独自の食生活が維持されてきた。しかし食生活も全く変化しないわけではなく，周辺社会の影響を受け徐々に変化する。近年はどの国でも多様な食材が遠方から調達され，さらに食に関する情報の伝達も早いことから，食生活の内容も部分的には標準化ないし画一化する傾向がみられる。

　以下，本章では食品をめぐるグローバリゼーションについて具体的に理解するために，穀物などの基礎的農産物の国際的な需給動向（2節），加工食品や食生活の外部化をめぐる日本および海外の動向（3節），さらに食のグローバル化に対抗するように展開するローカルな食品をめぐる動向の特徴や課題について検討する（4節）。最後に食のグローバリゼーションが進行しているなかでも栄養不足問題は解決されていないことも説明する（5節）。

2　農産物の国際的需給動向

(1)　穀物類の国際的な取引にみられる特徴

　主食として用いられる小麦や米，飼料用として多用されるトウモロコシ，油糧作物として利用される大豆など，穀物類*は世界各地で生産・消費されているが，そのうちの相当量が貿易にまわり，国際的に取引されている。これら穀物類は人々の食生活を支える基礎的な食料であり，その需給動向や取引状況はどの国でも重大な関心事となっている。

> ＊厳密に言えば，大豆は豆類に分類され，穀物とは区別される。しかし生産や取引をめぐるグローバルな動きが穀物に類似しているので，本章では主要穀物とまとめて「穀物類」として扱うことにする。

　穀物類の需給動向は，長期的にも短期的にも変動する。長期的動向を確認すると，1970年代には，「緑の革命」の効果もあって生産量は増加したものの，人口の増加も著しく，国際的に需給はひっ迫していた。1980年代になると，一部のアフリカ諸国において食糧難が発生したものの，EU（European Union：欧州連合，当時はEC〔European Community：欧州共同体〕）諸国による補助金政策を伴った小麦の輸出の増加もあって，国際的には穀物需給は過剰傾向で推移し

た。1990年代以降は，不足と過剰を繰り返し，短期的に目まぐるしく需給動向は変動している。

　短期的変動が顕著になった要因の一つが，世界各地に発生している異常気象である。主要生産国，特に輸出国において異常気象による不作が発生すると，穀物供給は不足基調に陥り，価格も急騰する。また新たな政策の導入も穀物需給に影響する。1970・80年代に一部の国・地域で実施された直接的な穀物の供給制限政策や輸出補助金政策の実施はあまりみられなくなったが，新たな政策が間接的に穀物需給に影響を及ぼすことはある。例えば，2006～08年度に穀物価格は急騰したが，その一因は穀物輸出国であるアメリカが化石燃料に代替するバイオマス・エネルギーを振興する政策をとったため，エネルギー源となるトウモロコシの燃料向け作付・販売が増加し，その反動として食用・飼料用トウモロコシおよび他の穀物の作付が減少したことにあるとの指摘がある。もう一つの価格変動要因は，投機マネーの流入である。多くの穀物類は先物市場において取引されている。先物取引は，本来は価格変動リスクを考慮するために整備された取引方法である。しかし取引の現場で発生する価格差を見越して差額利益を得ようとする投資機関の投資マネーが市場に流入し，かえって価格の不安定性を助長することもある。2008年のリーマン・ショック直後の穀物価格暴落は，多くの投機マネーが穀物市場に流入していたことを示唆する。

　穀物類の流通は国際的に展開しているため，国際的な指標価格が形成されている。現在，小麦・トウモロコシ・大豆等ではシカゴ商品取引所（CBOT: Chicago Board of Trade）の先物市場価格，米については最大の輸出国であるタイのバンコク市場における輸出米価格が指標価格となっている。

　穀物の取引には多様な経済主体が関与しているが，特に影響力が大きいと言われているのが「穀物メジャー」と称される多国籍企業の商社である。穀物メジャー各社は，関連子会社・団体とともに世界中の生産者（団体）から穀物を集め，保管し，価格動向をみながら大量に販売する行為をグローバルに展開している。経済発展とともに穀物需要量が増大し，マーケットの地理的範囲も広がったことから，穀物メジャーおよび関連企業のビジネス・ネットワークもグローバルに展開している。またその事業領域も穀物取引に限定されず，他の1

第Ⅰ部　現代の食料を考える

次農産物や飼料の販売，畜産部門への展開，物流や金融サービスへの進出など，関連領域への多角化が進んでいる。

(2)　主要穀物類の需給動向

　表1-1は，主要穀物類4品目の国際的な需給動向を把握するため，各品目の生産量，消費量，輸出に振り分けられる量，期末在庫量と，生産・消費・輸出入における上位3カ国の数値を整理したものである。生産量と輸出量については，3カ国の合計が世界全体に占めるシェア（％）も示した。

　まず，各品目にほぼ共通する特徴をまとめておこう。2016年度の生産・消費量と2006年度（不作等が発生し国際的に価格高騰が指摘され始めた時期）とを比較すると，どの品目でも増加している。生産量はこの10年間で概ね増加基調であったことが確認できる。期末在庫量も増加しており，2006年度以降しばしば懸念されていた穀物不足のリスクは相対的には緩和している。とはいえ，消費量が依然として増加していることは，今後の穀物需給リスクが完全には解消していないことも示唆している。

　つぎに，主要4品目の具体的な特徴を整理すれば以下のとおりである。

①　小　麦

　世界各地で生産され，様々な形態に加工されて消費される最重要の穀物である。そのため他の品目に比べ，主要生産国および輸出国のシェアがやや低い。一方，主要輸入国にはアジアや北アフリカの人口の多い国が並んでいる。

②　米

　多くのアジア諸国で主食として用いられ，生産量・消費量とも多い。またアフリカでも一定の需要がある。ただし，他の品目に比べると生産量のうち輸出に回る割合が低く，1割未満となっている。こうした状況下で輸出国に天候など予期せぬ供給変動要因が発生すると，輸出量が激減し，国際価格が高騰する恐れがある。こうした市場状況をシン・マーケット（thin market）と言う。

③　トウモロコシ

　生産量の極めて多い穀物だが，その多くは食用よりも飼料用として消費されている。近年，経済発展を遂げた国では肉類の消費が増加しており，飼料用ト

第1章　グローバリゼーションと世界の食料需給

表1‐1　主要穀物類の世界需給動向：2016年度および2006年度

(単位：千t)

		小　麦 2016年度	小麦 2006年度		米 2016年度	米 2006年度
生産量		754,312	596,663		483,922	420,105
消費量		734,747	618,854		476,208	418,460
輸出量		181,637	111,559		43,080	31,326
期末在庫量		258,049	133,503		119,394	75,399
国別生産量上位3カ国	EU諸国	145,571	125,670	中　国	144,850	127,200
	中　国	128,850	108,466	インド	108,000	93,345
	インド	87,000	69,355	インドネシア	37,150	35,300
（シェア）		47.9%	50.9%		59.9%	60.9%
国別消費量上位3カ国	EU諸国	128,500	126,182	中　国	143,500	127,200
	中　国	118,500	102,000	インド	96,500	86,695
	インド	97,500	73,482	インドネシア	37,600	35,900
国別輸出量上位3カ国	アメリカ	28,716	24,725	インド	10,600	5,740
	ロシア	27,800	10,790	タイ	10,000	9,557
	EU諸国	27,000	13,946	ベトナム	6,000	4,522
（シェア）		46.0%	44.3%		61.7%	63.3%
国別輸入量上位3カ国	エジプト	11,500	7,300	中　国	5,150	472
	インドネシア	9,900	5,601	ナイジェリア	2,200	1,500
	アルジェリア	8,000	4,874	EU諸国	1,850	1,344

		トウモロコシ 2016年度	トウモロコシ 2006年度		大　豆 2016年度	大豆 2006年度
生産量		1,068,793	716,066		351,742	235,706
消費量		1,031,269	727,058		331,428	224,666
輸出量		159,738	93,933		144,986	71,137
期末在庫量		227,508	108,703		96,978	63,113
国別生産量上位3カ国	アメリカ	384,778	267,503	アメリカ	117,208	87,001
	中　国	219,554	151,603	ブラジル	114,000	59,000
	ブラジル	97,000	51,000	アルゼンチン	57,800	48,800
（シェア）		65.6%	65.7%		82.2%	82.6%
国別消費量上位3カ国	アメリカ	313,577	230,674	中　国	101,500	46,126
	中　国	232,000	145,000	アメリカ	54,918	53,473
	EU諸国	72,500	64,558	アルゼンチン	49,900	35,216
国別輸出量上位3カ国	アメリカ	56,518	53,987	ブラジル	61,000	23,485
	ブラジル	34,000	10,836	アメリカ	58,513	30,386
	アルゼンチン	27,500	15,374	アルゼンチン	7,000	9,560
（シェア）		73.9%	85.4%		87.3%	89.2%
国別輸入量上位3カ国	日　本	15,000	16,713	中　国	91,000	28,726
	メキシコ	14,800	8,944	EU諸国	13,800	15,181
	EU諸国	13,100	7,123	メキシコ	4,200	3,844

注：1）EU加盟諸国は一括して集計した。
　　2）国別生産量および輸出量のシェアは，上位3カ国の合計が世界の合計に占める割合を示している。
　　3）2016/17年穀物年度を2016年度と表記した。
　　4）国別の順位は2016年度の数値に基づく。

資料：USDA（米国農務省）Production, Supply and Distribution Online HP掲載データより作成。

第 I 部　現代の食料を考える

ウモロコシの需要も拡大傾向にある。加えて，バイオマス・エネルギーの実用化とともに燃料向け需要も拡大しており，需給関係は近年大きく変動している。輸出では南北アメリカの国々のシェアが高い。

④　大　豆

　日本をはじめ東アジア諸国では生食用ないし加工食品（豆腐・しょうゆ等）の原料としての消費も一定量あるが，最大の使途は搾油である。近年の大豆需給をめぐる最大の変化は，大消費国である中国の消費量急増である。かつて中国では大豆生産も盛んで相当量を自給していたが，品質上の問題と旺盛な食用油需要の増加に対応するため，今や世界最大の大豆輸入国に転じている。

(3)　生鮮農産物のグローバルな需給動向：野菜を例に

　生鮮農産物の典型例は野菜であろう。日常の食生活で欠かせない野菜であるが，その多くがかさ（嵩）が大きく鮮度劣化ないし腐敗しやすいという物理的特性を有するため，輸送が困難であり，かつては産地と消費地が近接し，貿易も含む遠距離輸送には適さないと認識されてきた。しかし産地の大型化と消費量の増加，さらにコールドチェーンの形成に代表される物流技術の発達により，野菜の遠距離流通も可能になり，貿易量も拡大している。

　表 1-2 は，野菜の生産・貿易動向と，日本を含む主要国の 1 人当たり年間供給量を整理したものである。野菜の生産量自体は増加基調にある。そのうち輸出に回るのは10％未満であり，穀類に比べればその割合は低い。しかし生産量が増加するなかで，輸出比率も漸増傾向にあることから，生鮮品ゆえに遠距離輸送が難しいと言われていた野菜も近年ではグローバルに流通していることがわかる。日本も一定量の野菜を輸入に依存しており，その比率は増加傾向にある。

　日本における野菜の輸入は，かつては国内産地が不作の場合の代替的輸入，または国産野菜の端境期における輸入など，国産野菜を補完するスポット的な輸入と捉えられていた。しかし近年は，輸入される品目数も多様化しているうえ，入荷時期も長期化する傾向にある。国内の産地と競合しながら，実需者・消費者の周年供給ニーズに応えるべく，海外の野菜産地も重要な集荷先として

8

第 1 章　グローバリゼーションと世界の食料需給

表 1 - 2　野菜の国際的需給に関する諸指標

	世界全体		日本	1人当たり年間野菜供給量（kg）								
	生産量 （百万t）	輸出割 合(%)	輸入割 合(%)	日本	アメ リカ	イギ リス	フラ ンス	韓国	中国	タイ	インド	世界 平均
1993年	514	5.7	11.6	113.5	113.3	89.4	123.8	219.8	128.1	40.9	53.2	82.9
2003年	862	5.8	19.1	107.7	126.7	92.3	107.1	216.4	269.0	47.0	66.3	120.3
2013年	1,130	6.6	20.7	102.3	114.0	97.0	97.3	205.9	347.8	51.6	88.7	140.5

資料：FAOSTAT: Food Balance Sheet HP 掲載データより作成。

位置づけられている。また輸入される野菜の形態も，物流および 1 次加工技術の発達・普及により多様化している。財務省「貿易統計」により2016年の輸入形態別比率を確認すると，生鮮野菜33％，冷凍野菜37％，その他30％と拮抗している。近年の傾向としては，生鮮野菜がやや減少し，冷凍野菜の割合が微増している。またその他に含まれる塩蔵野菜は減少している。実需者のニーズにより適した形態が選択できるようになりつつある。

　また 1 人当たり年間供給量をみると，世界の食生活の変化を垣間みることができる。多くの国で，経済の発展とともに，食生活の多様化が進展し，穀物の消費は停滞ないし減少する反面，肉類や青果物の消費は増えることが経験的に確認されている。表 1 - 2 をみても，世界平均および経済発展著しい中国＊・インドでは 1 人当たり野菜供給量が増加基調にある。先進国では野菜の消費量は相対的に多いものの，国により異なる傾向を示している。日本は野菜供給量が減少している数少ない国の一つである。その背景には，米の消費の減少とともに，副食として食べる野菜（漬物等）が減少したこと，高齢化の進展によりこれまで野菜を多く消費していた世代での消費量が減少していることをはじめとする食生活の変化がある。

　　＊中国の 1 人当たり野菜供給量の統計値についてはやや過剰ではないかとの懸念もある。FAOSTAT における人口数の把握ないし集計上の問題がある可能性も高い。しかし実勢として野菜供給量が増加傾向にあることは確かであろう。

第Ⅰ部　現代の食料を考える

3　食の外部化とグローバリゼーション

(1)　食の外部化とは

　私たちの食事を振り返ると，自宅で食事する場合でも，生鮮食品から調理した料理だけでなく，すでに調理されたそう菜をそのまま食べたり，自前で調理する場合でもある程度加工された食品を材料として活用する機会が多いことに驚かされる。また自宅でなく食堂・レストランで食事をとる機会も多い。食生活においてこうした加工食品や外食への依存度が高まる傾向を「食の外部化」という。日本では戦後ほぼ一貫して食の外部化が進展している。日本だけでなく，多くの国でも程度の差こそあれ，食の外部化は進展している。

　食の外部化の進展により，加工食品を製造するメーカーや外食産業の経済的重要性が高まっている。いずれの業者も，顧客のニーズを満たす製品・サービスをなるべく低廉な価格で提供しようとするため，結果として原材料調達の場では国産品に限らず，輸入品に依存することも多い。また海外の様々な食材が国内に流入し，それらが自国の食生活に取り入れられると，食の外部化はさらに進展する。食材のグローバルな調達と食の外部化は相互に影響しあっている。

(2)　食と農をめぐる多国籍企業の展開

　食品製造業者および外食チェーン運営企業の中には，新たな市場を求めて，あるいは原材料や労働力を求めて，グローバルに拠点を形成し，多国籍企業として成長した企業も多く存在する。日本で何気なく飲食している食品の多くが海外企業，あるいは海外企業が出資した日本の製造拠点で製造されている。その一方で，海外のスーパーマーケットにおいて，普段利用している日本の食品が日常的に販売されている光景を目にして驚いた方もいるだろう。その食品の製造元をチェックすると，日本の工場で製造され輸入されたものもあれば，海外にある日本企業の工場，あるいは提携先現地企業の工場で作られたものもある。食品は原料調達ないし製品販売時の鮮度管理が要求されるもの，かさ高で輸送費がかさむもの，国・地域の食文化の違い，さらには流通慣行の違いなど，

製造・販売にあたって多様な制約条件を抱えている。そのため，食に関わる多国籍企業の実際の進出パターンは複雑であるが，重要な特徴を何点かに整理しておこう。

まず海外進出の初期段階では，自国で製造した製品を相手国市場に輸出する。輸出には様々な手続きを要するため，ノウハウを持っていない場合は商社など代理店を経由することが多い。ある程度ノウハウが蓄積されると，自社より直接相手国の流通業者と交渉し輸出する。

相手国市場において一定の売上が期待でき，さらに現地で製造・販売するほうがコスト面で有利な場合は，直接投資により当該国に製造・販売拠点を設けようとする。その場合も，自ら新たに拠点を設け，自社の強いコントロールのもと製造・販売する場合もあれば，現地企業を買収し，既存企業のノウハウを活用する場合もある。

製品輸出と直接出資による進出の中間的形態も食品企業ではよく選択される。現地企業と共同出資し，合弁企業を設ける例は多い。その場合は出資割合により自社のコントロールできるレベルとリスクが定まる。なかには海外企業の投資を求めつつ，外国企業による完全なコントロールを避けるため，合弁企業を優遇する国もある。また，直接出資は行わないものの，現地企業に有償でノウハウ等を伝授し，実際の製造・販売はその企業に委ねるライセンシングもよく行われる。

具体的な例として，日本におけるコーラの製造・販売を考えてみよう。コーラは世界的にコカ・コーラとペプシの二大ブランドによる寡占状態が続いており，日本市場も同様である。日本のコカ・コーラは戦後ほぼ一貫してアメリカ企業が出資した子会社である日本コカ・コーラ（株）による原液管理およびマーケティングのもと，数社の国内ボトリング会社が製造・販売を行う体制が続いている。一方，ペプシの日本市場での展開は複雑な経過をたどっている。一時は米国ペプシコ社が日本法人を立ち上げ製造販売を直接管理したこともあったが，現在はサントリーがボトリングの優先フランチャイズ権を獲得し，同社の飲料部門の一部として展開している。

なお，製造業や外食産業に比べると，流通業では国・地域ごとに残る商慣行

第Ⅰ部　現代の食料を考える

の影響や中小企業・家族経営の占める割合が高かったことから，グローバル化の進展は限定的とみられていた。しかし1980年代以降は欧米諸国の大規模小売チェーンの海外進出が顕著で，その店舗網は先進国だけでなく開発途上国にも拡大している。同時に最大手チェーンによる小売業の寡占化も進みつつある。特に経済成長著しいアジア諸国では，一定規模の都市を訪れると，伝統的な小売店や露天商マーケットが今なお軒を連ねる一方で，欧米小売資本も出資・運営に参画する巨大ショッピングモールが盛況で，富裕層だけでなく一般の顧客も日常的に買い物をしている光景を目にすることができる。

4　グローバリゼーションとローカリズム

(1)　オールタナティブとしてのローカル・フードシステム

　農産物・食品取引のグローバリゼーションが進展し，私たちは食生活のかなりの部分を世界各国で生産された食品に依存している。しかし海外の食品や原料農産物に過度に依存することにより，天候不順や紛争といった予期せぬ事態が発生したときの自国の食料安全保障が危惧されるようになって久しい。その根拠としてよく引用される自給率は，いくつかの算出基準があり，どの基準を用いるかによって率は変化する。しかしいずれの指標をとっても，長期的にみて日本の自給率水準が好転していないのは確かである。また多くの国で食生活が変化し，様々な食品を摂取するようになった結果，国際的に展開する食品ブランドや外食チェーンも増えた。その影響を受け，地域独自の食生活の持つ望ましい特性が失われていくことを危惧する意見もある。

　こうした食のグローバル化の負の側面を反省し，その改善を期待して，失われかけたローカルな食品や食生活様式を再評価する動きが各地に展開している。取組内容は様々であるが，単にローカルな食の良さを訴えるだけでなく，それを実現するためにローカルな食材の生産や流通・消費を支援しようとするオールタナティブ（代替的）な側面を持つ点は共通している。そしてローカルな食材を実際に生産し流通させる仕組みをローカル・フードシステムと称する機会も増えている。

第1章　グローバリゼーションと世界の食料需給

　日本では2000年頃から「地産地消」というキーワードが認知され，地元の食材を扱う農産物直売所やスーパーマーケットのローカル食材コーナーに多くの消費者が足を運んでいる。児童・生徒への食育においても，地域の農産物や食品を取り上げることは多い。韓国でも「身土不二」というスローガンのもと，国産品やローカルな食材を積極的に販売し購入する動きがみられる。アメリカでは「buy local」というスローガンのもと，ファーマーズ・マーケットの設置数が増加しているほか，東海岸および西海岸の諸州を中心にCSA（Community Supported Agriculture）と呼ばれる契約取引システムが実践されている。アメリカのファーマーズ・マーケットやCSAで取引される園芸作物には環境に配慮した栽培方法を取り入れたものが多く，経営の持続性を考慮して価格も比較的高めに設定されている。イタリアで生まれた「スローフード運動」では，良質の伝統的な食材を守り，その生産者を支援し，さらには消費者の味覚を教育することなどを目指している。

(2)　ローカル・フードシステムの成果と課題

　ローカル・フードシステムの多様な取組が紹介され，一定の認知を得たことにより，消滅しかけていた在来品種，栽培しにくい伝統品種などが再び認知され，食のグローバル化が進むなかでも食材のバラエティを確保するうえで一定の役割を果たしている。こうしたローカルな食材の生産の担い手は零細な経営体であることが多いが，食を担う経営体の大規模化が進むなかでも，優れた中小規模の経営体は高品質のローカルな食材を提供することで一定の収益性を確保しようとしている。また都市農地や中山間地域など，条件不利地で経営する農家にとっても，ローカル・フードシステムは重要な販路となっている。

　ただし食のグローバル化の大勢をこうしたローカルな取組ですべて代替したり，グローバルな食料需給体制が持つネガティブな側面をすべてローカルな取組で解消できると考えるのは早計である。現実には，グローバル化したシステムとローカルなシステムが競合しつつも併存し，それぞれのシステムが抱える問題点や限界をある程度補完していると捉えるのが妥当であろう。

　またローカルな取組を評価するあまり，海外の農産物や食品，それを生産す

13

第Ⅰ部　現代の食料を考える

る産地や企業に対し，根拠なくネガティブな評価を下す傾向も散見される。こうした近視眼的な視点に陥らないよう気をつけなければならない。

5　グローバリゼーションのただなかでの栄養不足問題

　食のグローバリゼーションが進むなかでも，今なお世界各地には健康な生活を維持するのに十分な栄養を摂取できない人々が多数存在する。1996年にローマで開催された世界食料サミットにおいて，国連加盟国は2015年までに栄養不足人口（健康と体重を維持し，軽度の活動を行うために必要な栄養を十分に摂取できない人々）を半減させるという目標を設定した。FAO（Food and Agriculture Organization：国連食糧農業機関）の公表値によれば，1990～92年の世界人口に占める栄養不足人口は10.11億人（総人口の18.6％）であったが，2014～16年には7.95億人（同10.9％）に減少しており，世界全体としてみれば栄養不足状態は改善の方向に向かっている。しかし地域別格差の拡大が懸念されている。サブサハラ（サハラ砂漠以南）アフリカでの栄養不足人口は今も増加している。アジア諸国では東アジアおよび東南アジアでは改善が進んだものの，人口の多い南アジアでの改善は遅く，西アジア（中東諸国）ではむしろ栄養不足人口が増加している。

　さらに，一国内でも栄養状態の格差が拡がっている国は多く，先進国にすらその傾向がみられる。その際たる例は日本である。OECD（Organization for Economic Co-operation and Development：経済協力開発機構）の統計によれば，日本の相対的貧困率（可処分所得が全国民の中央値の半分に満たない国民の割合）は16.1％（2012年）で，OECDに加盟する35カ国中7位という高い水準にあり，今なお増加基調にある。加えて近年，貧困層に多く含まれると思われる一部の子どものいる世帯あるいは老人単身世帯において栄養不足問題が深刻であることが明らかになっている。

　グローバリゼーションという逆らいがたい標準化・画一化の方向に向かっている食の問題も，少し丁寧に注視すれば，その内容をめぐって実に多様な状況が存在しているのである。

第1章　グローバリゼーションと世界の食料需給

参考文献

国際農林業協働協会（2017）『世界の食料不安の現状　2015年報告』JAICAF.

櫻井清一編（2011）『直売型農業・農産物流通の国際比較』農林統計出版.

高嶋克義・桑原秀史（2008）『現代マーケティング論』有斐閣.

日本農業市場学会編（2008）『食料・農産物の流通と市場Ⅱ』筑波書房.

農林水産省（2017）『食料・農業・農村白書　平成29年版』農林統計協会.

（櫻井　清一）

第2章 食生活・食料消費と日本の食料供給

　私たちの食生活とは何によってかたちづくられるのであろうか。アジア・モンスーン地帯で暮らす日本人は長く米を主食としてきたが，ヨーロッパでは草地を家畜の飼養などによって畑地とし，そこで栽培した小麦を主食としてきた。つまり第1に，気候および地理的条件によって食生活は規定されている。第2には，購入するのか自分で作り出すのか，購買するならすべて購入するのか，加工や調理などのサービスを含めて食品を購入するのか，そしてその代金を支払う収入があるのかなど，社会・経済的条件にも強く規定される。第3に，インバウンドの増加とともに注目されるハラール食品のように，宗教的要因も食生活の強い規定要因となり得る。

　要するに今日の食生活は，人口構成や労働時間などの社会のあり方，経済成長の度合い，素材を供給する農林水産業のあり方，加工や保存，輸送など食に関連する技術水準，さらには流行といった文化面に至るまで，様々な要素が複雑に関連しあって形成されているのである。

　ところで，食料には必ず消費者と生産者がいる。したがって，食をめぐる問題には常に二つの側面がある。例えば，同じ米をめぐっても，私たち消費者にとっては食生活における「ごはん」の問題であるが，食料を供給する側にとっては稲作農業の問題である。天候不順による穀物価格の高騰など，供給する農業の変化が私たちの食生活に影響するように，私たちの食生活の変化も農業に強く影響している。そこで，この章では食生活の変化を中心に，それに伴う食料供給の変化について解説する。

1 稲作はなぜ縮小したのか

　日本の主食は米だが，それを生産する稲作は縮小傾向にある。水稲について言えば，収穫量が初めて１千万 t を上回ったのは1933年で，それが45年には582万３千 t にまで落ち込んだものの，終戦直後の食糧危機を経て，官民を挙げた増産への努力により67年に1,425万７千 t にまで達した。1971年から水田の減反政策が本格的に始まったことで，収穫量はその前後をピークとして減少へ転じた。そして，直近の2016年には804万２千 t と，ピーク時の56.4％にとどまった。作付面積も1969年の317.3万 ha から2016年には157.3万 ha へと半減している。

　なぜ，主食である米において，このような生産の縮小がみられるのだろうか。しばしば，国産農産物は安い輸入農産物に価格競争で負ける，と言われる。米の国内自給率は2016年でも98％であり，米についてはこれは当てはまらない。

　実は，米は生産だけではなく消費量も減少傾向にある。１人１年当たりの米の消費量は，1962年の118 kg をピークに一貫して減少しており，2015年には半分以下の54.6 kg にまで減っている。つまりこれは，われわれが米を食べなくなったということであり，このことが稲作の縮小に最も強く影響していると考えられている。主食としての米の地位は後退し，食卓ではパンやめん類などとの併存が一般的な光景になった。しかし，これらの主原料である小麦の生産が米に代わって増えたのかといえば必ずしもそうではなく，小麦の国内自給率は約12％（2016年）にすぎない。つまり，これら小麦製品はたとえ国産品だったとしても，その原材料の大半は輸入によって調達されているのである。

　このような食生活の変化は，食料供給を担う農業にも大きな影響を及ぼすこととなる。そこで次節からは，日本の食生活とともに食料消費がどのように変化し，その背後の農業へどのように影響が及んだのか，約70年間の流れをたどってみよう。

第Ⅰ部　現代の食料を考える

2　戦後の食料不足への対応と食生活の変化

(1)　戦後の食糧難と食糧増産政策

　農林水産省「食料需給表」によると，国民１人１日当たり供給熱量は，1996年には2,671 kcalに達し，それをピークとして変動を伴いつつも今日まで減少が続いている。2015年は2,418 kcal（酒類を除く）であった。それを戦前の1939年にまでさかのぼってみると，１人１日当たり2,075 kcalであったが，終戦直後の46年には実に1,448 kcalにまで落ち込んでいる。今日の日本は「飽食の時代」などと言われているが，実のところ，日本に暮らす私たちもつい３世代前にはかなり厳しい食糧難を経験しているのである。

　1931年から15年間も続いた戦争によって，農村部の疲弊に加え，輸入の途絶などにより，敗戦を迎える頃には日本の食料供給能力は大きく低下していた。そこへ約600万人もの復員者や外地などからの引き揚げ者が加わることになり，国民生活は今日明日の衣食住に事欠くほどの悲惨な状態であった。戦時中から主要食料は配給制度によって分配されていたが，計画どおりにはいかず，欠配や遅配を頻発させていた。しかも，終戦の1945年は冷害年であり，食糧難はとりわけ深刻化した。供給カロリーは，前述のように戦前の７割程度に落ち込んだが，その内容も粗悪であり，米の割合が低下し，イモ類などの代替品に置き換わった。

　このような飢餓とも言える状況からの脱出こそが，終戦直後の日本にとって最大の課題であった。まずは，外地からの引き揚げ者を農家として開拓地に送り込むことで，耕地の外延的拡大による食糧増産を図った＊。さらに，米を中心とした新品種開発，化学肥料の増産とその多投，新しい農薬の輸入，土壌改良やかんがい排水施設の整備，保温折衷苗代といった早期栽培技術の向上など，既耕地でも面積当たりの収量（反収）の増大を図ろうとする農業政策が次々と展開されていった。

　　＊このような戦後開拓は，たいした準備もなく引き揚げ者を原野に送り込んだだけ
　　で，定着に至らなかったケースも多かったと言われる。田代洋一は過剰人口を吸収

18

第2章　食生活・食料消費と日本の食料供給

するための「棄民政策」だったと厳しく批判している（田代 2012: 52）。

　これらの食糧増産政策は徐々に効果をみせ始め，食料需給のひっ迫は緩和されていった。1955年までには，食料供給力も国民1人1日当たり供給カロリーで戦前の水準を上回るまでに回復している。

(2)　食料不足の背後で進展した食生活の変容

　食料供給力の回復は，積極的な食糧増産政策の展開と，農地改革を通じて自作農となった農業者の努力がもたらしたものである。しかし，食料事情の好転はそれだけで実現したわけではない。この頃に日本で暮らしていた人々は，食料の圧倒的な不足のなか，海外からの食料援助も受けることで，なんとか食いつないでいた。しかも，急場をしのぐ食料支援の背後では，戦後日本の食生活を大きく変化させる動きもあった。その一つが輸入小麦による学校給食の開始である。

　学校給食は，一部の地域では戦前にも存在していたが，それは法に基づいた制度として実施されていたわけではなく，したがって国民の食生活へ影響を及ぼすようなものではなかった。しかし，戦後の学校給食は，1954年に制定された学校給食法に基づく全国的な制度である。

　前述のとおり，終戦直後は厳しい食糧難であり，新しく発足した小学校においても児童の欠食問題が生じた。新しい学校給食制度は，このような欠食児童への対策を目的としていた。終戦翌年の1946年には文部省，農林省，厚生省によって学校給食の基本的方針が打ち出され，その年の12月には首都圏で試験的な供給が始まった。その後の学校給食は，アメリカ政府が占領地対策として軍事費から支出するガリオア資金（占領地域救済政府資金）などを財源としつつ，大都市を中心に徐々に拡大した。1950年には文部省に学校給食担当課が設置され，学校給食法の制定は，それらの措置に法的根拠を与えた。同法では第11条において「学校給食の実施に必要な施設および設備に要する経費並びに学校給食の運営に要する経費のうち政令で定めるものは，義務教育諸学校の設置者の負担とする。」と規定している。つまり，自治体へ財政支援をすることで，すべての児童へ給食を実現しようとする画期的な制度であった。食糧難にあって，

19

第Ⅰ部　現代の食料を考える

子どもたちが飢えることを阻止しようとした重要な制度ではあったが，それと組み合わされた食料供給には別の意味があった。

このような経緯で始まった戦後の学校給食では，アメリカ産の小麦が使われた。戦後のアメリカは，手厚い価格支持政策の影響で膨大な過剰農産物を抱えていた。そこで，学校給食法と同じ1954年に締結した MSA（Mutual Security Act：相互安全保障法）協定，農業貿易促進援助法（PL480）に基づき，日本などへの食料援助によってこれを解消しようとする。この仕組みの特徴は，アメリカから購入した小麦の代金を日本円で日本において積み立てさせ，それを軍備や産業振興に使わせるという点にあった。

サンフランシスコ講和条約により独立したとはいえ，戦争により経済が破綻し，依然として外貨不足に陥っていた日本にとって，食料不足への対応としてもこの仕組みは極めて好都合であった。今日の日本においても重要な役割を果たしている学校給食は，もともとはこれらによる小麦や脱脂粉乳の輸入を前提として成立したのである。

そもそも，学校給食は欠食児童の解消という焦眉の課題に対応したものであった。しかし，その一方ではアメリカの小麦戦略と合致したものでもあった。つまり，パン食と脱脂粉乳を中心とした学校給食によって，米を中心とした食生活を子どもたちから作り替えようとする，アメリカの小麦販売戦略そのものであった。

3　経済成長と食生活の変化

⑴　消費の多様化と PFC バランスの変化

前述したように，食生活は社会のあり方や経済的要因に強く規定されている。日本では高度経済成長期においてそれが顕著にみられた。つまり，終戦直後の食糧難の時代から，学校給食なども通じて米が中心の伝統的な食生活からの脱却が地ならしされ，高度経済成長期にはそれが社会や経済の変化と結びついて食生活は急速に変化したのであった。これを年表としてまとめると，表2-1となる。この過程は，同時に食料の海外依存が深まる過程でもあった。本節で

第2章　食生活・食料消費と日本の食料供給

表2-1　戦後の食にまつわる主な出来事

年次	主な出来事
1946	1月・食糧難のため人口10万人以上の都市への転入が禁止される。
1947	7月・食料配給のうち主食の遅配が全国平均20日に達する。
1950	9月・8大都市の小学校で完全給食が始まる。
1953	12月・東京に日本初のスーパーマーケットが開店。
1957	電気釜の販売数が100万台を突破し，普及が本格化。
1958	8月・日本初のインスタントラーメンが発売。
1959	日本各地でスーパーマーケットの出店が活発化。
1962	スーパーマーケットが急増し，全国で2,700店を超える。翌年には5,000店に到達。
1964	電気冷蔵庫の国内出荷台数が300万台を超える。
1966	コールド・チェーンの実験第1号。
	12月・初の家庭用電子レンジが発売。価格は大卒初任給の約4倍。
1970	7月・ファミリーレストラン（すかいらーく）が東京都府中市に開店。
	大阪万博にケンタッキー・フライドチキンが出店。
1971	7月・ファストフード（マクドナルド）が東京・銀座に開店。
1973	アメリカの大豆禁輸措置により，豆腐などの大豆製品が高騰。
1974	5月・東京・台東区にコンビニエンスストア第1号店（セブンイレブン）が開店。
1979	一般家庭への電子レンジ普及率が30％を超える。
1984	食品を半冷凍状態で保存できる機能をもつ4ドア，5ドア冷蔵庫が発売。
	日本マクドナルドが外食業界初の売り上げ1兆円企業となる。
1986	東京と大阪に宅配ピザ店が登場する。
1993	記録的冷夏による水稲の生育不良が発生し，各国から米の緊急輸入を実施。

資料：家庭総合研究会編（1990）『昭和家庭史年表』河出書房新社などにより作成。

はこれも踏まえつつ，食生活がどのように変化してきたのか整理してみよう。

　1960年代の日本は経済成長率が平均10％を超えており，歴史的にも類例がないほどの高度経済成長だった。概ね1955年から，オイルショックに見舞われた1973年まで，日本が高度経済成長を達成できたのにはいくつかの要因がある。そのうち，労働力面でそれを支えたのが，農村部から排出された質の良い安価な労働力であった。それは稲作の機械化など農業の生産性向上によって余剰となった労働力であり，また農家の子弟たちであった。特に農家の子どもたちは，学卒後「金の卵」として都市部へ送り込まれていった。

　高度経済成長に伴い，国民の所得水準も同時に向上した。私たちの日常生活において食生活は最も重要な基盤であり，したがって家計から最優先で支出さ

21

第 I 部　現代の食料を考える

表 2 - 2　PFC 熱量比率の推移

	割合（%）			指数（1980年度＝100）		
	たんぱく質(P)	脂質(F)	炭水化物(C)	たんぱく質(P)	脂質(F)	炭水化物(C)
1965年	12.2	16.2	71.6	93.8	63.5	116.4
1980年	13.0	25.5	61.5	100.0	100.0	100.0
1985年	12.7	26.1	61.2	97.7	102.4	99.5
1990年	13.0	27.2	59.8	100.0	106.7	97.2
1995年	13.3	28.0	58.7	102.3	109.8	95.4
2000年	13.1	28.7	58.2	100.8	112.5	94.6
2005年	13.1	28.9	58.0	100.8	113.3	94.3
2010年	13.0	28.3	58.6	100.0	111.0	95.3

注：1980年の PFC バランスは望ましい状態とされているので，それと比較している。
資料：農林水産省「食料需給表」により作成。

れるのは食費である。家計消費支出に占める食料への支出割合をエンゲル係数
という。食料はまず量的確保，次いで質の向上，さらには高級化へと向かうが，
食事の量には限度があるため，エンゲル係数は所得の向上に伴って徐々に低下
する傾向を示すのが一般的である。終戦直後の1946年のエンゲル係数は実に
66.7（経済安定本部民政局編「戦前戦後の食糧事情」による）であり，ほとん
ど食べることで精一杯の生活であった。総務省統計局「家計調査」によれば，
1955年にはエンゲル係数は47.0となり，60年に41.5，65年に38.0，70年に34.2，
高度経済成長が終わり安定成長期へと移行した後の75年には32.4と推移した。
つまり，食費の比率は徐々に低下し，消費の内容が多様化していったのである。
　この間に食生活自体も大きく変化した。それを端的に示す栄養の３大要素の
構成を表２－２からみると，食生活において脂肪の摂取量が大幅に増加し，構
成比も高めてきた一方で，炭水化物が低下していることがわかる。また，たん
ぱく質については1990年代まで増加が続き，そのなかで動物性たんぱく質の割
合を高めてきた。その動物性たんぱく質の構成をみると，1970年代の半ばには
肉類＋鶏卵＋牛乳および乳製品が，魚介類＋海藻類を上回るようになり，2015
年の１人１日当たりたんぱく供給量では，前者が 29.2 g であるのに対し，後
者は 14.5 g にとどまっている。1960年には前者が 6.8 g に対して後者が 14.9 g，
1980年には同じく 21.3 g に対し 18.8 g であったので，食生活において肉が好

第2章　食生活・食料消費と日本の食料供給

まれる傾向が徐々に強まっていることがわかる。

(2)　「食の外部化」と加工食品の増大

　日本における食生活の変遷を考えるうえで，「食の外部化・簡便化」傾向とそれに伴う外食産業，食品加工業の発展過程をたどることには重要な意味がある。もっとも，外食産業や食品加工業は必ずしも新しい産業ではない。日本でもかつてから生業的な食堂は存在し，そう菜屋もあった。そこへ表2-1のとおり，1971年にファストフード・チェーンの展開が始まり，いわゆる「ファミリーレストラン」など，外資系も含めた外食産業が本格的に展開し始めたのは1970年代からである。さらに，1980年代中頃から「中食」という新しい形態が登場した。農林水産省の用語説明では，中食とは「レストラン等へ出かけて食事をする外食と，家庭内で手作り料理を食べる『内食（ないしょく）』の中間にあって，市販の弁当やそう菜等，家庭外で調理・加工された食品を家庭や職場・学校・屋外等へ持って帰り，そのまま（調理加熱することなく）食事として食べられる状態に調理された日持ちのしない食品の総称。」としている。

　食費に占める外食と中食への支出割合を「食の外部化率」として図2-1で示した。ここから外食率は漸減したものの，中食を加えた食の外部化率は43〜44%にも達していることがわかる。このような現象は，買い物場所が従来の専門小売店からスーパーマーケット，コンビニエンスストアへと変化してきていることとも強く関係しているものとみられる。

　このような食の外部化が進んだ背景には，労働者の長時間労働に加え，女性の社会進出，さらには因習的家族関係の変質，つまり核家族化がある。

　日本の1人当たり平均年間総実労働時間（就業者）は，1980年に2,162時間と，アメリカの1,893時間，イギリスの1,883時間などと比較すると，かなり長時間であった。それが，1988年の改正労働基準法施行を契機に減少し始め，2015年には1,719時間と，アメリカの1,790時間を下回る水準となっている。しかし，数値には表れない「サービス残業」問題や，3大都市圏を中心とした長時間通勤の実態があり，依然として長時間労働の側面を残しており，家庭で時間をかけて調理することは誰にとっても容易というわけではない。農林水産省

第Ⅰ部　現代の食料を考える

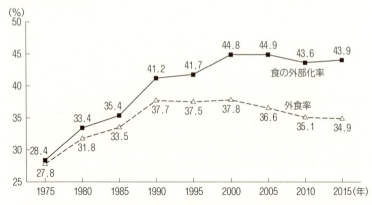

図2-1　外食率と食の外部化率の推移（食の安全・安心財団による推計）
注：1）この算出に用いた外食市場規模，広義の外食市場規模（外食市場規模＋料理品小売業市場規模－弁当給食）は日本フードサービス協会の推計による。
　　2）食の安全・安心財団がとりまとめたデータを利用した。財団ホームページに掲載したデータから作成した。
資料：公益財団法人　食の安全・安心財団の調べにより作成。

が消費者モニター987人を対象に行ったアンケート調査＊でも，中食を利用する理由は，「時間がない」「調理・片付けが面倒」という項目が単身世帯，2人以上の世帯の双方で比較的高い値となっている。今や種類も価格帯も多種多様になった中食は，このような事情を背景に，1970年代半ばからのコンビニエンスストアの展開と軌を一にして市場を拡大してきたのである。

　＊農林水産省「食料・農業および水産業に関する意識・意向調査」（2015年3月公表）による。『平成26年度食料・農業・農村白書』から引用した。

　図2-2は専業主婦がいる世帯と共稼ぎ世帯の増減を示している。1980年頃までは夫が働き，妻が専業主婦という世帯の方が圧倒的に多かったとみられるが，直近のデータではこれがほぼ逆になっている。このような推移は女性の社会進出の結果であり，それ自体は女性の自己実現と結びついているのだから，積極的に評価されるべきことであるとともに，男女共同参画推進の観点からも不可逆であるべき傾向である。ただ，食事の準備という点について言えば，すでに全世帯の約6割が核家族化していることも相まって，時間配分は少なくならざるを得ない。「サザエさん」のように2人がかりで家事労働をしていたと

第2章　食生活・食料消費と日本の食料供給

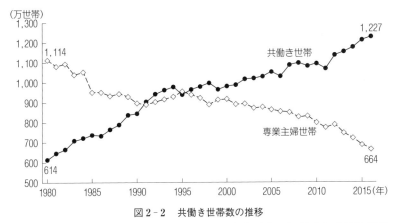

図2-2　共働き世帯数の推移

注：1）原資料は，厚生労働省「厚生労働白書」，内閣府「男女共同参画白書」，総務省「労働力調査特別調査」，総務省「労働力調査」から作成。
　　2）専業主婦世帯とは男性雇用者と無業の妻からなる世帯を指す。共働き世帯は雇用者の共働き世帯で，短時間労働者も含む。
資料：独立行政法人　労働政策研究・研修機構作成資料より引用。

きと同じことはできないのであり，これには必然的に食生活の変化を伴うこととなったのである。

　この流れをさらに後押ししたのが，家電製品の進化であった。1960年代の終わりに登場した一般家庭向けの電子レンジは，1970年代を通して普及が進み，80年代を迎える頃には一般家庭への普及率が30％を超えた。炊飯器や冷蔵庫はすでに1960年代には広く普及していたが，80年代になると予約炊飯ができる「マイコン炊飯ジャー」や，鮮度を保つパーシャル・フリージング機能を備えた大型冷蔵庫が普及するようになった。これらの新たな家電製品は，買い物時間を短縮させたスーパーマーケットとともに，核家族化したなかで女性の社会進出を後押しした。

4　食料消費の変化と国内農業生産とのかい離

(1) 食料消費構成の変化

　ライフスタイルの変化に伴う食生活の変化は，食料消費の構成も変化させる。

第 I 部　現代の食料を考える

図 2-3 では国民 1 人 1 年当たりの供給純食料について構成の変化を示している。純食料とは，青果物の芯や魚腸骨など，通常は食べない部分を除いた量のことであり，概ねこれを食料の消費量として捉えることができる。この図からもわかるように，1960年時点では米と野菜の消費量が多く，それに魚介類を組み合わせていた。これがいわゆる日本型食生活であった。しかし，それは1970年代から80年代を通じて大きく変化する。まず第 1 に，米の消費量が減少した。小麦は微増だが，前述の学校給食を通じたパン食普及の効果もあって，主食は米とパンの併存型に変化したと考えられる。イモ類については食糧難の時期には米の代用として主食の地位にあったものの，米の増産と小麦の輸入により，副食の一品という扱いに変わっていった。第 2 の特徴として，牛乳および乳製品の消費量が大幅に増加した。肉類の消費量も緩やかに増加し，入れ替わるように魚介類のそれが減少している。これらの動きは，副食を多く必要とする食生活への変化を示唆している。第 3 に，油脂類とデンプンも緩やかに増加しており，これは加工食品の利用増加と強く関係しているものとみられる。総じて，これは，いわゆる「食の洋風化」が進んだことを示していると言えよう。

(2)　国内農業生産とのかい離と輸入依存体制の構築

　冒頭でも触れたように，地域の食生活のあり方は，まずはそこで何が生産できるかという，気候および地理的条件に強く規定されざるを得ない。ところが，戦後の日本でみられたような急激な食生活と食料消費の変化は，農業生産との間に食い違いを来すことになる。

　図 2-4 では，主要品目について食料自給率を示している。米を中心に少ない副食を加えた食事は，基本的には日本の農業生産に一致した内容だった。それが，当初は食糧難を乗り切るための選択だったとはいえ，パン食などの「洋風化」も柔軟に受け入れ，食生活は急激に多様化した。その結果，食料需要は国内農業の生産品目とずれ始め，輸入依存型の食料供給構造が形成されることとなった。この図において，肉類と牛乳・乳製品は飼料自給率を考慮しない値を示している。現実には大量の飼料を輸入しているため，自給率はこれよりもはるかに低くなる*。

第2章 食生活・食料消費と日本の食料供給

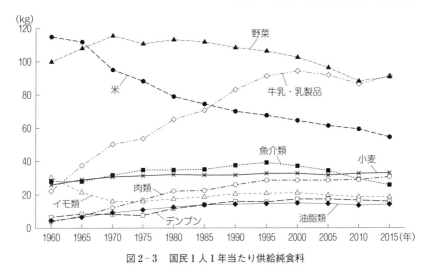

図2-3 国民1人1年当たり供給純食料

注:肉類は鯨肉を除く。
資料:農林水産省「食料需給表」により作成。

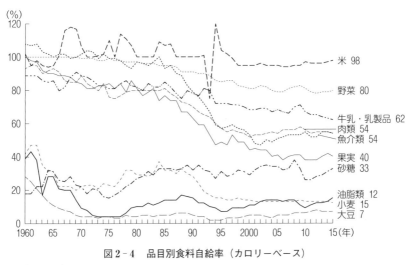

図2-4 品目別食料自給率(カロリーベース)

注:肉類は鯨肉を除く。
資料:農林水産省「食料需給表」により作成。

第Ⅰ部　現代の食料を考える

　　＊飼料自給率を考慮した場合，例えば2015年は牛肉11％，豚肉7％，鶏肉9％，鶏
　　卵13％，牛乳および乳製品は27％である。

　このような輸入依存体制が構築されたのは，何も食生活の変化だけに起因し
ているのではない。それは戦後復興期に，食糧増産政策が展開する裏面でも進
展してきた。

　戦後から高度経済成長期までの日本の対外経済政策は，低賃金で良質な労働
力に立脚した加工貿易立国の追求であった。低賃金であることを手段とするた
めには，食料費を安価なまま維持することが条件となる。その観点からも，食
糧増産政策は重要だった。しかし，このことを言い換えると，輸入農産物がよ
り安価に安定供給されるのであれば，日本経済総体としてはそちらに切り替え
ても何の問題もないということでもある。したがって，世界の貿易量自体が少
なく，輸入への依存が困難な米は価格の引き上げが続いたものの，安価で安定
的な輸入が可能である小麦，大豆などの畑作物は価格政策を後退させることで，
輸入に依存した調達構造が形成されていった。前掲表2-1のように，戦後の
食生活の変化は，農産物の輸入自由化を伴っているが，1980年代半ばからは円
高基調がそれに拍車をかけた。WTO（World Trade Organization：世界貿易機関）
体制下で総自由化体制の構築が明確に方向づけられ，2015年のTPP（Trans-Pa-
cific Strategic Economic Partnership Agreement：環太平洋経済連携協定，環太平洋
パートナーシップ協定）の合意へと至るのであった。

(3)　輸入を前提とした日本の食生活

　2013年12月，「和食」がユネスコの世界無形文化遺産に登録された。その一
方で，現在の食生活を維持しようとしたとき，すべてを国産でまかなうことは
全く不可能な状況にある。農林水産省が2007年に試算したところによれば，日
本で消費されている農産物のすべてを国内で生産するには，約1,200万ha分の
農地が不足する。2016年の国内の耕地面積は447万haであるから，その約3倍
の耕地が必要ということになる。だが，日本は国土の約7割が山地や森林であ
り，それを確保することなど，まるで現実味がない。つまり，現行の食生活を
維持しようとするならば，日本は食料の輸入が必要不可欠なのである。

第2章　食生活・食料消費と日本の食料供給

　日本の食生活が輸入を前提としなければならないのであれば，つぎに重要な問題となるのは，その輸入食品を安定的に確保できるのかどうか，という点である。この点で日本は主要品目の供給を特定の国に強く依存しているという問題がある。例えば，小麦はアメリカに45.5％，カナダに33.7％，大豆はアメリカに68.9％，牛肉はオーストラリアに54.4％，アメリカに38％，豚肉はアメリカに30.6％，カナダに20.8％，飼料として重要なトウモロコシはアメリカに73.8％，残りのほとんどをブラジルから輸入している（数値はいずれも2016年の金額ベース）。このことは，日本が単に輸入依存しているということにとどまらず，食料の供給基盤が脆弱であることをも意味している。これらの国々で不作となれば輸出は停止される可能性もあるし*，これまでは円の強さを背景に好きなだけ輸入してきたが，これからは中国など経済力を高めた他国に買い負ける可能性もある。

　　＊実際に1973年にはアメリカの大豆禁輸措置が発動され，それに依存していた日本
　　では騒動になった。

　このような状況を踏まえ，政府は2015年に，食料の安定供給が実質的には国内生産，輸入，備蓄の3本柱から成り立っていると捉え，国内生産を説明する概念として，「我が国農林水産業が有する食料の潜在生産能力」を表す食料自給力という概念を提示した。このことは，食料安全保障において実質的に重要な事項へ焦点を定めた面はありつつも，もはや食料自給率向上が容易ではないことをも示唆していると考えられる。

5　食と農をつなげる動きと残された課題

　これまでみたように，日本では経済成長やそれに伴うライフスタイルの変化などによって食生活が大きく変化してきた。日本の気候風土や経済状況のもとで形成される農業のあり方とかい離した，「洋風化」や「欧米化」と呼ばれる食生活は，メニューを多様化させ，国民にとっての食事の意味を，「生きるため」から「楽しむため」の食事へと拡げた。しかし，その一方では食習慣の乱れに起因する国民の生活習慣病の増加など，食にまつわる様々な問題も生じて

第Ⅰ部　現代の食料を考える

いる。食生活は国民の健康寿命に強く影響することから，食事の重要性を学び食習慣の乱れを防ぐことは国民の共通的課題と言える。特に子どもの頃に身につけた食習慣は，大人になってからの食生活を決定づけるとも考えられており，食生活を教育に取り込むことは重要である。このような状況を背景としつつ，日本では2005年に食育基本法が制定され，国民の運動として食育を推進することとなった。

　また，食の外部化や簡便化，外食・中食，加工食品の原料も含めた輸入依存により，日本では食料消費の場と農業生産現場の距離が拡大してきた。そして，そのことが国民の食やそれを作り出す農業生産，あるいは広く食料の供給基盤への関心や理解を希薄にさせてきた。そこで，国内の地域で生産された農林水産物を，その生産された地域内において消費する地産地消の取組が，2010年に制定された地域資源を活用した農林漁業者等による新事業の創出等および地域の農林水産物の利用促進に関する法律（六次産業化・地産地消法）に基づいて推進されている。具体的には，直売所での地場産農林水産物の直接販売やそれらを活用した加工品の開発，あるいは学校給食での地場産農林水産物の利用などが取組まれている。これを通じ，生産者と消費者の結びつきを強め，所得機会の創出によって地域の活性化を図ることで，多様化した消費者と食の関わりをその原点から見直そうとする動きが活発化している。

　しかし，残された課題は多い。今日の加工食品や外食・中食の増加は，あるいはスーパーマーケットやコンビニエンスストアの展開は，労働環境などの国民のライフスタイルの変化が大きな要因であった。そして，それ自体は経済発展を背景としていた。つまり，食料の消費と農業の距離が開いたのにはそれなりの理由があったからであり，産地の直売所で地産地消をすれば事態が解決するわけではない。さらに，一方では共働きで子育てをしていれば，日々の買い物で直売所まで出向くことなどできないのが通常であり，いったい誰のための地産地消か，という問題があり，他方では格差社会，子どもの貧困といった問題も顕在化してきている。地産地消などへ積極的に関与できる立場の人々はそれでよいだろうが，それが困難な人々の食を，どうやって農と近づけるかはこれからの課題である。

さらに，日本の食生活をめぐっては，もう一つ忘れてはならない問題がある。それは，私たちが大量に排出している食品廃棄物の問題，とりわけ問題なのが，まだ食べられるのに廃棄している食品ロスの大量発生である。2014年の推計値では，食品由来の廃棄物は，食品製造や食品流通，外食などから排出される事業系が，後に副産物として販売したものを含めて1,953万t，一般家庭から排出される家庭系が822万tである。食品には芯や皮などの不可食部分が含まれるため，これらをゼロにすることはできない。しかし，このなかにはまだ食べることのできる可食部分も含まれており，それは約621万tと推計されている。これが食品ロスである。国連のWFP（World Food Programme：世界食糧計画）によれば，2015年に実施した世界全体の食料援助量は約320万tとされており，日本の食品ロスはその2倍近い量に達している。また，食品ロスを国民1人当たりで考えると，1日約134gを発生させていることになる。これは概ねごはんを茶碗1杯分捨てているということである。

本章でも述べたように，つい3世代前の日本人は飢餓のなかにあり，食べ物の量を確保することで精一杯だった。それが今日，日本人の多くはいつでも欲しい食べ物を欲しいだけ，選んで買うことができるようになった。選んで買うということは，選ばれなかった商品が発生するということでもあり，最終的には食品ロスとなってしまうものも発生する。消費者が選んで買えること自体は豊かさを目指して努力した到達点でもあり，消費者の権利でもある。したがって，これを元に戻すことは現実的な解決策ではない。

私たちにとって大切なのは，まず現実を知ることであろう。この章でみてきたように，日本はいまの食生活を維持するためには海外からの輸入が不可欠である。それが可能なのは，日本が依然として高い経済力を保持しているからである。ただし，限りある食料という資源を日本が輸入したということは，それが入手できなかった人々が世界に多くいるということでもある。

世界中から食料を買い集め，それを食品ロスにしてしまう。それにもかかわらず，地域の食材を大切に，などと地産地消をもてはやす。世界の人口増加，地球温暖化に伴う異常気象の頻発，水や土壌といった資源の枯渇などを目の前にすれば，日本のこのようなあり方は，長くは続けられない。これからどのよ

第Ⅰ部　現代の食料を考える

うに食と関わっていくのか，私たち一人ひとりが日々の食生活を通じて考えなければならない。

参考文献

川島利雄・渡辺基（1992）『食料経済（食物・栄養科学シリーズ18)』培風館.

田代洋一（2012）『農業・食料問題入門』大月書店.

（杉村　泰彦）

| 第3章 | 食料流通と表示・認証制度 |

近年，経済のグローバル化に伴う輸入農産物・食品の増加や，加工食品消費の増大等により，食料の生産と消費の隔たり（懸隔）が，社会的（人的），空間的，時間的，情報的等あらゆる面で拡大している。これは同時に，生産と消費を結びつける流通過程の経済的重要性が社会においてより大きくなってきていることを意味する。一方で，安定的な食料供給と国民経済の発展を目的とした食料流通政策と，それを基盤として構築されてきたこれまでの日本の食料流通構造は，1990年代以降，規制緩和の流れのなかで大きく変化している。

本章では，日本における食料の流通構造の基本的特徴を踏まえたうえで，1990年代以降の変化を概観する。そして，食料の流通過程が膨張し，生産と消費の隔たりが拡大するなか，また食の安全・安心への関心が高まるなかで，私たち消費者が食料を調達する際に重要となる商品情報に注目し，近年再整備が進んでいる食料の表示・認証制度についてみていく。

1　食料の流通過程の役割

食料は私たちが生きていくために欠かせない商品である。しかし今日，自給自足によって食料が調達できる環境にある人は限られており，私たちの多くは購入によって食料を調達している。すなわち，私たちが暮らす社会は，食料の生産（者）と消費（者）がかい離した状態にある。流通過程は，そのかい離した生産と消費を再結合する過程である。今日では，単に再結合するだけでなく，量的，質的，価格的な安定供給が流通過程に求められている。私たちが健康で

第Ⅰ部　現代の食料を考える

　豊かな生活を営むためには，豊富で安定的な食料生産と同時に，その生産物が
生産者から消費者に円滑にいきわたることを可能とする流通過程が確立されな
ければならない。生産されたものが必要とされているところへ適切に分配され
るためには，生産と消費の空間的隔たり（生産地≠消費地），時間的隔たり
（生産時期≠消費時期），人格的隔たり（生産者≠消費者）等が，それぞれ輸送
や保管，売買取引等の物的および商的流通機能の発揮によって解消されなけれ
ばならない。

　流通過程は，生産と消費の性格に大きな影響を受ける。例えば，農産物の流
通過程は，零細な家族経営を中心とする日本の農家の生産物を販売（商品化）
する過程でもある。また，主食である米や野菜・魚介類等の生鮮食料品を使用
した多様な副食によって特徴づけられる日本の食生活は，新鮮な食料品の多頻
度少量購入を可能とする流通過程がなくては成り立たない。また，経済の発展
段階によっては，流通過程の機能が十分発揮されるよう，政策的な介入や支援
が必要となる場合もある。実際，日本の食料流通の基本的構造は，市場競争を
調整，規制する様々な流通政策，その他農業政策や消費者政策とともに戦後形
成されてきたと言える。しかし，1990年代以降，経済のグローバル化時代を迎
え，そうした基本構造は大きく変化している。

2　日本における食料流通の基本的構造と規制緩和

(1)　米流通の基本的構造とその変化

　戦中・戦後の食料不足時代，主食である米の流通については食糧管理法
（1942年制定，95年廃止）のもとで，政府による統制が行われてきた。買入価格
や売渡価格を政府が決定する価格規制や，集荷業者・卸売業者・小売業者を政
府が指定する参入規制等の流通規制が行われた。米の流通経路は，集荷段階は
地域の農協，県および国の系統組織を通じて国が買入れ，特定の卸売業者，小
売業者を通じて消費者が購入するというものであった。

　高度経済成長期においても，工業部門の高い競争力を維持するために食料の
物価を低く抑えると同時に，農業と非農業の所得格差を解消するための二重米

34

価制度*等，政府による介入が継続された。ところが1960年代後半以降，米の需給が不足基調から過剰に転じると，二重米価制度による売買逆ざやがもたらす食管赤字（食糧管理特別会計の赤字）が膨張し，国の財政上の大きな問題となった。

> ＊政府は食糧管理法のもとで，生産者のための「米の再生産の確保」と消費者のための「家計の安定」という2つの異なる目的をもって米価を設定した。1960年代～80年代前半までは，政府買入価格は高く，政府売渡価格は安く設定されていた。

　問題解決のため，管理市場の部分的自由化が進められることとなり，1969年に政府を経由せず農協組織から卸売業者へ流通する自主流通米制度が設けられた。自主流通米は，当初，味や品質の評価の高い特定銘柄米のみを対象としていた。しかし，国民所得の増加とともに米の劣等財化が進み，消費者の米に関する嗜好が品質やブランドに向けられるようになると，自主流通米の市場が拡大していった。1980年代後半には米流通量の約3分の2を占めるまでになり，米市場の管理市場的性格は徐々に弱まっていった。

　食糧管理法はいくつかの大きな改正により，市場の変化に対応してきたが，自主流通米市場の拡大や，1993年の大凶作，同年のGATT（General Agreement on Tariffs and Trade：関税および貿易に関する一般協定）ウルグアイ・ラウンド農業合意によるミニマム・アクセス受入等の国内外における大きな環境変化をきっかけに，1995年に廃止され，主要食糧の需給及び価格の安定に関する法律（食糧法：1994年制定，95年施行）に引き継がれた。食糧法は2004年に大きく改定され，流通過程に関しては，卸売業者や小売業者等の米の流通過程への参入規制が全面的に撤廃されるなどの流通規制の緩和が行われている。

⑵　生鮮食料品流通の基本的流通構造とその変化

　生鮮食料品とは，主に青果物，水産物，食肉を指す。いずれも，栄養摂取や食卓の豊かさを彩るために，私たちの食生活に欠かせないものである。一方で，① 腐敗性・破傷性が高く，長期間の保管・輸送に制約がある，② 品質・形状・食味のばらつきがあり，規格化・標準化が困難である，③ 単位価格当たりの重量・容積が大きいため，保管費や輸送費が割高である，④ 生産の不安

第Ⅰ部　現代の食料を考える

定性と消費の非弾力性から価格が不安定になるなど，流通過程に大きな影響を与える商品特性を持っている。こうした商品特性を踏まえたうえで円滑な流通を行うために，取引の迅速さや集約化，価格形成の明確化等が流通過程で求められ，中継段階の効率的かつ公正な取引の場として卸売市場が重要な役割を果たしてきた。

　日本における本格的な卸売市場制度は，中央卸売市場法（1923年制定，71年廃止）と1927年の京都市中央卸売市場の開設から始まる。前貸しや高利による取引の独占，利益源泉や売買条件が不明瞭な取引も多かったそれまでの問屋制取引（前期的商業）を改め，都市における公正で合理的な中間流通（近代的商業）を構築することが意図された。地方自治体等の公的組織が卸売市場を開設し，即日全量上場，受託拒否の禁止，委託販売，セリ原則，公定手数料等の取引ルールを設けることにより，生鮮食料品流通の近代化が図られたのである。その後，戦時中の統制期を経て，戦後の全国各地における都市の発展とともに全国に中央卸売市場が開設された。

　高度経済成長期を経て，中央卸売市場法に代わり，全国の地方卸売市場も法規制の対象とする卸売市場法（1971年制定）が制定された。卸売市場法は，全国に卸売市場を適切に整備・配置することにより，生鮮食料品等の取引の適正化とその生産および流通の円滑化を図り，国民生活の安定に資することを目的としたものである。基本的に中央卸売市場法の取引ルール等が引き継がれたものの，従来の八百屋や魚屋等の専門小売店に代わり急成長していたスーパーマーケットとの取引に対応し，一定条件下での（予約）相対取引や第三者販売等の例外規定が設けられた。卸売市場法に加え，農業基本法（1961年制定，1999年廃止）や野菜生産出荷安定法（1966年制定）等とともに，青果物を中心に都市への生鮮食料品の大規模で安定的な供給構造の構築が試みられたのである。

　しかし，産地の大型化や生産のシステム化（施設栽培や近代的畜産等），輸送手段の変化，物流インフラの整備，小売段階における専門小売業の縮小とスーパーマーケット業態のシェア拡大，輸入生鮮食料品の増加，直売所の増加等，生鮮食料品を取り巻く環境の変化とともに，流通過程における卸売市場の位置づけや求められる機能も変化している。

第3章　食料流通と表示・認証制度

表3-1　農産物の卸売市場経由率の推移

(単位：%)

		1990年	1995年	2000年	2005年	2010年	2014年
青果物		81.6	74.0	70.4	64.5	62.4	60.2
	野　菜	84.7	80.5	78.4	75.2	73.0	69.5
	果　実	76.1	63.4	57.6	48.3	45.0	43.4
	(国産青果物)	—	—	—	91.0	87.4	84.4
食　肉		22.6	15.5	66.2	10.3	9.9	9.5
	牛　肉	38.2	21.5	23.3	16.4	15.1	14.8
	豚　肉	14.0	11.1	12.6	7.5	7.2	6.9
花　き		82.3	81.9	79.1	82.8	83.4	77.8

資料：農林水産省「卸売市場データ集」より作成。

　表3-1に示すとおり，卸売市場の経由率は1990年代以降，低下傾向にある。生産・加工・流通の系列化（インテグレーション）や商品の標準化が早くから進んだ豚肉等の食肉は，従来から卸売市場経由率が低いが，青果物や花き等の経由率は1990年代初めでは8割以上であった。現在でも，国産青果物では84.4％が卸売市場を経由しているが（農林水産省，2014年），青果物全体では約6割まで低下しており，特に生鮮果実の市場経由率が急減している。市場経由率だけではなく，卸売市場での取引そのものにもセリ比率の低下や買付集荷の増加等の変化がみられ，1999年と2004年には，新たな卸売市場の設置制限や取引方法の弾力化，手数料率の自由化等を盛り込んだ卸売市場法の改定による取引の規制緩和が行われている。

(3)　小売段階における規制緩和

　食料の小売段階におけるスーパーマーケットやコンビニエンスストア等の業態のシェア拡大は，米や生鮮食料品だけでなく，食料の流通構造全体に大きな影響を与えている。2011年から14年の各省庁のデータを使用した農林水産省の試算によると，食品小売業の飲食料売上合計約33兆円の主な内訳は，スーパーマーケットが8.5兆円（26％），コンビニエンスストア5.4兆円（16％），専門小売店3.4兆円（10％）となっており，以下，通販・宅配，百貨店，パン屋が

37

第Ⅰ部　現代の食料を考える

続く。この背景には消費者の生活様式等の様々な社会経済環境の変化があるが，スーパーマーケット等の量販店のシェア拡大には，1990年以降の大規模小売店舗法（1973年制定，2000年廃止）の規制緩和と廃止によって，大規模小売店の出店や営業の自由度が大きくなったことが影響している。また，コンビニエンスストアに関しても，2016年の都市計画法（1968年制定）改正において，第1種低層住居専用地域等への出店が可能になるなどの規制緩和が行われている。

3　生産と消費の隔たりの拡大

　戦後，安定的な食料供給を目的とする流通構造の構築が国内農業の成長とともに進められてきたが，すでにみたように，政府の規制緩和方針により，1990年代以降その流通構造は大きく変化している。規制緩和や構造変化に直接的な影響を与えているのが，GATT ウルグアイ・ラウンド交渉（1986〜94年），日米構造協議（1989〜90年），WTO 発足（1995年設立）等による貿易自由化の推進を中心とする経済のグローバル化の進展とそれを推し進める新自由主義的経済政策である。

　それは，農業基本法に代わって制定された食料・農業・農村基本法（新基本法：1999年制定）にもみてとれる。すなわち，従来は国内農業が国民の食料供給や国土の保全，国内市場の拡大等によって国民経済の発展に寄与してきたという観点から国内農業の振興とともに農産物の流通や合理化等を考えてきたが，新基本法においては，供給する食料に最初から輸入食料が組み入れられ，農業だけではなく食品産業の発展も同時に図ることが企図されるようになったのである。

　その結果，表3-2に示すとおり，消費者の食料支出の食品関連流通業や食品製造業に帰属する部分が拡大し，農林漁業へ帰属する部分が金額，割合とも縮小している。私たちの食料消費支出に占める加工食品や輸入食料品（農林水産物と加工食品を含む）の比重の高まりは，食料の生産と消費，厳密に言えば農林漁業生産と消費の隔たりの拡大を意味している。その結果，生産と消費を再結合させる役割を担う食品関連流通業の経済的比重がますます高まっている

38

第 3 章　食料流通と表示・認証制度

表 3-2　最終消費からみた飲食費の部門別帰属額の推移

(上段：10億円，下段：%)

	1985年	1990年	1995年	2000年	2005年	2010年
飲食費の最終消費支出	61,197	72,161	83,104	80,885	78,442	76,271
	100.0	100.0	100.0	100.0	100.0	100.0
農林漁業	14,457	14,405	12,798	11,405	10,582	10,477
	23.6	20.0	15.4	14.1	13.5	13.7
国内生産	13,056	13,217	11,655	10,245	9,374	9,174
	21.3	18.3	14.0	12.7	12.0	12.0
輸入食用農林水産物	1,402	1,188	1,143	1,160	1,208	1,303
	2.3	1.6	1.4	1.4	1.5	1.7
食品製造業	18,927	22,936	25,742	25,985	24,752	24,284
	30.9	31.8	31.0	32.1	31.6	31.8
国内生産	16,564	18,911	21,145	21,156	19,281	18,369
	27.1	26.2	25.4	26.2	24.6	24.1
輸入加工食品	2,364	4,026	4,597	4,829	5,471	5,916
	3.9	5.6	5.5	6.0	7.0	7.8
食品関連流通業	15,916	20,954	27,471	27,159	27,465	26,311
	26.0	29.0	33.1	33.6	35.0	34.5
外食産業	11,896	13,865	17,092	16,336	15,643	15,198
	19.4	19.2	20.6	20.2	19.9	19.9

注：原資料は総務省等10府省庁「産業連関表」を基に農林水産省で推計。
資料：農林水産省「平成23年（2011年）農林漁業及び関連産業を中心とした産業連関表」より作成。

のが現代の食料市場の大きな特徴であると言えよう。

4　食品表示・認証制度の変遷と現状

(1)　食品表示・認証制度の重要性の高まり

　食料の生産と消費の隔たりが拡大している今日，消費者が食品選択の際に必要となるのが，流通過程における適切な情報伝達である。情報伝達の方法は，紙媒体，マスメディア，インターネット等による広告やパブリシティ等様々で

39

第 I 部　現代の食料を考える

あるが，消費者が最も頻繁に接するのは，商品に記載されたラベル表示や小売
店頭での表示であろう。消費者の主な食料購入先であるスーパーマーケットや
コンビニエンスストアは，いずれもセルフ・サービス方式を採用する小売業態
である。八百屋や魚屋等の専門小売店での買い物と異なり，そこでは，売る側
と買う側の会話等の直接的なコミュニケーションが常に存在するというわけで
はない。そのため，店頭や商品上に示された表示に消費者は依存せざるを得な
い。それゆえ，その表示の内容の適切性やわかりやすさのためのルール，また
表示された情報の信頼性を担保する認証制度も重要となってきている。

　戦後，食品に関する表示制度は，食品衛生法（1947年制定）および農林物資
の規格化等に関する法律（JAS法：1950年制定，70年改正時に現名称へ変更），不当
景品類及び不当表示防止法（景品表示法：1962年制定）を中心として，複数の法
律により構築されてきた。

　ところが，2007年以降，食肉加工業者による偽装表示や，製菓会社等による
製造日や消費・賞味期限の不正表示等が数多く明らかになり，また2013年には
ホテルのレストラン等の外食産業におけるメニュー表記とは異なる食材の使用
が複数明らかになるなど，食品表示に関する事件が次々と社会問題化していっ
た。消費者の食品表示への依存が高まるなか，こうした事件によって食品表示
に関する関心はさらに高まり，よりわかりやすく信頼できる表示が求められる
ようになってきた。その結果，食品衛生法，JAS法，健康増進法（2002年制定）
にそれぞれ定められていた食品表示に関するルールは，2015年4月の食品表示
法施行により一本化され，また景品表示法の改正とともに新たな食品表示制度
が始まることとなった。

　ここでは，従来の食品表示ルールと，食品表示法を中心とする現在の食品表
示や認証制度の特徴をみていこう。

(2)　食品表示に関連する法制度

　食品衛生法は，第2次世界大戦直後の食糧不足のなかで，連合軍からの救済
物資として入ってきた小麦粉，雑穀等の中に青酸や有害微生物に汚染されたも
のが含まれる場合があり，また国内で生産される食品においても不良や不衛生

40

第 3 章　食料流通と表示・認証制度

表 3-3　食品表示制度の主な動き

年次	事　　　項
1947	食品衛生法制定。
1948	指定農林物資検査法制定。
	食品衛生法施行規則制定。義務表示事項規定（名称，製造所の所在地および製造者の氏名，一部品目については製造年月日等）。
1950	指定農林物資検査法を農林物資規格法（JAS 法）に改称。
	食品衛生法改正（食品添加物の表示義務化，栄養表示等）。
1951	計量法制定。
1952	栄養改善法制定。
1957	食品衛生法改正（食品添加物公定書の策定）。
1961	食品衛生法施行規則改正（保存基準が定められたものについて保存方法の表示義務化）。
1962	不当景品類及び不当表示防止法（景品表示法）制定。
1969	食品衛生法施行規則改正（容器包装に入れられたすべての加工食品について添加物の表示を義務化）。
1970	農林物資規格法の改正および「農林物資の規格化及び品質表示の適正化に関する法律（JAS 法）」への名称変更（JAS 規格が制定されている物資を対象に品質表示基準を制度化）。
1973	景品表示法に「商品の原産国に関する不当な表示」の規定が追加。
1985	CODEX 規格（CODEX STAN 1-1985）に期限表示導入（原則賞味期限）。
1988	食品衛生法施行規則改正（すべての化学的合成品の添加物についての表示の義務化と内容規定）。
1989	食品衛生法施行規則改正（化学合成品以外の添加物について，化学合成添加物と同様の表示を義務づけ）。
1991	「青果物の一般品質表示ガイドライン」制定。
	栄養改善法改正（特定保健用食品とその表示制度制定）。
1992	「有機農産物等に係る青果物特別表示ガイドライン」制定。
	計量法全面改正（計量単位の国際的統一等）。
1993	JAS 法改正（特定青果物について原産地表示義務づけ）。
1994	JAS 調査会答申（消費期限または賞味期限の表示義務化）（1995年施行）。
1995	食品衛生法施行規則改正（消費期限または品質保持期限の表示義務化）。
	栄養改善法改正（栄養表示基準制度創設，栄養強化食品の表示許可制度の廃止）。
1996	「有機農産物等に係る青果物特別表示ガイドライン」改正と「有機農産物及び特別栽培農産物に係る表示ガイドライン」への名称変更。

41

第 I 部　現代の食料を考える

1999	CODEX 委員会「有機的に生産される食品の生産，加工，販売及び表示に係るガイドライン」制定。
	JAS 法改正（すべての飲食料品を対象に品質表示基準制定，すべての生鮮食品に原産地表示義務づけ，有機農産物・食品の検査・認証制度の導入等）。
2000	「生鮮食品品質表示基準」制定（生鮮食品の原産地表示義務化等）。
	「加工食品品質表示基準」制定（一部加工食品について原料原産地表示義務化等）。
	「遺伝子組換えに関する表示に関わる加工食品品質表示基準第 7 条第 1 項及び生鮮食品品質表示基準第 7 条第 1 項の規定に基づく農林水産大臣の定める基準」制定。
2001	厚生労働省医薬局長通知「保健機能食品制度の創設について」（食品衛生法に基づく保健機能食品制度施行）。
	食品衛生法施行規則改正（特定原材料等アレルギー表示義務化，遺伝子組換え表示義務化，「栄養機能食品」新設など）。
2002	「野菜冷凍食品品質表示基準」制定。
	栄養改善法の廃止と健康増進法制定。
2003	食品安全基本法制定。内閣府に食品安全委員会設置。
	牛の個体識別のための情報の管理及び伝達に関する特別措置法(牛トレーサビリティ法)制定。
	「有機農産物及び特別栽培農産物に係る表示ガイドライン」改正と「特別栽培農産物に係る表示ガイドライン」への名称変更。
	食品の期限表示に関する食品衛生法と JAS 法の統一（品質保持期限表示を賞味期限表示に統一）。
2009	米穀等の取引等に係る情報の記録及び産地情報の伝達に関する法律（米トレーサビリティ法）制定。
	消費者庁および消費者委員会の設置（食品表示制度の消費者庁への移管）。
2013	食品表示法制定。
2014	特定農林水産物などの名称の保護に関する法律（地理的表示法）制定。
	「事業者が講ずべき景品類の提供及び表示の管理上の措置についての指針」策定。
	景品表示法改正（表示に関する監視強化，課徴金制度導入等）。
2015	食品表示法施行。
	「食品表示基準」公布（従来の食品衛生法，JAS 法，健康増進法の表示基準の整理統合）。
	「機能性表示食品の届出等に関するガイドライン」制定（機能性表示食品制度）。
2017	食品表示基準の一部を改正する内閣府令（すべての加工食品を対象に重量割合上位 1 位の原料の原産地表示義務化等）

資料：消費者庁，農林水産省，厚生労働省，経済産業省各ホームページおよび総務省「電子政府の総合窓口（e-Gov）」提供の各法令等を参考に筆者作成。

なものが多かったため，公衆衛生の見地から，それらによる健康被害を防ぎ国民の食生活環境を改善するために制定されたものである。食品や食品添加物の規格基準や残留農薬基準等を定め，そのうえで基準に基づいた表示の義務化や，公衆衛生上危害を及ぼす恐れがある虚偽表示等を禁止していた。同様の目的から，2000年代に入り，アレルギー表示や遺伝子組換え作物を使用した商品の表示についても施行規則において定められた。

　JAS法は，JAS規格の普及と農林物資の品質改善，取引の公正化や消費の合理化を図るとともに，適正な表示によって消費者の商品選択に資することを目的としたものである。消費者保護基本法（1968年制定，2004年改正により消費者基本法）を受けた1970年の改正により，① 飲食料品および油脂，② 農産物，林産物，畜産物，水産物とこれらを原料または材料として製造・加工した物資の品質表示基準制度が組み込まれた。1999年の改正では「加工食品品質表示基準」「生鮮食品品質表示基準」「玄米及び精米品質表示基準」が制定され，従来のものとあわせて，小売されるすべての飲食料品について品質に関する表示が義務づけられた。一方で，国際基準とのハーモナイゼーションの一環として，CODEX委員会＊で有機農産物の国際基準が制定されたことを受け，有機食品の検査・認証制度と有機JASなど特定の方法によって生産された食品に関する特定JAS規格が設けられた。

　　＊FAO（国連食糧農業機関）とWHO（World Health Organization：世界保健機関）が1962年に設立した合同食品規格委員会。消費者の健康の保護，食品の公正な貿易の確保等を目的として国際食品規格の策定等を行っている。

　景品表示法は，公正な競争取引の実現を目的に，私的独占の禁止及び公正取引の確保に関する法律（独占禁止法：1947年制定）の特例法として制定され，表示に関しては，内容や取引条件の不当表示を規制したものである。具体的には，品質表示等内容が著しく優良であると誤認される表示，合理的根拠のない効果や性能の表示，価格など取引条件を著しく有利にみせかける表示等を規制している。

　健康増進法は，従来の栄養改善法（1952年制定，2002年廃止）に代わって，従来の国民栄養改善に加え，近年の高齢化の進展や疾病構造の変化に伴い重要と

第Ⅰ部　現代の食料を考える

なってきた国民の健康増進を図ることを目的として制定された。ここでは，栄養成分を調整した特別用途食品の表示基準や健康保持増進効果等についての虚偽・誇大表示の禁止についての項目が設けられた。

その他にも，計量法による正味量の表示や自治体による品質表示基準等があり，近年制定された特定農林水産物などの名称の保護に関する法律（地理的表示法：2014年制定）等もあわせて，食品表示には多くの法律や省令・通達，ガイドライン等が関わっている。

(3)　食品表示制度の一元化と認証制度の整備

その結果，所轄省庁や法律の目的の違いや各法律における用語定義の違いなどから，食品表示は複雑で，わかりにくいものとなっていた。そのため，2009年の消費者庁の設置を契機に，食品表示制度の一元化が推し進められることとなった。2013年6月に食品衛生法，JAS法，健康増進法の中の食品表示に関する規程を整理・統合し，食品表示の包括的な取り決めとなる食品表示法が制定され，2015年に施行された。食品表示が「食品を摂取する際の安全性の確保及び自主的かつ合理的な食品の選択の機会の確保に関し重要な役割を果たしていること」から，食品基準の策定やその適正の確保により，一般消費者の利益，国民の健康の保護および増進，食品の生産および流通の円滑化ならびに消費者の需要に即した食品の生産の振興に寄与するものとなることを目的とするものである。そこでは，表示ルールの統合とともに，JAS法と食品衛生法で異なっていた食品区分の定義の統一や，製造所固有記号使用・アレルギー表示・原材料表示のルール改善，栄養成分表記の義務化等が行われている。これらはいずれも「表示しなければならない」ことを定めたルールとなっており，「表示してはいけない」ルールについては，景品表示法の改正等によって対応している。

また最近では，これまで一部の加工食品のみに義務づけられていた原料原産地表示について，すべての加工食品を対象に，原材料の重量割合第1位について原則として国別重量順で表示するルールが2017年9月から始まるなど，現在進行形でその整備が進んでいる。

また同時に進められているのが，表示の信頼性を高め，食品の安全性を担保するための認証制度の整備である。食品による危害の発生を未然に防止するための工程管理の方法である HACCP（Hazard analysis and critical control points：危害分析重要管理点）や，農業の生産過程における食品安全，環境保全，労働安全等の管理を行う GAP（Good Agricultural Practice：農業生産工程管理）等の取組の普及とそれらの認証制度の整備が進められるとともに，そうした基準や取組を国際的な水準に高めることにも力を入れている。

5　流通構造の変化と食品表示制度の課題

以上みてきたように，1990年代以降，食料の流通過程の変化は，生産と消費の隔たりの拡大だけではなく，食料という概念そのものが国内の農林水産業とその生産物を中心としたものから，国内の食品製造業，海外の産地や食品メーカーとそれらの商品をも念頭においたものへと変貌し，同時に流通過程における国の関与を縮小させていく過程であったと言える。それは必然的に食料流通に関わるステークホルダー間の競争を激化させている。

生産と消費の隔たりの拡大と競争激化のなか，より重視されてきているのが消費者の利益や食品への信頼性を確保するための表示制度の精緻化である。現在，食品の表示制度は，消費者にとっても事業者にとってもわかりやすいものとなるよう，引き続き検討が行われているが，課題も多く残されている。例えば，表示や表示基準にそった認証を受けるための生産者や事業者の労働的あるいは経済的負担である。表示や認証が厳格化すればするほど負担は増加するが，それを価格に転嫁するには表示・認証制度についての消費者理解を深める必要がある。また，表示・認証制度そのものが，一部の産業界にとって有利なものとならないよう注視する必要もあるだろう。経済のグローバル化の深化とともに，食品の表示・認証およびそれらの基準のハーモナイゼーションも求められている。

食品の表示・認証制度の精緻化は，消費者の商品選択や購買後の安全な使用や管理の一助となることは間違いないが，表示により食品の安全性や信頼性の

第Ⅰ部　現代の食料を考える

すべてが担保されるわけではない。また，消費者の表示に関する認識の度合い
によっては，表示への過多な依存が却ってマイナスに働く場合もある。生産者
と消費者の顔の見える関係の構築は表示への依存を軽減できる一つの方法であ
るが，すべての消費者がそうした関係を構築できる環境にあるわけではない。
よりよい食生活を送るためには，消費者自身がその手に取った食料を多様な手
段で理解，評価する力をつけることが肝要である。

参考文献

石黒厚（2016）「変わる原料原産地表示の新制度について」『調理食品と技術』22(4)：
　　38〜45.

小野雅之・佐久間英俊（2013）『商品の安全性と社会的責任』白桃書房.

新山陽子（2015）「食品表示の情報機能，その規制と信頼性の確保」『農業と経済』12
　　月号，昭和堂：5〜16.

日本農業市場学会（2008）『食料・農産物の流通と市場Ⅱ』筑波書房.

山口由紀子（2015）「農産物・食品に関する表示制度を鳥瞰する」『農業と経済』12月
　　号，昭和堂：17〜26.

（矢野　泉）

| 第4章 | 食品産業の展開と原料調達 |

　食品産業は食品製造業，食品流通業および外食産業（以下では中食を含む）によって構成されているが，その生産額は全産業の9.5％，就業者総数では12％を占め，国内経済において重要な役割を担っている。伝統的な食品産業は近世期から存在したが，近代的な食品製造業や食品卸売業は明治以降に形成されてきた。ただし，食品小売業の近代化は1950年代半ば以降のスーパーマーケット，近代的な外食産業は1970年代以降のファミリーレストランを端緒としてきた。高度経済成長期，食品産業は大幅に成長したが，1990年代半ば以降は，景気低迷や人口増加の鈍化を背景として縮小傾向をたどった。食品製造業の使用する原料は，金額ベースで約7割が国産農林水産物であるが，近年，輸入原料の比率が高まっている。その要因は円高，コスト低下圧力，価格の低位安定性および供給の安定性に帰せられる。

1　加工食品と食品製造業

　人間の生命維持に欠かせない食品は多様であるが，大別すると生鮮食品と加工食品に分けられる。生鮮食品は，精米，生鮮野菜，生鮮果実，精肉，鮮魚などのように，農林水産業で生産された農林水産物が，食品としての本質が変化せず，新たな属性が加わらずに流通する食品である。これに対して，加工食品は，農林水産業や他の食品製造業で生産された原料が，製造や加工の工程を経て食品としての本質が変化したり，新たな属性が加わったりする食品と定義されている*。この加工食品にも穀粉，糖類，油脂，バター・チーズ，ハム・ソ

47

第Ⅰ部　現代の食料を考える

ーセージ，調味料，パン・菓子，めん類，調理済み加工食品等の多様な製品がある。

　　＊消費者庁「食品表示基準Q＆A」p.59 では，「『加工食品』は，『製造又は加工された食品』と定義され，調味や加熱等したものが該当し，具体的な品目は食品表示基準別表第1に掲げられています。『生鮮食品』は，『加工食品及び添加物以外の食品』と定義され，単に水洗いや切断，冷凍等したものが該当し，具体的な品目は食品表示基準別表第2に掲げられています。」とされている。

　加工食品を生産する産業が食品製造業であり，製造された加工食品は食品卸売業と食品小売業の食品流通業を通じて消費者や外食業者に食材として，また外食産業によって調理されたうえで，食事や調理済み食品として消費者に供給されている。これら食品製造業，食品流通業および外食産業によって食品産業は構成されている。

　食品産業は，農林水産業と消費者を結び，人間にとって必需品である多様な食品を供給するという重要な役割を担っている。そこで本章では，まず食品産業の日本経済における位置と展開過程を概観したうえで，その原料調達の特徴について明らかにし，今後の課題を指摘したい。

2　食品産業の位置と展開過程

(1)　日本における食品産業の位置

　農林水産業に食品製造業，食品流通業および外食産業等を加えた概念である農業・食品関連産業（資材供給産業と関連投資を除く）の2015年における国内生産額は107.6兆円であり，全産業の国内生産額の10.8％を占めている。このうち食品製造業，食品流通業および外食産業を合わせた食品関連産業（以下，食品産業）の国内生産額は95.5兆円であり，全産業の国内生産額の9.5％，就業者総数の12％，農業・食品関連産業の国内生産額の88.8％を占めている。このように，食品産業は農業・食品関連産業の生産額の9割弱を占め，国内経済においても重要な位置を占めている。その内訳をみると，食品製造業が36.5兆円で，農業・食品関連産業の33.9％を占める最大の産業である。食品製造業に

第4章　食品産業の展開と原料調達

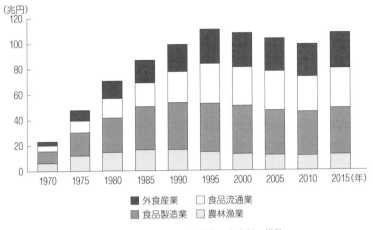

図4-1　農業・食品関連産業の生産額の推移

資料：農林水産省「農業・食料関連産業の経済計算」により作成。

次いで食品流通業が31.1兆円（28.9％），外食産業が27.9兆円（25.9％）となっている。

(2) 食品産業を構成する産業

先に述べたように，食品産業は食品製造業，食品流通業および外食産業の3つの産業から構成されているが，以下では各産業の概要を述べておく。

① 食品製造業

食品製造業は，農林水産物などの原料を加工して多種多様な加工食品を製造する産業である。加工食品には，農林水産物を直接原料とした相対的に加工度の低い穀粉や油脂などの素材型加工食品と，素材型加工食品や農林水産物等を原料とした相対的に加工度の高いパン・菓子，レトルト食品，酒類などの加工型加工食品がある。

食品製造業では中小企業が大きな役割を果たしている。従業員規模別の出荷額比率をみると，従業員数300人未満の中小企業の占める比率は全産業の47.7％に対して食品産業は74.4％と極めて高く，食品の製造・出荷において中小企

49

第Ⅰ部　現代の食料を考える

表4-1　地域経済における食品製造業の地位

(単位：%)

	従業員数		製造出荷額	
	2004年	2014年	2004年	2014年
北海道	43.6	45.9	33.7	29.7
青　森	28.4	27.9	21.9	20.5
岩　手	21.5	21.8	13.0	14.9
新　潟	17.1	18.9	12.5	15.7
高　知	21.0	23.3	12.1	14.6
佐　賀	24.2	28.4	18.1	18.7
長　崎	26.9	27.1	16.6	16.0
宮　崎	22.1	26.1	16.5	20.8
鹿児島	32.6	37.6	29.5	34.4
沖　縄	39.9	44.8	26.9	23.9
全国計	13.7	15.0	8.0	8.5

注：製造業全体に占める比率。
資料：経済産業省「工業統計表」により作成。

業の果たしている役割は大きい。ただし，加工型加工食品でもビール，カレールウ，マヨネーズ類，即席めん類，チーズ，食パンなど一部の品目では，生産額上位5社が80％以上の高い市場シェアを占めており，高位寡占的な市場構造を形成している。

　また，農林水産業が盛んな北海道，青森，宮崎，鹿児島，沖縄等の地域では，製造業全体の出荷額および従業員に占める食品製造業の比率が全国と比較して高くなっており，地域経済においてより大きな役割を果たしている（表4-1参照）。

② 食品流通業

　食品流通業は，食品製造業から加工食品を，農林水産業から生鮮食品をそれぞれ仕入れ，これらを食品小売業や外食産業に販売する食品卸売業と，主に食品卸売業や食品製造業から食品を仕入れて消費者に販売する食品小売業から構成されている。食品卸売業と食品小売業の機能分担により，多種多様な生鮮食品や加工食品が安定的かつ効率的に消費者に供給されている。また，消費者ニ

ーズを農林水産業や食品製造業に伝える役割も持っている。

　食品卸売業には，加工食品を取り扱う飲食料卸売業と生鮮食品を取り扱う農畜水産物卸売業がある。このうち飲食料卸売業の販売額は，2010年以降，食品の卸売価格の上昇等により増加している。これに対して，農畜水産物卸売業の販売額は，近年，取扱数量の減少等により大幅に低下し，ピーク時の半数強の水準で横ばいとなっている。

　食品小売業には，米穀類，青果，食肉，鮮魚などを専門的に品揃えして小売する専門店，小規模な店舗で食品と日用品を品揃えして終日または長時間営業するコンビニエンスストア，食品を主体としながら総合的に品揃えして小売する食品スーパーマーケット（以下，食品スーパー），衣，食，住にわたる各種の商品を小売する百貨店・総合スーパーマーケット（以下，総合スーパー）などの業態がある。このうち食品スーパーとコンビニエンスストアの販売額は増加傾向にあるが，百貨店と総合スーパーは横ばい・減少傾向となっている。近年，食品スーパーでは単身者，高齢者，共働き世帯をターゲットとした少量パック商品やそう菜類が，コンビニエンスストアではそう菜やコーヒー等を店内で食べられるイートインコーナーの設置がそれぞれ増えている。

③ 外食産業

　外食産業は消費者へ食事を提供する事業であるが，レストランやファストフード等は食事と同時に食べる場所も提供するのが特徴である。

　広い意味での外食産業には，レストラン，ファストフード等の狭義の外食だけでなく，弁当，そう菜，調理パンなど家庭外で調理された食事や加工された食品を家庭や職場に持ち帰って食べる中食も含まれる。狭義の外食は，ファミリーレストラン，丼物，ファストフード，居酒屋，和食，中華等の業態に分けられる。中食には，持ち帰りや宅配を行う弁当，そう菜，寿司，調理パン，宅配ピザ等の業態があり，専門店，コンビニエンスストア，スーパーマーケット，百貨店など多様な事業主体によって運営されている。

　かつて外食産業は個人経営の単独店が大半を占めていたが，現在では直営またはフランチャイズ方式によるチェーン店を形成する大規模事業者が増加して

第 I 部　現代の食料を考える

いる。しかし，外食産業は機械化に限界があるため，人手を多く要する労働集約型産業であり，従業員1人当たりの付加価値額は他産業に比べて低く，従業員の長時間労働が問題となっている。

　外食産業は2000年から2010年にかけては生産額が微減傾向にあったが，近年では外国人旅行者の増加や外食支出額の上昇等により増加に転じている。このうち中食は高齢者や共働き世帯の増加等による需要の高まりから，増加傾向が継続している。

(3)　食品産業の展開過程

　国民の大半が農林漁家であった近世以前には，自家で生産した農林水産物を原料として加工，貯蔵した食品を調理して摂食するといった自給自足の生活が営まれていた。しかし，そうしたなかでも調味料（みそ，しょうゆ），酒類（日本酒，焼酎），油脂等の業種では，近世期には家内制手工業が日本各地に成立し，問屋を通じて都市に食品を供給していた。また，近世の都市には米，乾物，油，調味料，酒類などを扱う問屋が集積していた。これらの食品製造業や問屋は，現在まで地域の伝統産業として存続しているものが少なくない。

　伝統産業以外の食品製造業の多くは，明治以降，他の工業と同様に欧米からの技術導入によって近代産業として形成されてきた。その代表的なものがビール，洋菓子，缶詰等といった洋風食品であり，労働者を雇用して機械で大量生産するという工場制工業として発展し始めた。また，素材型加工食品としての小麦粉の工場製造も大正期には本格化していた。

　こうした加工食品を国内だけでなく海外からも仕入れ，小売業に卸売する食品卸売業（食品問屋）が近代的な企業として形成されてきた。これらの中には現在まで大手食品卸企業として存続しているものがある。ただし，小売業については1960年代まで家族経営の零細店や行商が大半を占めていた。

　第2次世界大戦による産業の荒廃はあったが，高度経済成長期から1990年代前半まで，食品製造業の出荷額（実質）は所得増大に伴う需要の量的・質的な高度化により一貫して増加してきた。1960年の出荷額を100とすると，10年後の1970年には実質価格で約3.4倍，1990年代半ばには9倍以上に増大した（図

52

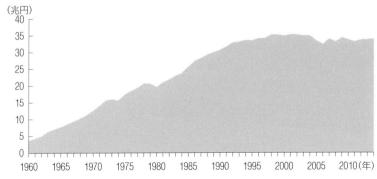

図4-2　食品製造業の出荷額（実質）の推移
注：出荷額は2010年＝100とした企業物価指数でデフレート。
資料：経済産業省「工業統計表」により作成。

4-2参照）。

　これに対して，食品流通業では1950年代後半にセルフ・サービスとレジスターによる集中精算を行い，主に食料品や日用品を幅広く品揃えして小売するスーパーマーケット業態がアメリカから導入され，急速に食品小売業の主流となっていった。当初は家族による個人企業の単独店が多かったが，次第に多店舗を展開するチェーン店の大企業へと成長していった。また，スーパーマーケットは，食品や日用品だけでなく衣料品や家庭電化製品まで品揃えする総合スーパーと主に食品や日用品を品揃えする食品スーパーに業態が分化していった。

　外食産業も寿司屋，そば屋，洋食店，中華料理店といった家族による個人経営の単独店が大半を占めていたが，1970年代に入るとファミリーレストラン，ファストフードなどチェーン店方式をとる各種の外食業態がアメリカから導入され急速に展開しはじめた。当初はランチメニューやディナーメニューが中心のファミリーレストランが主体であったが，次第にハンバーガーやアイスクリームといった特定カテゴリーに特化したファストフードも展開していった。

　同じく1970年代には食品小売業にコンビニエンスストア業態が導入され，1980年代以降，急速に展開していった。コンビニエンスストアは，食料品や日用品をセルフ・サービス方式で1日14時間以上販売する売場面積30〜250 m²の小売店である。チェーン展開の特徴は，本社直営のレギュラーチェーンだけ

第Ⅰ部　現代の食料を考える

ではなく，独立した店舗経営者との契約により出店するフランチャイズ方式をとることである。日本のコンビニエンスストアの品揃えの特徴は，持ち帰ってすぐ食べられるそう菜類，弁当類，調理済みパン等の中食を豊富に品揃えしていることである。

　しかし，1990年代半ば以降は，景気低迷による消費者の購買力低下，人口増加の鈍化と高齢化による需要の低迷・減少および海外からの安価な輸入食品が増えたことなどにより，日本の食品産業の生産額は2010年頃まで横ばい・縮小傾向をたどった。

　このうち食品製造業と食品流通業の生産額は，2010年には1995年と比較して10％前後，外食産業でも５％程度は減少した。こうした産業規模の縮小に伴い構造変化が起こった。

　まず，食品流通業では，この間に年間約３万店にも及ぶ小売店舗が減少した。これは郊外型の大規模商業施設（ショッピングモールなど）の増加により中心市街地への集客が減少するなかで，経営者の高齢化や後継者不足のため，個人経営の食品小売店等が大幅に減少してきたことによる。また，大型店でも，総合スーパーは，店舗立地が主に中心市街地であったこと，および家電量販店やドラッグストア等のカテゴリーキラー（特定の商品分野において豊富な品揃えと安さを武器に展開する大型専門店）との競争に対抗しきれなかったことから，急速に店舗数を減らしてきている。こうした食品小売店の減少は，最寄りに食品を購入できる店舗のない，または最寄り店舗までの交通手段を持たない「買い物難民」を生み出している。最近，買い物難民問題に対応した移動スーパーなどの取組が注目されている。

　食品製造業では，素材型加工食品の生産額が減少しているのに対して，加工型加工食品，特にそう菜，パン，菓子等の製造業の出荷額は増加してきた。これは，消費者の食の簡便化志向による中食需要の増加や外食産業からの受託製造の増加によるとみられる。

　他方，外食産業では，旧来からのファミリーレストランが店舗数を減少させた一方で，新たに回転寿司や丼物のチェーンが新たな需要を喚起して急速に伸びたこと，およびコンビニエンスストアや専門店の中食が伸びたことが指摘で

54

第4章 食品産業の展開と原料調達

きる。

なお，2010年から15年にかけては，食品製造業，食品流通業，外食産業のいずれも生産額を伸ばしているが，特に外食産業は1995年の水準を超えるまでに回復している。

3 食品製造業の原料調達

(1) 食品製造業と原料

食品製造業は，農林水産物および半製品を含めた加工食品を主な原料として製品を製造するが，食品製造業全体の原料費率（製造出荷額に対する原材料使用額等の比率）は61.8％であり，全製造業（64.6％）よりも若干低い。

ただし，食品製造業の中でも業種により原料費率には大きな差がある（表4－2参照）。素材型食品製造業では，精米・精麦業，小麦粉製造業，動植物油脂製造業，ぶどう糖・水あめ・異性化糖製造業の原料比率は70％以上と高い。

他方，加工型食品製造業では，部分肉・冷凍肉製造業，コーヒー製造業，冷凍水産物製造業，冷凍水産食品製造業，その他の畜産食料品製造業，塩干・塩蔵品製造業の原料費率は70％以上と高くなっている。これらの業種は，相対的に重量当たり原料単価が高いことが特徴である。

逆に原料費率が低いのは，ビール類製造業等の酒類製造業，ビスケット類・干菓子製造業等のパン・菓子製造業およびみそ製造業等の調味料製造業である。なかでもビール類製造業の原料費率は19.4％と極めて低い。これは重量当たり単価の低い穀物が主原料であるのに対して，複雑で高度な加工を行うため，機械や施設への投資が巨額になることから，相対的に原料比率は低くなるものとみられる。

(2) 原 料 調 達

食品製造業が使用する原料には国産と輸入がある。これを国内農業側からみると，金額ベースでは国産の食用農林水産物の6割は食品製造業向けであり，外食産業も含めると，約7割に達している。近年，最終消費者向けの比率がや

55

第Ⅰ部　現代の食料を考える

表4-2　製造出荷額に占める原料費比率（2014年）

（単位：％）

	原料費率の高い業種（1〜10位）		原料費率の低い業種（1〜10位）	
	業　種	原料費率	業　種	原料費率
1	精米・精麦業	83.4	ビール類製造業	19.4
2	部分肉・冷凍肉製造業（計）	81.7	蒸留酒・混成酒製造業	28.1
3	小麦粉製造業	81.5	清酒製造業	34.1
4	コーヒー製造業	79.5	果実酒製造業	39.1
5	動植物油脂製造業	77.5	ビスケット類・干菓子製造業	41.9
6	冷凍水産物製造業	75.8	米菓製造業	41.9
7	冷凍水産食品製造業	74.9	生菓子製造業	44.6
8	その他の畜産食料品製造業	73.4	パン製造業	46.5
9	塩干・塩蔵品製造業	71.1	みそ製造業	48.5
10	ぶどう糖・水あめ・異性化糖製造業	70.7	しょう油・食用アミノ酸製造業	48.5

注：動植物油脂製造業は食用油脂加工業を除く。
資料：経済産業省「工業統計表」により作成。

や低下傾向にあるのに対して，食品産業向けは増加しており，農業側から食品産業への働きかけは強まっていると言えよう。

　また，食品製造業側からみても，図4-3のように金額ベースでは原材料の約7割は国産農林水産物が使用されている。しかし，長期的な円高の進行，景気低迷に伴うデフレによる価格低下および国内農業，特に土地利用型農業の衰退とともに，輸入原料は増加している。2014年には農産物（加工食品を含む）と水産物（加工食品を含む）を合わせた農水産物・食品の輸入額は8兆398億円，うち農産物（加工食品を含む）の輸入額は6兆3,223億円に達している。

　品目別では米を除いた小麦，トウモロコシ，大豆などの穀物類や砂糖などの甘味資源は大半を輸入に依存している。また，畜産物では豚肉は4割強，牛肉は約6割を輸入に依存しており，自給率の高い鶏肉や鶏卵もその飼料はほぼ100％が輸入である。このため，これらの穀物や畜産物を主な原料とする食品製造業も間接的には原料の多くを輸入に依存していることになる。

　産業連関表を用いて食品製造業の部門別にみると，精穀，酪農品，冷凍魚介類は9割以上，次いで畜産瓶・缶詰，水産瓶・缶詰，その他の水産物，農産保存食品は7〜8割以上が国産農林水産物を原料としている。これらの業種は，加工度の低い加工品や産地立地の加工場が多い業種である。

第4章 食品産業の展開と原料調達

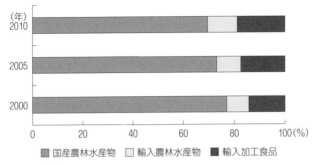

図4-3 食品製造業の加工原料調達比率
資料：農林水産省「農業・食料・農村白書」より作成。

逆に，輸入比率が最も高いのはぶどう糖であり，輸入が100％を占めている。次いで輸入比率が高いのは，パン類，ねり製品，めん類，菓子類で，加工品を主体とした輸入原料が7～8割を占めている。これらに次いで，輸入比率が高いのはデンプン，動植物油脂であり，輸入農林水産物の比率が4割以上を占めている。また，砂糖，調味料，肉加工品，塩干・くん製品は，輸入加工品の比率が高い。

輸入方法については，輸出国で一般に流通している商品規格の原料や製品を輸入商社などを通じて輸入する通常の輸入のほかに，輸入国の食品加工企業や食品流通企業が商品を企画・開発し，その規格に沿って輸出国の農林水産業や食品加工業が生産したものを輸入する「開発輸入」がある。また，輸入国の食品製造企業や食品流通企業が，海外に直接投資して設立した現地工場で製造したものを輸入することを「逆輸入」と呼ぶことがある。1980年代後半以降，日本の食品加工企業によるアジア地域を中心とした開発輸入や逆輸入が増加してきた。開発輸入は，食品加工企業や食品流通企業にとっては，国内のニーズに適合した原料や製品を低コストで安定的に調達できるといったメリットがある。ただし，現地での原料調達や製造工程の管理が不十分であると，食品への異物混入や農薬残留といった安全・安心にかかわる問題を引き起こしかねないというデメリットもある。

57

第Ⅰ部　現代の食料を考える

表4-3　主要農産物の輸入相手国別（金額）比率

(単位：%)

	1位	2位	3位	4位	5位	
農産物計	アメリカ 24.5	中国 13.0	オーストラリア 6.9	タイ 6.8	カナダ 6.2	その他 37.5
小麦	アメリカ 50.9	カナダ 32.3	オーストラリア 16.0			その他 0.8
トウモロコシ	アメリカ 84.3	ブラジル 7.9	ウクライナ 5.4			その他 2.4
大豆	アメリカ 62.9	ブラジル 19.1	カナダ 15.6	中国 2.1		その他 0.3
豚肉	アメリカ 34.1	カナダ 18.0	デンマーク 15.6	メキシコ 7.9		その他 24.4
牛肉	オーストラリア 51.0	アメリカ 39.1	ニュージーランド 4.7			その他 5.2

資料：農林水産省「海外食料需給レポート2015」により作成。

(3)　輸入相手国

　農産物の輸入相手国について表4-3でみると，2015年の輸入総額はアメリカ（24.5%）が第1位を占め，次いで中国（13.0%），オーストラリア（6.9%），タイ（6.8%），カナダ（6.2%）が上位5カ国となっている。これらの中で，近年増加が著しいのは中国とタイであり，6位以下ではブラジルも増加している。

　品目別にみると，特定国からの輸入に依存していることがわかる。小麦はアメリカ，カナダ，オーストラリアの3カ国，トウモロコシはアメリカが大半を占め，大豆もアメリカの比率が最も高い。豚肉はアメリカが3分の1以上を占めるが，その他にカナダ，デンマーク，メキシコのシェアも比較的高い。牛肉はオーストラリアとアメリカの2カ国で大半を占めている。

　輸入金額の多い主な加工品（調製品）の輸入相手先国についてみると，表4-4のように，果汁はブラジル，中国，イスラエル，アメリカ，冷凍野菜は中国とアメリカ，トマト加工品はイタリア，ポルトガル，アメリカ，中国，チーズはオーストラリア，ニュージーランド，アメリカ，植物油脂はマレーシア，イタリア，インドネシア，スペイン，水産調製品は中国，タイ，ベトナムから

58

第4章 食品産業の展開と原料調達

表4-4 主要加工品（調製品）の輸入相手国別（金額）比率

(単位：%)

	1位	2位	3位	4位	5位	
果汁	ブラジル 19.0	中国 16.8	イスラエル 10.6	アメリカ 10.4	アルゼンチン 0.5	その他 42.7
冷凍野菜	中国 48.8	アメリカ 25.3	タイ 6.9	台湾 4.4	ベルギー 1.5	その他 13.1
トマト加工品計	イタリア 38.1	ポルトガル 13.0	アメリカ 12.1	中国 11.5	スペイン 6.7	その他 18.6
チーズ	オーストラリア 29.7	ニュージーランド 22.0	アメリカ 20.6	イタリア 7.4	オランダ 2.9	その他 17.4
植物油脂	マレーシア 50.4	イタリア 14.3	インドネシア 11.8	スペイン 11.1		その他 12.4
水産調製品計	中国 33.8	タイ 28.3	ベトナム 22.9	インドネシア 7.0	韓国 3.5	その他 4.5

資料：日本貿易振興機構「アグロ・トレードハンドブック2016」により作成。

の輸入比率がそれぞれ高い。このように農産物よりも特定国への集中の度合い
は低いが，果汁を除くとやはり比較的少数の国から輸入されている。

(4) 輸入原料増加の要因

このように，輸入原料が増加している要因としては，円高の進行，日本経済
と食品製造業の事情，輸入原料の特性に大別される。これらの要因は相互に関
連しているが，以下では3点に分けて整理する。

第1の円高の進行については，1985年のプラザ合意*以降，日本円の為替相
場が大幅に上昇したことである。これに伴い輸入原料の国内価格は大幅に低下
し，国産原料より割安になっている。

＊貿易収支の赤字で苦しむアメリカを支援するために，ニューヨークのプラザホテ
ルで開催された先進5カ国蔵相・中央銀行総裁会議（G5）における合意。ドル安
に誘導することにより，アメリカの貿易収支を是正することが目的であったが，日
本の「集中豪雨的輸出」と言われるほどの自動車，精密機器を中心とする工業製品
の輸出増大が貿易赤字の最大の要因であったことから，特に円高ドル安への誘導が

第Ⅰ部　現代の食料を考える

図られた。その結果，合意前には1ドル240円前後であったものが，同年末には一気に200円を割り込み，翌年夏には150円台まで円高が進行した。

　第2の日本経済と食品製造業の事情については，デフレ下でのコスト低下圧力である。1990年代後半からの長期的な経済不況に伴うデフレにより，食品や外食の価格も低下した。その結果，食品製造業は価格競争に耐えるため，製造コストを低減せざるを得なくなった。

　第3の輸入原料の特性について，食品製造業者が輸入原料を高く評価している事項からみると，まず第1の要因の結果とも言える「価格の安さ」が最も高く評価されている。これに次いで「安定供給力」と「価格の安定性」が高く評価されている（食品需給研究センター　2007: 25，図12）。これら三つの事項について，国産原料の評価はいずれも低くなっており，このため輸入原料の使用が促されてきたと言えよう。

　以上のように，長期的な円高傾向のもとで，デフレに対応した食品製造業のコスト低減策の一環として，価格が低位・安定し，供給量も安定した外国産原料の輸入が増えたというように理解できよう。

(5)　原料調達問題を中心とした食品製造業の今後の課題

　前節で整理した経過をたどって食品製造業は輸入原料を多用するようになってきた。しかし最近，外国為替相場の変動や輸入相手国の経済事情の変化によって，輸入原料のメリットは相対的に小さくなりつつある。

　まず，輸入相手国として第2位になっている中国の通貨・元の相場は，中国産野菜や加工食品の輸入が急増した1990年代後半から2010年代にかけては1元が11〜15円のレベルにあったが，2014年以降は17円以上に上昇している。また，ほぼ同期間に米ドルも3割以上上昇している。さらに，中国国内の食料需給からみても，一概に日本向け輸出が有利とは言えない状況になりつつある。中国では経済成長による食料需要の量的・質的な高度化に伴い国内価格が上昇しており，日本向け輸出の有利性は低下している。

　今後，日本の食品製造業は，国産と輸入それぞれのメリットとデメリットを見極めながら，使い分けを進めるとみられる。こうしたなかで，国内の農林水

第4章　食品産業の展開と原料調達

産業には，従来からの安全性や品質の高さなどのメリットを維持・強化しながら，価格の高さと不安定さ，および供給の不安定性といったデメリットをカバーすることが求められよう。具体的な方策として，食品製造業，外食企業および食品流通業との関係性を強化する農商工連携による取組が挙げられる。こうした農林水産業と商工業の連携関係のもとで，実需者のニーズなどの情報や技術・ノウハウを共有化して，新たな付加価値を生む商品や販路の共同開発を進めるのである。農林水産業サイドでは，多収化や歩留まり向上による低コスト化，取引相手の荷受体制に適応した低コストの物流，さらに産地間連携による通年安定供給の実現などが課題であると考えられる。ただし，農商工連携を進めるには，農林水産業に理解があり，共通の価値や理念が共有できる商工業者をみつけ，彼らと取引を重ねるなかで技術や経営・マーケティングに関する情報を共有化するとともに，相互学習を通じて信頼関係を構築し，そのもとで新商品や新販路によってもたらされる付加価値の配分方法を決めるといった手順を踏むことが必要であろう。

　なお，原料調達とは反対側の問題として，食品ロスの削減と食品リサイクルが課題となっている。環境保全への対応が不可欠となり，資源利用の制約も強まるなかで，食品産業の持続的な発展には，食品廃棄物の削減と再生利用の取組が求められている。食品リサイクル法（2000年制定，01年施行）の施行後，食品廃棄物の発生抑制と再生利用が促進されたことにより，発生量は減少し，再生利用率は上昇している。しかし，農林水産省「平成27年度食品廃棄物等の年間発生量及び食品循環資源の再生利用等実施率（推計値）」によると，食品産業から年間約2,010万tの食品廃棄物が発生しており，再生利用率は85％にとどまっている。また，同じく農林水産省「食品廃棄物等の利用状況等（平成26年度推計）」によれば，事業系と家庭系を合わせた食品由来の廃棄物など（2,775万t）のなかには，可食部分と考えられる量が621万t含まれると推計されており，いわゆる食品ロスにあたる。特に食品小売業や外食産業といったフードチェーンの川下に行くほど，廃棄物の分別が難しくなり，再生利用率は低くなる。このような場合には廃棄物をメタン化してエネルギー利用するなどの対策も取られている。また，食品流通業界では，賞味期限の3分の1以内の期

61

第Ⅰ部　現代の食料を考える

日までに納品し，3分の2以内の期日までに販売できなかった商品は返品または廃棄するといった商慣行（3分の1ルール）があり，これが食品ロスのもう一つの原因と指摘されてきた。そこで，関係省庁の主導により関係業界団体は納品期限を緩和する取組を実施している。

参考文献

加藤義忠監修・日本流通学会編（2006）『現代流通事典』白桃書房.

食品需給研究センター（2007）『「平成18年度調査」食品製造業における国産原料使用実態及び製造コスト低減の課題』.

高橋正郎編著（2005）『食料経済（第3版）』理工学社.

日本貿易振興機構（2016）『ジェトロ・アグロトレードハンドブック2016』日本貿易振興機構.

農林水産省（2011）『食料・農業・農村白書　平成23年版』農林統計協会.

農林水産省（2015）『食料・農業・農村白書　平成27年版』日経印刷出版.

農林水産省（2015）『海外食料需給レポート2015』http://www.maff.go.jp/j/zyukyu/jki/j_rep/annual/2015/2015_annual_report.html/（2017. 8. 14アクセス）

農林水産省（2016）『食料・農業・農村白書　平成28年版』日経印刷出版.

（佐藤　和憲）

| 第5章 | 農産物市場開放と日本の食料・農業 |

　外国からの安価な製品の流入を防ぐ関税や非関税障壁（輸入制限，国家貿易等）の設定を国境政策や国境措置と言い，一般に非関税障壁を取り払うことを関税化への移行も含めて貿易（輸入）「自由化」と呼んでいる（関税の撤廃や引き下げも「自由化」と言う）。また，貿易自由化によって自国市場を対外的に開放することを「市場開放」と言う。このような農産物の貿易自由化，市場開放の進展に伴う農産物輸入の拡大によって，日本は食料の安定供給を確保してきたが，その一方で農業の縮小・後退が進み，食の安全に対する消費者の不安が広がっているのも事実である。

　本章では日本の食料・農業に多大な影響を与えてきた過去の農産物市場開放の経緯を概観するとともに，WTO 交渉や FTA，EPA の取組を踏まえて，日本の食料・農業の課題と今後の方向性を提示する。

1　戦後の食料不足と農産物輸入

　日本は戦前期にはすでに朝鮮，台湾からの移入米を中心として輸移入米が国内生産量の2割前後を占めるなど，戦前から食料供給を海外に依存するようになっていたが，戦後，朝鮮，台湾などの植民地を失い，慢性的な食料不足に陥った。このような状況のもとで，日本政府は強権的な供出・配給対策を実施する一方で，GHQ（General Headquarters：連合国最高司令官総司令部）に対して食料輸入を求めた。そこで重要な役割を果たしたのが，アメリカが軍事予算から支出した援助資金であるガリオア・エロア資金と免税措置が講じられた食料の

63

第Ⅰ部　現代の食料を考える

輸入である。ガリオア資金（占領地域救済政府資金）は占領地域の飢餓や病気，社会不安を取り除くために，食料や医薬品，石油などの生活必需品を供給し，エロア資金（占領地域経済復興資金）は占領地の経済を復興させるために，綿花や羊毛，鉱産物などの工業原料と機械などの資本財を供給した。ガリオア資金（1946～51年）とエロア資金（1949～51年）の総額は約18億ドルの巨額に上り，日本の戦後復興に大きな役割を果たしたが，その一方で食料・農産物のアメリカ依存を強めることになったのである。

　戦後，ソビエト連邦の勢力拡大による世界の共産主義化を恐れたアメリカは，それを防止するために，「封じ込め政策」を掲げ，1947年にマーシャル・プラン（欧州復興計画）によって西ヨーロッパ諸国に対する経済支援を打ち出し，49年にはNATO（North Atlantic Treaty Organization：北大西洋条約機構）の構築などを進めたが，同年に共産党政権による中国が成立し，翌50年には朝鮮戦争が勃発した。このような東西の冷戦構造のなかで，1951年にサンフランシスコ講和条約と日米安全保障条約が締結され，日本のアメリカ従属・依存の枠組みが形成された。

　アメリカは第2次世界大戦の戦中・戦後における世界的な食料不足のもとで，農業生産を増産させたが，経済復興によって各国の農業生産が軌道に乗ると，その国際的な需要が減少し，1940年代末以降，農産物の在庫を大量に抱えることになった。そこで，アメリカは経済援助の代わりに被援助国に防衛力の強化を義務づけることを目的として1951年に制定した相互安全保障法（MSA）を53年に改定し，農産物輸出を規定するとともに，農産物貿易促進援助法（PL480）を制定し，余剰農産物の輸出と援助を促進することにした。日本はアメリカと1954年にMSA協定を締結したが，それに基づく余剰農産物の「援助」が日本の工業と経済力の強化および軍事化に利用されるとともに，日本の食生活を米食から小麦を中心とする洋食へ大きく変える契機となったのである。

第5章　農産物市場開放と日本の食料・農業

2　GATT 体制下における農産物市場開放

(1)　GATT 体制の発足

1944年のブレトンウッズ体制*の一環として，IMF（International Monetary Fund：国際通貨基金）や IBRD（International Bank for Reconstruction and Development：国際復興開発銀行）とともに，自由貿易の促進を目的とした国際協定である GATT が1947年に調印され，48年に発効した。

> *アメリカのニューハンプシャー州ブレトンウッズにおいて開催された連合国国際
> 通貨金融会議で締結されたブレトンウッズ協定に基づく第2次世界大戦後の国際通
> 貨体制。それまでの金のみを国際通貨とする金本位制ではなく，ドルを基軸通貨と
> する制度をつくり，世界貿易の拡大に貢献したが，1971年のドルと金との交換停止，
> 73年の変動為替相場制への移行によって崩壊した。

1930年代の不況後，世界経済のブロック化が進み，各国が保護主義的貿易政策を設けたことが第2次世界大戦の一因になったとの認識から，GATT は最恵国待遇（すべての加盟国に平等の待遇を行うこと），内国民待遇（輸入品を国産品と同等に扱うこと），数量制限の禁止，関税引き下げの4原則を掲げて貿易自由化を進めた。ただし，主にアメリカの主張に基づき，① 政府が生産制限している場合の輸入数量制限，② ウエーバー条項（加盟国の3分の2以上の多数決により特定の産品について輸入制限を認めること），③ 祖父条項（加盟前に既に認められていた権利を加盟後も認めること）などの例外措置が設けられ，各国の様々な気候風土の影響を受け，各国の条件に適応しながら営まれてきた農業は例外扱いされた。

(2)　日本の GATT への加盟

日本は1952年に IMF，55年に GATT にそれぞれ加盟したが，当時は国際収支が不安定な状態にあったため，IMF 14条に基づく為替制限，GATT 12条に基づく輸入制限がそれぞれ認められていた。しかし，1950年代半ばからの高度経済成長による国際収支の改善や最大の対日農産物輸出国であるアメリカの貿

65

第Ⅰ部　現代の食料を考える

表5-1　農林水産物の自由化の推移

年次	輸入数量制限品目	主な出来事	主な輸入数量制限撤廃品目
1955	—	GATT 加盟	
1960	—	貿易為替自由化計画大綱決定 121品目輸入自由化	ライ麦，コーヒー豆，ココア豆，甘栗，タケノコ，牛脂，ラード
1961	—	貿易為替自由化の基本方針決定	大豆，ショウガ，干しブドウ，飼料，生鮮野菜
1962	103* 81		羊毛，タマネギ，鶏卵，鶏肉，ニンニク，鯨肉，繭，生糸
1963	76	GATT 11条国へ移行	落花生，バナナ，粗糖，ハチミツ
1964	73	GATT ケネディ・ラウンド開始	レモン，グレーンソルガム，イグサ類
1966	73		ココア粉
1967	73	GATT ケネディ・ラウンド決着	
1970	58		豚の脂身，マーガリン，レモン果汁，バレイショの粉
1971	28		ブドウ，リンゴ，グレープフルーツ，植物性油脂，チョコレート，ビスケット類，生きている牛，豚肉，紅茶，ナタネ，糖蜜
1972	24		配合飼料，ハム・ベーコン，トマトピューレ・ペースト，精製糖
1973	23	GATT 東京ラウンド開始	非食用海藻
1974	22		麦芽
1977	22		サクランボ（アメリカ産）
1978	22	日米農産物交渉妥結（牛肉，カンキツ）	ハム・ベーコン缶詰
1979	22	GATT 東京ラウンド決着	
1984	22	日米農産物交渉決着（牛肉，カンキツ）	
1985	22		豚肉調製品（一部）
1986	22	GATT ウルグアイ・ラウンド開始	グレープフルーツ果汁
1988	22	日米農産物交渉合意（牛肉，カンキツ，12品目）	ヒヨコ豆
1989	20		プロセスチーズ，トマトジュース，トマトケチャップ・ソース，豚肉調製品

第5章　農産物市場開放と日本の食料・農業

1990	17		フルーツピューレ・ペースト，パイナップル缶詰，非カンキツ果汁，牛肉調製品
1991	14		牛肉，オレンジ
1992	12		オレンジ果汁
1993	12		
1995	5	GATT ウルグアイ・ラウンド合意実施 WTO 発足	小麦，大麦，乳製品（バター，脱脂粉乳等），デンプン，雑豆，落花生，コンニャクイモ，生糸・繭
1999	5		米
2000	5	WTO 農業交渉開始	

注：1）輸入数量制限品目は各年末現在の数値（関税協力理事会品目表4桁分類）。
　　2）1962年4月に輸入管理方式がネガティブリスト方式となった。＊は1962年4月の輸入数量制限品目数。
　　3）品目名については商品の分類に関する国際条約で定められた名称によらず，一般的な名称により表記したものを含む。
　　4）日米農産物交渉における12品目とは①プロセスチーズ，②フルーツピューレ・ペースト，③フルーツパルプ・パイナップル缶詰，④非カンキツ果汁，⑤トマト加工品（トマトジュースおよびトマトケチャップ・ソース），⑥ぶどう糖・乳糖等，⑦砂糖を主成分とする調製食料品，⑧粉乳・練乳等乳製品，⑨デンプン，⑩雑豆，⑪落花生，⑫牛肉および豚肉調製品
　　5）現在の輸入数量制限品目は水産物輸入割当対象品目のみである。
資料：農林水産省（2011）『食料・農業・農村白書　平成23年版』農林統計協会，p. 401, 北出俊昭（2001）『日本農政の50年』日本経済評論社，p. 99 等により作成。

易収支の悪化などから，日本に対する輸入自由化促進の国際的な意見が強まった。このようななかで，1960年1月に新日米安全保障条約が調印されるが，その第2条において「経済的協力を促進」することが追加され，日本は一段とアメリカ主導の自由貿易体制に組み込まれることになる。日本政府は同条約の調印とともに，貿易為替自由化促進閣僚会議を設置し，6月に貿易為替自由化計画大綱を閣議決定して重化学工業優先の経済成長を遂げるための本格的な貿易自由化を進めた。同年には農林水産物121品目が自由化され，1963年までに大豆や鶏肉，タマネギ，バナナ，粗糖などが自由化された。

　また，日本はこの間の工業製品を中心とした輸出拡大に伴う急速な貿易収支の改善により1963年にはGATT11条，翌64年にはIMF8条に基づき，国際収支を理由とした輸入制限や為替制限が原則として禁止されることになった。

67

第Ⅰ部　現代の食料を考える

(3)　GATT ケネディ・ラウンドとその後の農産物市場開放

　GATT の交渉は当初，鉱工業品の関税引き下げや貿易手続きのルールづくりに焦点が当てられていたが，1964年に開始され，67年に妥結されたケネディ・ラウンドでは交渉分野が農産物やダンピング防止などに広がり，農産物交渉はアメリカと EEC（European Economic Community：欧州経済共同体）との対立が激しく，難航した。日本は農林水産物の総税目数の半数強に相当する270品目（1964年の農林水産物輸入額の28％）の関税引き下げを実施したものの，主要農産物がその対象から除外され，農産物の関税引き下げ率は平均で22％（鉱工業品は35％）にとどまった。

　しかし，ケネディ・ラウンド終了後，日本の高度経済成長とアメリカの国際収支の悪化などを背景として，アメリカから農産物の自由化が要求され，1970年から72年にかけて豚肉やハム・ベーコン，ブドウ，リンゴ，ナタネ，精製糖など多くの農産物を自由化した。その結果，1962年4月には103品目あった農林水産物の輸入数量制限品目は72年末には24品目にまで減少した。

(4)　GATT 東京ラウンドと日米農産物交渉

　1973年に始まった GATT 東京ラウンドでは非関税障壁の引き下げなどの多角的貿易交渉を通じて自由貿易をさらに促進することを決議したが，アメリカと EC の間で非関税障壁に関する意見が対立し，また同年にオイルショックが起きて世界同時不況に陥ったことなどから交渉が長期化し，79年にようやく妥結した。農産物交渉はケネディ・ラウンドと同様に，二国間交渉に委ねられ，日本はアメリカや EC など約30カ国・地域と交渉を行った。1978年のアメリカとの交渉では輸入数量制限品目である牛肉とカンキツ類（オレンジ，オレンジ果汁，グレープフルーツ果汁）の輸入枠拡大が強く要求され，83年までの輸入枠の順次拡大について合意した。また，EC やオーストラリア（以下，豪州），ニュージーランド，カナダ，ASEAN（Association of South-East Asian Nations：東南アジア諸国連合）とも交渉を行った結果，大豆やナタネ，バナナなどの税目数で約200品目（1976年の農林水産物輸入額の21％）の関税の撤廃や引き下げを実施することになった。

第5章　農産物市場開放と日本の食料・農業

　東京ラウンド終了後，アメリカの対日要求はさらに強まり，日米農産物交渉に引き継がれることになる。その背景には日本からの工業製品の輸出が増加し，アメリカの対日貿易赤字が拡大していたことがあり，アメリカは日本に対して内需拡大とそれに伴う輸入拡大を強く要求するようになったのである。

　アメリカは1981年11月に84年以降の牛肉・カンキツ類の輸入に関する交渉時期の繰り上げとそれらの輸入自由化を要求してきた。また，その後に生きた牛や加工鶏肉，サクランボなどについて規格や食品添加物，検疫の規制緩和なども要求してきた。これに対し，日本政府は輸入制限や手続きの緩和を決定したが，アメリカはこれらの対応を不十分として1983年7月に残存する12品目の輸入数量制限をGATT違反として提訴した。結局，1984年4月の閣僚協議によって84年度から87年度までの牛肉，オレンジ，オレンジ果汁の輸入枠拡大とグレープフルーツ果汁の86年以降の自由化が決定された。しかし，アメリカはその後も全品目の自由化を強く主張したため，GATT理事会は1986年10月に紛争解決のためのパネル（小委員会）設置を決定し，同年12月の総会において雑豆と落花生を除く10品目の輸入制限をGATT違反とする裁定が下された。1988年にこの裁定を受けて日米交渉が行われ，プロセスチーズ，トマト加工品など8品目の自由化が決定された。さらに，アメリカは牛肉，オレンジについてもGATTにパネル設置を要求し，これを受けて日米交渉が行われ，1991年に牛肉とオレンジ，92年にオレンジ果汁をそれぞれ自由化することが決定された。

　このように，GATT東京ラウンドとその後の日米農産物交渉では地域農業を発展させるうえで重要な役割を担ってきた12品目や国内農業の成長品目と位置づけられていた牛肉やカンキツ類の輸入が自由化され，日本の食料・農業に大きな影響を与えることになった。

　しかも，1985年9月のプラザ合意によって円高ドル安が急激に進み，輸入自由化された農産物の輸入量が急増することになるのである。

(5)　GATTウルグアイ・ラウンド交渉

　1986年にGATTウルグアイ・ラウンドが始まるが，当時は農産物の過剰生

第Ⅰ部　現代の食料を考える

表5-2　GATT ウルグアイラウンド農業合意の概要

	対象施策	約束の実施方式（1995～2000年）	基準年
国境措置	関税	農産物全体で平均36％（品目ごとに最低15％）削減	1986～88年平均
	輸入数量制限等（非関税措置）	• 原則としてすべての輸入数量制限等を関税に転換（関税化）し，関税と同様に削減 • ただし，関税化の特例措置を設ける • 特別セーフガードを設ける	
	ミニマム・アクセス（最低輸入機会）	• 輸入実績がほとんどない品目については1995年に国内消費量の3％，2000年に5％（毎年0.4％ずつ拡大）の輸入機会を提供 • ただし，関税化の特例措置を適用する品目は1995年に国内消費量の4％，2000年に8％（毎年0.8％ずつ拡大）の輸入機会を提供	
	カレント・アクセス（現行輸入機会）	基準年の輸入数量がミニマム・アクセスを上回っている場合はその輸入水準を維持する	
国内支持	市場価格支持不足払い等	「黄の政策」（生産を刺激する政策と貿易を阻害する政策）に関する助成合計量（AMS）を20％削減	1986～88年平均
輸出競争	輸出補助金	• 金額（財政支出）で36％，対象輸出数量で21％削減 • 新たな輸出補助金を設けてはならない	1986～90年平均

注：「特別セーフガード」は輸入急増による国内産業への重大な損害が認められる場合に発動できるが，発動には輸出国との協議が必要であり，合意不成立の場合，輸出国には対抗措置発動の権利がある一般セーフガードとは異なり，輸入基準数量を超える輸入の増大（5～25％超）または発動基準価格を下回る輸入価格の低下（10％超）という発動要件を基に輸入国が自動発動でき，相手国は対抗措置をとれない緊急措置である。

資料：山下慶洋（2013）「農産物貿易交渉をめぐる経緯と課題」『立法と調査』No. 346, p. 41 等を基に作成。

産に伴う輸出補助政策によってアメリカと EU 諸国が熾烈な穀物輸出競争を繰り広げており，その背後には「穀物メジャー」と呼ばれる多国籍企業によるグローバル支配があった。そのため，貿易自由化交渉に加え，農業保護のための国内支持や輸出補助金のあり方が議論の焦点となった。交渉の結果，すべての締約国に関税化と関税率の引き下げなどの市場アクセスの強化，国内農業支持の削減，輸出補助金の削減が1993年12月に合意された（表5-2参照）。同ラウンドの特徴は，①　これまで各国の様々な気候風土の影響を受け，各国の条件に適応しながら営まれてきた農業は例外扱いであったが，農業を鉱工業と同様に扱うようになったこと*，②　国境措置だけでなく，国内農業政策までもが

70

第5章 農産物市場開放と日本の食料・農業

表5-3 GATT ウルグアイラウンド合意後における主要品目の国境措置

品　目	従前の国境措置	新たな国境措置	アクセス機会		関税相当量（円/kg）(1995→2000年度)
			アクセス数量(千t)	適用税率	
米 (1999年〜)	輸入数量制限 国家貿易	国家貿易を維持	682	無税	(1999→2000年度) 351.17→341
麦　小麦	輸入数量制限 国家貿易	国家貿易を維持	5,740	無税	65→55
麦　大麦			1,369	無税	46→39
乳製品	輸入数量制限 (一部国家貿易)	・一部品目は国家貿易を維持 ・民間貿易は関税割当制度	農畜産業振興機構 137（生乳換算）	脱脂粉乳 25%	466円/kg＋25% → 369円/kg＋21.3%
			民間貿易 (学校給食,飼料用) 脱脂粉乳　93 バター　　1.9 (その他) 125	バター 35%	1,159円/kg＋35% → 985円/kg＋29.8%
デンプン	輸入数量制限	関税割当制度	157	25%	140→119
雑　豆	輸入数量制限	関税割当制度	120	10%	417→354
落花生	輸入数量制限	関税割当制度	75	10%	726→617
コンニャクイモ	輸入数量制限	関税割当制度	0.267	40%	3,289→2,796
豚　肉	差額関税制度	・関税化（実質的には差額関税制度を維持）し，基準輸入価格を1993年度の482.5円/kg から15%削減（枝肉） ・特別セーフガードに加え，輸入量急増に対し分岐点価格を引き上げるための緊急調整措置を導入			

注：1）米，麦，乳製品，デンプン，豚肉については調製品を含む。
　　2）「関税割当制度」とはカレント・アクセスの輸入数量枠には低水準の1次関税が設定され，
　　　枠を超える分については高い2次関税がかけられる制度。
資料：農林水産省「農産物貿易レポート」（1999年11月）等に基づき作成。

交渉の対象になったことである。ただし，日本が主張した食料安全保障や環境保護の必要性など貿易で取引することができない「非貿易的関心事項」については「非貿易的関心事項への配慮」という形で明記された。

　＊その背景には，貿易自由化の例外措置の設定を主張し，ウエーバー条項の活用などによってその恩恵を享受してきたアメリカが自国農業の比較優位性の高まりを背景として例外措置の否定に転じたことがある。

　日本に関する農業合意の内容は概ね次のとおりである（表5-3参照）。

71

第Ⅰ部　現代の食料を考える

　第1に，米以外の農産物については輸入数量制限の国境措置をすべて関税化し，関税相当量*についても引き下げる。ただし，小麦，大麦，生糸および乳製品の一部については国や国の代行機関によって輸入業務を排他的・独占的に行い，輸入量等を管理することができる国家貿易を維持することが認められた。

　　*輸入価格と国内卸売価格との差額を関税に置き換えたもの。ミニマム・アクセス（最低輸入機会）やカレント・アクセス（現行輸入機会）の場合，無税または低水準の1次関税が割り当てられるが，その輸入数量枠を超える分については関税相当量として2次関税がかけられる。

　第2に，米は非貿易的関心事項の重要性を配慮のうえ，関税化の特例措置として6年間は関税化を猶予し，国家貿易を維持する代わりに，ミニマム・アクセスとして1995年から2000年まで国内消費量の4～8％（毎年0.8％ずつ引き上げ）を受け入れることになった。

　なお，2000年以降についてはミニマム・アクセスの大幅な引き上げを要求される見通しとなったことから，1999年に米の関税化の特例措置について関税化措置に切り換えた（2000年以降のミニマム・アクセス米の輸入量は7.2％で据え置き）。これをもって日本はすべての農産物を輸入自由化したのである。

3　WTO交渉とFTA・EPA

(1)　WTOの発足

　1994年4月にモロッコのマラケシュで開催されたGATT閣僚会議でWTOを設立することなどを含めた最終文書（「WTOを設立するマラケシュ協定」）が採択され，各国の批准を経て，1995年1月にWTOが発足した。GATTが単なる協定にすぎなかったのに対して，WTOは国内法に優先する立法，司法，懲罰権を持つ国際機関であり，貿易に関連する様々な国際ルールを定めたWTO協定の運用を行うだけでなく，新たな貿易課題への取組を行い，多角的貿易体制の中核を担っている。本部をスイスのジュネーブに置くWTOには2016年12月現在，164の国・地域が加盟している。

　なお，WTOにおける貿易ルールづくりの合意は，一つの加盟国でも反対す

第5章　農産物市場開放と日本の食料・農業

れば，残りのすべての国が賛成しても WTO として決定は下せないコンセンサス方式である。

(2)　WTO ドーハ・ラウンド交渉

　2001年11月にカタールの首都ドーハで開催された WTO 閣僚会議でドーハ開発アジェンダ（ドーハ・ラウンド）が立ち上げられ，すでに2000年に始まっていた農業交渉はドーハ・ラウンドの一部として位置づけられた。同ラウンドは農業や非農産品市場アクセスだけでなく，金融・通信をはじめとするサービス，知的財産権などの貿易に関する幅広い分野を対象としている。農業に関しては市場アクセス，国内支持，輸出競争の3分野で交渉が行われてきたが，2008年に交渉が決裂して以降，大きな進展はみられない。同ラウンドの妥結を困難にしているのはアメリカをはじめとする農産物輸出大国，日本をはじめとする農産物輸入国，開発途上国の間で，関税削減など市場アクセスの改善のあり方，農業補助金の扱い，非農産品の市場開放のあり方で意見が対立しているためと言われている。特に近年では国際社会における開発途上国の影響力が増しており，コンセンサス方式による妥結を困難にしている。

(3)　FTA・EPA

　WTO の多国間貿易交渉が停滞する一方で，2国間などの特定国間や地域内において貿易の自由化を進める FTA（Free Trade Agreement：自由貿易協定）や EPA（Economic Partnership Agreement：経済連携協定）への取組が活発になっている。FTA と EPA は「実質上すべての関税を撤廃する」（貿易額の9割との解釈が一般的であるが，国際的に明確な定義はない）ことを条件に，WTO の最恵国待遇原則の例外として認められている貿易ルールである。

　FTA は特定の国・地域を相手にモノやサービスの貿易自由化を行う協定であり，関税の削減・撤廃などで相互に優遇する仕組みをつくるものである。EPA は FTA に加えて，投資の自由化，経済取引の円滑化，知的財産権など，幅広い分野を含む。定義上ではこうした違いがあるものの，実際には区別されないことも多く，日本がこれまでに他の国・地域と結んだ協定は呼称が違って

73

第 I 部　現代の食料を考える

も実質的にはすべて EPA である。

　FTA・EPA の締結は1990年代から世界的に広がっており，2015年 7 月現在の締結件数は269に達している。FTA・EPA は特定の国・地域間での交渉であり，多国間交渉である WTO 交渉と比較して利害調整がしやすく，様々な分野で例外措置を講じることができるなど，柔軟な対応が可能であることが締結件数増加の要因である。

　日本は従来，WTO 体制を重視し，FTA・EPA を「WTO 体制の補完的手段」と位置づけていたが，2002年 1 月のシンガポールとの FTA 締結を皮切りに締結を進め，2010年11月に「包括的経済連携に関する基本指針」を閣議決定し，積極的に FTA・EPA を推進する方針に転じた。それまで日本は重要品目を関税撤廃の例外にできるような国・地域とのみ FTA・EPA を締結してきたが，これ以降，重要品目まで対象とする日豪 EPA，TPP，日欧（EU）EPA などが推進され，2017年 3 月現在，16の国・地域と FTA・EPA を締結・署名している。

(4)　日豪 EPA 交渉

　農産物輸出大国である豪州との EPA は日本農業に大きな影響を及ぼす恐れがあり，交渉開始前の2006年12月に農林水産省が公表した影響試算では関税が撤廃され，新たに追加的な支援等を行わない場合，小麦，砂糖，乳製品，牛肉の 4 品目の直接的な影響は合計で約8,000億円に上るとされた。そのため，同月の衆参両院の農林水産委員会では「重要品目が除外または再協議の対象となるよう，政府一体となって全力を挙げて交渉すること」が決議された。

　日豪 EPA 交渉は2007年 4 月に開始され，全16回に及ぶ交渉会合が行われた結果，14年 4 月に大筋合意に至り，15年 1 月に発効した。農産物の重要品目に関する合意内容をみると，米，小麦，砂糖については基本的に関税撤廃等から除外されたが，牛肉については現行38.5％の税率を冷凍の場合は段階的に18年目に19.5％まで削減すること，冷蔵の場合は段階的に15年目に23.5％まで削減することになった（ただし，輸入量が一定量を超えた場合に関税率を現行水準の38.5％に戻し，数量制限を課すセーフガードを導入）。また，乳製品につい

74

第5章　農産物市場開放と日本の食料・農業

てもプロセスチーズ原料用ナチュラルチーズの関税割当量を20年間かけて4千tから2万tに拡大することになった。

(5)　TPP交渉

　TPPは環太平洋地域に位置する12カ国による包括的な経済連携協定である。2006年5月に発効したシンガポール，ニュージーランド，チリ，ブルネイからなるP4協定がベースとされ，2010年3月に参加意向を示したアメリカ，豪州，ペルー，ベトナムを加えた8カ国で交渉が開始された。その後，同年10月にマレーシア，12年11月にカナダ，メキシコ，さらに13年7月に日本が交渉に参加し，最終的には12カ国で交渉が行われた。秘密交渉の結果，2015年10月に大筋合意され，翌16年2月に関係国間で署名された。公表された協定文書は全30章からなり，市場アクセスやサービス貿易のほか，投資，政府調達，知的財産などの幅広い分野で共通ルールが取り決められている。

　農林水産物の関税に関する合意内容をみると，日本以外の11カ国平均の関税撤廃率が98.5％であるのに対して，日本のそれは82.3％と低いものの，これまで関税を撤廃したことのない多くの品目が関税撤廃の対象とされている。しかも，自民党が当初「聖域」とし，2013年4月の衆参両院の農林水産委員会において「引き続き再生産可能となるよう除外または再協議の対象とすること」が決議された重要5品目（米，麦，牛肉・豚肉，乳製品，甘味資源作物）についても表5-4に示すとおり，かなりの品目が新たな輸入枠の設定や関税の撤廃，関税率削減などの対象となっている。

　アメリカがトランプ新政権のもとで2017年1月にTPP離脱を表明したため，アメリカを除くTPP署名11カ国で再交渉を行い，同年11月に閣僚会合で大筋合意した。新協定（通称「TPP11」）の正式名称は「包括的および先進的なTPP（CPTTP: Comprehensive Progressive Trans-Pacific Partnership Agreement）」であり，アメリカ離脱に伴う凍結対象は知的財産権を中心に20項目となった。日本はTPPで12カ国の参加を前提として乳製品の低関税輸入枠や牛肉・豚肉のセーフガードの発動水準を定めたため，アメリカ不在ではこれらが過大になることから，新協定はアメリカの離脱が確定した場合などに再協議を請求でき

75

第Ⅰ部　現代の食料を考える

表5-4　日本の重要5品目に関する TPP 合意の内容

品　　目			合　　意　　内　　容
米			・現行の国家貿易制度を維持するとともに，枠外関税を維持 ・アメリカ，オーストラリアに SBS 方式の国別枠を設定 　アメリカ：5万 t（当初3年維持）→7万 t（13年目以降） 　オーストラリア：0.6万 t（当初3年維持）→0.84万 t（13年目以降）
麦			・現行の国家貿易制度を維持するとともに，枠外関税を維持 ・小麦・大麦のマークアップを9年目までに45%削減
	小　麦		・アメリカ，オーストラリア，カナダの国別枠を新設 　合計19.2万 t（当初）→25.3万 t（7年目以降）・SBS 方式
	大　麦		・TPP 枠を新設：2.5万 t（当初）→6.5万 t（9年目以降）・SBS 方式
牛肉・豚肉	牛　肉		・セーフガードを関税削減期間中措置したうえで関税を削減 　38.5%（現行）→27.5%（当初）→20%（10年目）→9%（16年目以降）
	豚肉	豚　肉	・現行の差額関税制度を維持するとともに，分岐点価格（524円 /kg）を維持 ・セーフガードを関税削減期間中措置したうえで関税を削減 　高価格帯の従価税：4.3%（現行）→2.2%（当初）→0%（10年目以降） 　低価格帯の従量税：482円/kg（現行）→125円/kg（当初）→50円/kg（10年目以降）
		ハム・ベーコン	・関税を初年度50%削減し，以降毎年段階的に削減し11年目に撤廃 ・11年目までの間，輸入急増に対するセーフガードを措置
		ソーセージ・その他調製品	・関税を毎年同じ割合で削減し6年目に撤廃
乳製品	脱脂粉乳・バター		・現行の国家貿易制度を維持するとともに，枠外関税を維持 ・TPP 枠を設定（生乳換算）：6万 t（当初）→7万 t（6年目以降）
	ホエー		・脱脂粉乳と競合する可能性の高いものは21年目までの関税撤廃期間の設定とセーフガード措置
	チーズ		・チェダー，ゴーダ等の熟成チーズ，クリームチーズなどは関税撤廃（ただし，16年目までの関税撤廃期間を確保） ・プロセスチーズは少量の国別枠，シュレッドチーズ原料用フレッシュチーズは国産使用条件付き無税枠を設定
甘味資源作物	砂糖	粗糖，精製糖等	・現行の糖価調整制度を維持したうえで以下を措置 　高糖度の精製用原料等に限り関税を無料とし調整金を少額削減 　新商品開発用の試験輸入に限定して既存の枠組みを活用した無税・無調整金での輸入を認める
		加糖調製品	・品目ごとに TPP 枠を設定 　合計6.2万 t（当初）→9.6万 t（品目ごとに6～11年目以降）
	デンプン	デンプン等	・現行の糖価調整制度を維持したうえで以下を措置 　現行の関税割当数量の範囲で TPP 枠を設定（7,500 t） 　TPP 参加国からの現行輸入量が少量のデンプンなどは国別枠を設定 　合計2,700 t（当初）→3,600 t（品目ごとに6～11年目以降）

76

コーンスターチ バレイショデンプン	• アメリカに対し無税の関税割当の設定 　枠数量は2,500 t から 6 年目に3,250 t
イヌリン	• アメリカとチリに対し無税の関税割当の設定 　枠数量は240 t から 6 年目に300 t

注： 1 ）「SBS 方式」（売買同時入札方式）とは輸入商社と卸売業者等が連名で買入および売渡を申し込むもので，売渡申込価格と買受申込価格の差の大きいものから順に農林水産省と契約する方式。

2 ）「マークアップ」とは国家貿易による輸入差益（売渡価格 − 買入価格）。

3 ）「糖価調整制度」とは輸入糖および異性化糖と国産糖の価格を調整し，輸入糖および異性化糖から徴収する調整金ならびに国からの交付金を財源として，国産糖および原料作物への助成を行う制度。

資料：農林水産省（2016）『食料・農業・農村白書　平成28年版』pp. 7-8 および JA 全中（2016）『世界と日本の食料・農業・農村に関するファクトブック2016』p. 53 を基に作成。

る条文を加えたものの，農林水産物については凍結や見直しなしで合意された。

　その一方で，二国間協議を重視するトランプ大統領は日本との FTA 交渉に積極的な姿勢を示しているが，TPP の合意内容は今後の交渉において日本が譲歩する際の最低ラインとなり，日本の食料・農業に多大な影響を及ぼすことになろう。

(6)　日欧 EPA 交渉

　2013年 4 月に交渉を開始した日欧（EU）EPA は，影響試算がなされず，国民や農業団体への交渉内容の具体的な説明もないまま，17年 7 月に大枠合意し，同年12月に最終合意に至った。日本は EU が日本車にかける10％の関税の撤廃（ 8 年目）や輸出重点品目である水産物，緑茶，牛肉などを含むほとんどの農林水産物で関税撤廃を獲得する一方で，TPP 並みの関税の撤廃や削減を受け入れることになる見通しである。重要品目の合意内容は表 5 - 5 のとおりであるが，交渉の焦点となったチーズについてみると，TPP では関税を維持したカマンベールやモッツァレラなどを含めたソフト系チーズを一括りにして現行輸入量（約 2 万 t と推計される）を超える輸入枠を設定し，16年目に枠内関税を撤廃するなど TPP を超える水準の市場開放を迫られることになる。

第Ⅰ部　現代の食料を考える

表 5-5　日欧 EPA における重要品目の主な合意内容

品　　　目		合　　意　　内　　容
乳製品	チーズ	• ソフト系（モッツァレラ，カマンベール，ブルーチーズ，プロセスチーズ等） 　2 万 t（初年度）→ 3.1万 t（16年目）の輸入枠を設定 　枠内関税は段階的に16年目に撤廃 • ハード系（チェダー，ゴーダ，乳脂肪45%未満のクリームチーズ等） 　関税（29.8%）を段階的に16年目に撤廃
	脱脂粉乳・バター	• 国家貿易を維持したうえで民間貿易による1.5万 t（生乳換算，6 年目）の低関税輸入枠を設定
牛肉・豚肉	牛　肉	• セーフガードを関税削減期間中措置したうえで関税を削減 　38.5%（現行）→ 27.5%（当初）→ 20%（10年目）→ 9 %（16年目以降）
	豚　肉	• 現行の差額関税制度を維持するとともに，分岐点価格（524円/kg）を維持 • セーフガードを関税削減期間中措置したうえで関税を削減 　低価格帯の従量税（482円/kg）を段階的に10年目に50円/kg まで削減 　高価格帯の従価税（4.3%）を段階的に10年目に撤廃
米		除外
マカロニ・スパゲティ		関税（30円/kg）を段階的に11年目に撤廃
加糖調製品		チョコレート菓子10%，砂糖菓子25%，加糖ココア粉29.8%の関税をいずれも段階的に11年目に撤廃
ブドウ酒（ワイン）		関税（15%または125円/ℓ）を即時撤廃

資料：農林水産省「日 EU・EPA 大枠合意における農林水産物の概要」「日 EU・EPA における品目
　　　ごとの農林水産物への影響について」（2017年11月）および日本農業新聞2017年 7 月 7 日付に
　　　より作成。

4　日本における食料・農業の課題

　これまで日本は輸出型産業の育成を図り，「貿易立国」として貿易収支の黒字を理由に農産物市場開放政策を推進し，安価な農産物の輸入を拡大してきた。その結果，農林水産物・食品の輸出額は近年伸びているとはいえ，2016年には7,502億円にすぎないのに対して，同年の農産物輸入額は 5 兆8,273億円に及んでおり，日本は農産物の純輸入額が世界最高水準の国となっている。また，日本の食料自給率（カロリーベース）は1965年度には73%あったが，その後下が

り続け，2010年度以降は39％に低迷し，2016年度には38％となっている。2011年における各国の食料自給率をみると，カナダ258％，豪州205％，フランス129％，アメリカ127％，ドイツ92％，イギリス72％などとなっており，日本は先進国の中で最低水準である。さらに，同年における穀物自給率をみると，日本はわずか28％にすぎず，人口1億人以上の国の中で最低であるとともに，温暖多湿な気候条件に恵まれ，紛争もない国の中でも最低水準となっている。それだけでなく，農産物市場開放政策のもとで，安価な外国産との過酷な競争にさらされ，経営規模が小さく，労賃水準の高い国内農業は縮小・後退を余儀なくされている。さらに，輸入食料の多様化が進むなかで，輸入検査体制が充分に整備されているとは言えず，しかもWTO体制下のSPS（Sanitary and Phytosanitary Measures）協定（衛生植物検疫措置の適用に関する協定）では国や地域によって異なる食生活の実態をあまり考慮しない安全性基準がCODEX委員会によって設定され，加盟国はこの国際基準に合わせることが求められることから，輸入食料の安全性に対する消費者の不安が広がっている。

　今後，中長期的には人口の増加，開発途上国・新興国の経済発展に伴う食料需要の増加，地球温暖化による異常気象の頻発などによって，世界的に食料がひっ迫することが懸念されている。このような状況のもとで，日本が外国から大量の食料を買い続けることが可能なのかどうか，国内農業を犠牲にしてまで多国籍企業の利益を優先し，食料の海外依存を強めることが国民の利益につながるのかどうか，さらには食料安全保障上も問題がないのかどうか，長期的視点に立って検討する必要があろう。また，日本が外国から大量の食料を買い付けることは，環境面でも問題があるだけでなく，アジアやアフリカなどの開発途上国を中心として多くの人々が栄養不足に苦しむなかで，飢餓を輸出するようなものである。日本が食料輸入を見直し，国内生産を維持・増産することは，国際社会への貢献にもなるのである。

　現在，日本政府はTPPや日欧EPAを推進し，食料・農産物の一層の輸入拡大を進め，国内農業には国際競争力のある農業への転換を迫っているが，食料の安全かつ安定的な確保を図るためには，多くの農業者が意欲的に生産活動に従事できるような政策展開が必要である。それには日本農業を保護するため

第Ⅰ部　現代の食料を考える

の適正な国境措置や価格・所得政策の充実が不可欠であり，多国籍企業の利益拡大を保障する貿易自由化の推進ではなく，国内農業の存続・発展と食料の安定確保を望む多くの国々や組織と協力・連携して，各国の食料主権を保障する貿易ルールの確立を求めていくことが重要である。

参考文献

神田健策編著（2014）『新自由主義下の地域・農業・農協』筑波書房.

北出俊明（2001）『日本農政の50年』日本経済評論社.

笹口裕二（2016）「農産物自由化と農業政策——TPP交渉大筋合意を受けて」『立法と調査』373: 83-97.

清水徹朗・藤野信之・平澤明彦・一瀬裕一郎（2012）「貿易自由化と日本農業の重要品目」『農林金融』64⑿: 20-43.

下山均編（1999）『WTOがわかる（地上臨時増刊号）』53(8)，家の光協会.

田代洋一（2003）『新版農業問題入門』大月書店.

田代洋一（2011）『反TPPの農業再建論』筑波書房.

農林水産省（1999）『農産物貿易レポート』農林水産省.

農林水産省（2011）『食料・農業・農村白書　平成23年版』農林統計協会.

農林水産省（2016）『食料・農業・農村白書　平成28年版』農林統計協会.

農林水産省（2017）『食料・農業・農村白書　平成29年版』農林統計協会.

橋本卓爾・大西敏夫・藤田武弘・内藤重之（2004）『食と農の経済学』ミネルヴァ書房.

樋口修（2006）「GATT/WTO体制の概要とWTOドーハ・ラウンド農業交渉」『レファレンス』670: 131-152.

山下慶洋（2013）「農産物貿易交渉をめぐる経緯と課題——TPP協定交渉等の留意点」『立法と調査』346: 35-52.

（内藤　重之）

第Ⅱ部　現代の農業を考える

| 第6章 | 農業・農政をめぐる課題 |

グローバル化のもとで食料・農産物の市場開放が相当程度に進んでいる現在の日本では，農政のあり方が国内農業生産に与える影響の程度は以前よりも強まっている。それゆえ，今後の日本農業を展望する際，日本農政の動向を等閑視することはできない。

本章では，まず，日本農業をめぐる基本指標の動きを捉え，戦後高度経済成長期以降の日本農業の変化を把握する。つぎに，戦後の日本農政の展開過程と，現在の農政の基本的枠組みを形作っている WTO および食料・農業・農村基本法の内容をみる。そして，近年の日本農政の動向とその特徴を考察した後，日本農政・農業の主要な課題を提示する。

1　日本農業をめぐる基本指標の動きとその背景

(1)　農家数・農業就業人口・耕地面積

　表6-1はここ半世紀の日本農業をめぐる基本指標である。総農家戸数は1965年の566万5,000戸から2015年の215万5,000戸へ，50年間で351万戸・62.0％の減少，販売農家戸数は1985年の331万5,000戸から2015年の133万戸へ，30年間で198万5,000戸・59.9％の減少をみせている。2005年から2015年にかけては，2007年度開始の品目横断的経営安定対策（後述）対応としての全国各地での集落営農組織の結成が農家戸数の減少幅を拡大させたことにも留意が必要である。また，2015年で農家以外の農業経営体＝組織経営体（農事組合法人，合名会社，合資会社，合同会社，株式会社，法人化していない集落営農組織など）の数は3万3,000である（農林水産省「農林業センサス」）。

第6章　農業・農政をめぐる課題

表6-1　戦後日本農業をめぐる基本指標

	1965年	1975年	1985年	1995年	2005年	2015年
総農家戸数（千戸）	5,665	4,953	4,376	3,444	2,848	2,155
販売農家戸数（千戸）	—	—	3,315	2,651	1,963	1,330
農業就業人口（千人）	11,514	7,907	5,428	4,140	3,353	2,097
うち65歳以上比率（％）	—	21.0	26.6	43.5	58.2	64.6
耕地面積（千ha）	6,004	5,572	5,379	5,038	4,692	4,496
耕地利用率（％）	123.8	103.3	105.1	97.7	93.4	91.8
延べ作付面積（千ha）	7,430	5,755	5,656	4,920	4,384	4,127
農業産出額（10億円）	3,177	9,051	11,630	10,450	8,512	8,798
農業生産指数（1985年＝100）	77.4	91.8	100.0	91.5	82.3	—
農産物輸入額（10億円）	1,018	3,326	4,027	3,918	4,792	6,563
農産物輸入数量指数（1985年＝100）	36.2	67.6	100.0	184.7	213.3	—
農産物輸入価格指数（1985年＝100）	55.2	121.0	100.0	55.5	62.3	—
農産物輸出額（10億円）	64	115	179	161	216	443
農産物輸出数量指数（1985年＝100）	82.6	74.9	100.0	118.8	139.7	—
農産物輸出価格指数（1985年＝100）	39.4	84.7	100.0	85.9	99.7	—
供給熱量ベースでの食料自給率（％）	73	54	53	43	40	39
穀物自給率（％）	62	40	31	30	28	29

注：1）販売農家数は1985年から把握が可能。
　　2）農業生産指数が算出・公表されているのは2005年まで，農産物輸入数量指数・農産物輸入価
　　　　格指数および農産物輸出数量指数・農産物輸出価格指数が公表されているのは2006年まで。
資料：農林水産省編『食料・農業・農村白書　参考統計表』各年版，同『作物統計』各年版および同
　　　『食料需給表』各年版より作成。

　農業就業人口は1965年の1,151万4,000人から2015年の209万7,000人へ，50年間で941万7,000人・81.8％減少した。農家数の減少率よりも大きいのは，農家世帯員の中で農業に従事する者が少なくなったことによるところが大きい。農業就業人口における65歳以上の比率は1975年の21.0％から2015年の64.6％へ大きく上昇し，高齢化が顕著になっている。

　耕地面積は1965年に600万4,000haであったが，その後減少の一途をたどり，2015年には449万6,000haと，50年間に150万8,000ha・25.1％減少した。同期間に耕地利用率が123.8％から91.8％に低下したため，延べ作付面積は耕地面積を上回って減少した。

　このようななか，全国の農家1戸当たりの経営耕地面積は1965年の0.91ha

第Ⅱ部　現代の農業を考える

が2015年に1.43 ha になったにすぎず（都府県は0.79 ha→1.03 ha，北海道は4.09 ha→20.50 ha）（農林水産省「農林業センサス」），都府県での規模拡大はあまり進んでいない。組織経営体を含めた農業経営体1経営体当たりの経営耕地面積も2015年度で2.54 ha にとどまっている（農林水産省「農業構造動態調査」）。

(2)　農業産出額と品目別構成比

　農業産出額は1965年の3兆1,770億円から1985年の11兆6,300億円へ増大したが（ピークは1984年），その後は減少傾向に転じ，2015年は8兆7,980億円になっている。農業生産指数（農業の生産水準を一つの総合指数として表示したもの。基準年＝100）も1985年を境に減少しており（ピークは1986年），日本の農業生産は1980年代半ばに減少傾向に転じたとできよう。

　農業産出額の品目別比率の推移を1965年→1985年→2015年でみると，米は43.1%→32.9%→17.0%，麦類・雑穀・豆類・イモ類は7.3%→4.5%→4.0%，野菜は11.8%→18.1%→27.2%，果実は6.6%→8.1%→8.9%，花きは0.6%→2.0%→4.0%，工芸作物等は6.6%→5.8%→2.8%，畜産（養蚕を除く）は20.9%→27.3%→35.4%，などとなっている（農林水産省「生産農業所得統計」）。米の大幅な低下，野菜と畜産の大幅な上昇が特徴的である。ただし，畜産は飼料の大宗を輸入に依存する「加工型畜産」であり，その生産拡大は1980年代半ばまで日本の農業産出額の増加を牽引した一方で，供給熱量自給率・穀物自給率の低下を導く要因にもなった。1980年代半ば以降は畜産の産出額も減少に転じた。

(3)　農産物の輸入と輸出

　農産物輸入額は1965年に1兆180億円だったが，その後大きく増加して1985年には4兆270億円になり，2015年は6兆5,630億円になっている。輸入数量指数（農産物の輸入量水準を一つの総合指標として表示したもの。基準年＝100）は1965年の36.2から2005年の213.3へ5.9倍の増加である。特に1985年から1995年にかけては100.0から184.7へ84.7ポイントも急増し，その後2005年にかけても増加している。一方，輸入額は1985年から2005年にかけて輸入数量指数ほど

第6章　農業・農政をめぐる課題

には増加していないが，これは1985年9月の「プラザ合意」以降の円高基調のもとで輸入価格が大きく下落したことによる（輸入価格指数は1985年100.0→1995年55.5→2005年62.3となっている）。

農産物輸出額は1965年の640億円から2015年の4430億円へ6.9倍の増加である。輸出数量指数も1965年の82.6から2005年の139.7へと1.7倍に増加している。ただし，2015年の輸出額4,430億円は同年の輸入額6兆5,630億円の6.7％にすぎず，現在の日本は圧倒的な農産物純輸入国である。また，輸出額4,430億円のうち2,220億円はアルコール・清涼飲料水・菓子などの加工品，470億円は畜産品，370億円は小麦粉・米などであり（農林水産省「農林水産物・食品の輸出促進について」2017年1月），米を除くとそれらの原料の大宗は輸入農産物であるため，「国産農産物の輸出」と単純にみることはできない。

2　戦後日本農政の展開

(1)　農業基本法と日本農政

第2次世界大戦後の農地改革はそれまでの地主－小作関係を解体し，自作農を多数創出した。この自作農体制の維持を目的として，1952年に農地の権利（所有権・賃借権など）取得および転用に厳しい制限を課す農地法が制定された（表6-2。以下，戦後日本農政の流れについては同表を参照のこと）。このもとで，食糧管理法に基づく米の政府買入価格を高水準に設定するなど農民の増産意欲を刺激する施策が行われ，その結果，戦争で大きな打撃を被った日本の農業生産は急速に回復した。

1955年からの高度経済成長期に入ると，日本農政には，① 農工間の所得不均衡の是正，② 開放経済体制への適応，という新たな課題が生じ，これに対処するために1961年に農業基本法が制定された。

そのポイントは「自立経営農家の育成」と「選択的拡大」にあった。前者は農業経営の規模拡大による生産性向上を通じた農業所得の増加を狙いとし，これを受けて農地の権利取得の上限撤廃（1970年農地法改正）や農地法のバイパス設定による農地貸借の規制緩和（1975年農用地利用増進事業，1980年農用地利用増

85

第Ⅱ部　現代の農業を考える

表6-2　戦後日本農政の主な経緯

年次	主　な　事　項
1952	農地法制定
1961	農業基本法制定
1969	農業振興地域の整備に関する法律（農振法）制定 米生産調整（減反）の開始
1975	農用地利用増進事業の開始（農振法改正による）
1980	農用地利用増進法制定
1985	先進5カ国蔵相・中央銀行総裁会議「プラザ合意」
1986	「国際協調のための経済構造調整研究会報告書」（前川リポート） 農政審議会報告「21世紀に向けての農政の基本方向」 GATT ウルグアイ・ラウンド開始
1992	農林水産省「新しい食料・農業・農村政策の方向」
1993	農業経営基盤強化促進法制定（農用地利用増進法の全面改正） GATT ウルグアイ・ラウンド妥結
1995	WTO 協定発効 主要食糧の需給及び価格の安定に関する法律（食糧法）施行（食糧管理法は廃止）
1999	食料・農業・農村基本法制定（農業基本法は廃止）
2001	WTO ドーハ・ラウンド開始
2007	品目横断的経営安定対策開始（2009年度まで）
2009	農地法の大改正
2010	農業者戸別所得補償制度開始（2013年度まで）
2013	日本が TPP 加盟交渉に参加 農林水産省「4つの改革」 農地中間管理事業の推進に関する法律制定
2015	農地法改正，農業委員会法改正，農業協同組合法改正 TPP 交渉が大筋合意
2016	TPP 協定に加盟交渉参加12カ国が調印 国会で TPP 協定が批准
2017	主要農作物種子法廃止，畜産経営安定法改正，農業災害補償法改正

進法）などが行われた。後者は今後の日本農業の基軸を輸入品と競合しない品
目に絞ろうとするものであり，畜産・果樹・野菜がその対象となった。また，
それら品目の生産安定や，輸入拡大による国内農業生産への打撃の緩和を目的
として，価格・所得政策も一定程度整えられた。

第6章　農業・農政をめぐる課題

つまり，農業基本法下の農政は「農産物輸入拡大を前提としつつ，国内農業保護をある程度行うとともに，農業経営規模の拡大を追求する」という方向性を持つものであった。

米は選択的拡大品目ではなかったが，日本の農業生産の中軸として引き続き食糧管理法下で政府買入価格が高水準で設定され，生産は拡大し続けた。しかし，食生活の欧米化・洋風化のもとで米消費量は減少したため，1960年代末に米過剰が発生し，1969年から減反（＝米生産調整）が開始された。

選択的拡大品目についても，同品目への生産集中による生産過剰と価格下落，輸入自由化の同品目への波及のなかで，それらの生産が順調に拡大したわけではなかった。また，農家の兼業化が進むなかで，先述したように農業経営の規模拡大も都府県ではあまり進まなかった。

1970年代初頭の高度経済成長終焉後，日本農政は1970年代中期に「世界食糧危機」対応として一時的に国内増産を指向したが，それ以降は上述した従来の方向性に戻った。

(2) 国際化・新自由主義跋扈下の日本農政

1985年9月の先進5カ国蔵相・中央銀行総裁会議（G5）は各国間の通貨調整と規制緩和による各国の経済構造の再編成を求めた（プラザ合意）。これを受けて，日本では1986年の「国際協調のための経済構造調整研究会報告書」（前川リポート）および農政審議会報告「21世紀に向けての農政の基本方向」において，農業分野における市場原理の導入，価格・所得政策の見直し，輸入拡大による内外価格差の縮小，が打ち出された。1980年代以降，国際的に新自由主義が跋扈するなか，日本農政もそれに基づいた再編を求められたのである。

1980年代後半以降，タバコ・サクランボ・牛肉・オレンジをはじめとする多くの農産物が輸入自由化され，これはプラザ合意後の円高基調と相俟って農産物輸入量を急増させた。価格・所得政策は生産者手取価格を抑制・引下げする方向に転換した。米についても政府買入価格の引下げとともに1990年から一部で入札取引が開始されるなど，政府管理の後退と規制緩和が進んだ。

1992年には農林水産省「新しい食料・農業・農村政策の方向」が発表された。

87

第Ⅱ部　現代の農業を考える

そこでは後の食料・農業・農村基本法につながる施策が多数提起されたが，GATT ウルグアイ・ラウンドの妥結を見込んでその中心に置かれたのは，前川リポートと農政審議会報告を引き継いだ，農産物輸入拡大を前提とした市場原理の導入・強化，そして農業経営規模の拡大であった。

　1993年には農用地利用増進法が全面改正されて農業経営基盤強化促進法になった。同法は「効率的かつ安定的な農業経営を育成し，これらの農業経営が農業生産の相当部分を担うような農業構造を確立することが重要である」（第1条）とし，「認定農業者*」を中心とする一部の農業経営体に農地利用を集積する方向を明確化した。そこには「新しい食料・農業・農村政策の方向」の内容が反映されている。

　　＊農業経営基盤強化促進法に基づき市町村が策定した農業経営基盤強化促進基本構
　　　想（市町村基本構想）に示された農業経営の目標に向けて，自らの創意工夫に基づ
　　　き，経営の改善を進めようとする計画を市町村が認定し，これらの認定を受けた農
　　　業者。地域農業の担い手として農地利用・資金・税制面などの支援を受けることが
　　　できる。

　1980年代後半以降，日本農政は従来の方向性のうち，農産物輸入拡大と農業経営規模拡大についてはこれをいっそう推し進める一方，国内農業保護については市場原理の導入・強化による見直しを行う（＝実質的には国内農業保護の弱化）というものに変化したのである。

3　今日の日本農政の基本的枠組み

(1)　WTO 協定の農業分野の内容と日本農政への影響

　1986年に開始された GATT ウルグアイ・ラウンドは1993年に妥結し，その妥結内容を基にして1995年に WTO が発足した。WTO 協定では農業の三つの政策分野について次の取決めがなされた。すなわち，①「市場アクセス」では，原則として輸入に係るすべての国境調整措置（関税・輸入数量制限など）を関税化し，決められた率で関税を引き下げること，②「国内支持」では，農業者に対する国内助成を「緑の政策」「青の政策」「黄の政策」に分け，貿易歪曲的

88

な性格を持つ「黄の政策」については定められた率で助成額を削減すること，③「輸出競争」では，輸出補助金の額と輸出補助金付き輸出数量を定められた率で削減すること，である。以降，WTO加盟各国の農政には①〜③の「縛り」がかかることになった（日本には輸出補助金制度はないため，③による農政への影響はない）。

日本は，厳しい輸入数量制限を行ってきた米については関税化が猶予されたが，その代償措置として1995年 42万6,000玄米 t→2000年 85万2,000玄米 t のミニマム・アクセス（最低輸入機会。以下，MA）が設定された。1999年には米も関税化されたが，これによって同年からのMAの毎年の増加分は半減し，2000年のMAは76万7,000玄米 t となった。関税化に伴い，MA以外の輸入米には高関税が課された（1999年 351円/kg，2000年 341円/kg）。

そして，1980年代後半以降の政府管理後退および規制緩和の流れとWTOでのMA設定を背景として，1995年には食糧管理法が廃止され，米の恒常的な輸入を前提とし，市場原理導入・規制緩和をベースに置いた，主要食糧の需給及び価格の安定に関する法律（食糧法）が施行された。

なお，WTO協定は2000年までのルールしか決めておらず，2001年に開始されたドーハ・ラウンドが未だ決着していないため，現在まで2000年時点のルールが継続している。

(2) 食料・農業・農村基本法と日本農政

1999年に農業基本法が廃止され，新たに食料・農業・農村基本法（以下，新基本法）が制定された。新基本法は，農産物輸入の拡大と一方での日本農業の衰退のなか，食料の安定供給・安全に係る問題，農村問題，環境問題などへの国民の関心が高まったことを受けて，政策対象を農業のみならず食料・農村にまで拡大した側面を持つが，その本質はWTOへの対応と1980年代後半以降における日本農政の方向性の明確化にあるとみてよい。

すなわち，同法では，食料の安定供給の一環への輸入農産物の織り込み，農産物価格形成への市場原理の導入，「効率的かつ安定的な農業経営」が農業生産の相当部分を担う農業構造の創出，農業経営の法人化の推進などが打ち出さ

89

第Ⅱ部　現代の農業を考える

れ，これらが同法の主軸になっている。同法は，向上を旨とした食料自給率目標の設定，農業の多面的機能の発揮，中山間地域等直接支払の創設など，国内農業保護につながる施策も盛り込んでいるが，これは主軸の遂行に伴って生じる農業・農村の諸問題に対処するためのものと捉えられる。以後，日本農政の大枠は，WTO に対応した同法によって形作られることになった。

　新基本法制定に前後して米・麦・大豆・生乳等の価格・所得政策が再編された。そこでは，政府によって生産者手取価格が直接決定される政府買入制度などが廃止され，農産物価格の形成は基本的に市場原理に委ね，市場価格で生産コストがまかなえない場合は政府が別途に補てんするという制度に変更された。

　2001年には農地法が改正され，それまで農業生産法人（一定の要件を満たし，農地の権利を取得して農業経営を行える法人で，1962年農地法改正で認められた）から除外されていた株式会社について，株式譲渡制限付き株式会社に限って同法人になれることを認めた。2002年には農業構造改革特区において農業生産法人以外の法人が農地賃借方式で農業参入できることになった。また，2004年には食糧法が改正され，1995年の食糧法施行後も一部の米について行われていた政府の恒常的な流通管理が廃止された。

4　近年における日本農政の動向

(1)　品目横断的経営安定対策と農地法大改正

　2007年度から米・麦・大豆・テンサイ・デンプン原料用バレイショについて品目横断的経営安定対策が開始され，価格・所得政策はさらに変化した。

　同対策は，まず従来の価格・所得政策の政府補填分に相当する「生産条件不利補正対策」（米を除く）を「固定払い」（過去の生産実績に基づく支払）と「成績払い」（当該年の生産量・品質に基づく支払）に分け，WTO の「緑の政策」に該当する前者を 7 割，「黄の政策」に該当する後者を 3 割とした。助成額削減の対象外である前者の比率を高くしたのは，WTO による国内農業への打撃を微温的にしたいという政策意図に基づく。また，各農業経営体の収入の年次変動を緩和する目的で「収入減少影響緩和対策」も設けられた。

第6章　農業・農政をめぐる課題

　ただし，同対策で最も注目すべきは，「生産条件不利補正対策」「収入減少影響緩和対策」とも，その対象を経営規模が原則として都府県4 ha以上・北海道10 ha以上の認定農業者および20 ha以上の集落営農組織に限定したことである。そこには，政府補てんが受けられる対象を大規模農業経営体に限定することによって小規模農業経営体に農業生産を断念させ，農地利用を大規模農業経営体にドラスチックに集中させようとする狙いがあった。また，このような流れのなかで2009年には農地法が大改正され，農業生産法人以外の法人であっても，農地賃借方式ならば全国どこでも農業に参入できることになった。

　しかし，補填対象を大規模農業経営体に限定する同対策は広範な農業者の反発を招き，2009年8月の総選挙での与党大敗・政権交代の一因となった。

(2)　政権交代と農業者戸別所得補償制度

　2009年9月の政権交代後，民主党連立政権下の日本農政は農業者戸別所得補償制度を軸とするものになった。同制度は2010年度にモデル対策として，まず米に対して導入された。これは，減反に参加した米生産者に対して米の生産コストと販売価格との差額分を補てんするものであり，減反参加者を対象とすることは同じであるものの，従来の米の価格・所得政策が市場価格下落分の一部を補てんするにとどまっていたことに比較すると，価格・所得政策としての内実を充実させたものと言える。同制度発足以降，米生産者の減反参加率は上がり，米の過剰作付面積は大きく減少した（2011年度以降は東日本大震災による津波・放射線被害の影響も考慮しなければならないが）。

　2011年度からは同制度の一環として，品目横断的経営安定対策の「生産条件不利補正対策」に代わり，麦・大豆・テンサイ・デンプン原料用バレイショおよびソバ・ナタネについて，それら品目を販売した全生産者を対象とする「畑作物の所得補償交付金」が開始された。品目横断的経営安定対策の「収入減少影響緩和対策」は政権交代後も引き継がれた。

　農業者戸別所得補償制度下の価格・所得政策は，食料自給率向上に向けて生産者の生産意欲を刺激すべく，販売数量に対する助成を基本に置く仕組みとしたが，これはWTO協定の「黄の政策」に該当する。しかし，新基本法制定

91

第Ⅱ部　現代の農業を考える

に伴う米の価格・所得政策の再編の際に，米に対する政府助成が「緑の政策」「青の政策」に組み替えられていたため，日本の「黄の政策」の助成額はWTO協定に基づく削減を行った後の助成上限額＝約束水準までかなりの余裕を持つものになっており（2009年の「黄の政策」の実績額5,648億円は約束水準3兆9,729億円の14％），今回の価格・所得政策の実施によって約束水準を超える可能性はなかった。

　2012年度からは45歳未満の新規就農者に年間150万円を最大5年間給付する「青年就農給付金」が開始された。

　一方で，民主党連立政権のもとで，2010年度からTPP交渉参加に向けた動きが開始された。

(3)　政権再交代後の日本農政

　2012年12月の自公連立政権への政権再交代後，日本農政は官邸主導のもと，1980年代後半以降の輸入拡大，規模拡大，市場原理の導入・強化という方向性を強めていく。そこでは農政は大きく「産業政策」と「地域政策」に分けられた（農林水産省「4つの改革」2013年12月）。

　「産業政策」については，① 2013年からの10年間で「担い手」（認定農業者〔特定農業法人を含む〕，認定新規就農者，市町村基本構想の水準到達者，集落営農経営）の農地利用が全農地の8割を占める農業構造を実現するために，各都道府県に一つ設立される農地中間管理機構が農地の出し手から農地をいったん借り受け，その農地を最も効率的な農業経営を行えると機構が判断する借り手に貸し付ける制度を創設する（農地法・農業経営基盤強化促進法に加えて，農地中間管理事業推進法に基づく農地貸借が登場），② 対象品目を販売する全生産者を対象とする農業者戸別所得補償制度は農業構造改革にそぐわない側面があったという認識のもと，同制度を改変し，畑作物については価格・所得政策の対象を認定農業者・集落営農・認定新規就農者に限定する（品目横断的経営安定対策が農業生産者の反発を招いたことから，今回は規模要件は設けず。「収入減少影響緩和対策」も対象を認定農業者・集落営農・認定新規就農者に限定したが，規模要件は設けず），③ 米についても，(a)農業者戸別所得補償制

度下で行われていた生産コストと販売価格との差額分の補てんを廃止し，米の生産者手取価格形成は市場原理に委ねる（一方で，「収入減少影響緩和対策」の対象に米を加える），(b)2018年度から政府・行政は減反業務から基本的に撤退することとし，それをにらんで転作作物のうち飼料用米・米粉用米については転作奨励金を若干有利化する，などの施策が行われてきている。

「地域政策」については，新基本法制定以来行われてきた農業の多面的機能の発揮のための施策や中山間地域直接支払などの制度を再編した日本型直接支払制度（農地維持支払，資源向上支払，中山間地域等直接支払，環境保全型農業直接支援）が設けられた。

この「産業政策」と「地域政策」は政権再交代後の農政において決して同列ではない。その主軸は農政の新自由主義的再編をいっそう進めるための「産業政策」にあり，「地域政策」は「産業政策」の遂行に伴って生じる農業・農村をめぐる問題への対処策として捉えるべきである。そこには先にみた新基本法の構造が反映している。

また，2015年には農地法（農業生産法人の「農地所有適格法人」への改称と法人要件の緩和など）・農業委員会法（公選制の廃止と市町村長の任命制，農地利用最適化推進委員の新設など）・農業協同組合法（単協の組織の一部の株式会社・生協等への組織変更可能規定，全国農業協同組合中央会（JA全中）の一般社団法人化，全国農業協同組合連合会（JA全農）の株式会社への組織変更可能規定など）の改正が，2017年には主要農作物種子法の廃止，畜産経営安定法改正による加工原料乳補給金制度の見直し，農業災害補償法改正による収入保険制度の新設などが行われた。それらを貫くものは，規制緩和，市場原理導入・強化，企業の農業・農業関連事業への参入容易化，である。

なお，民主党連立政権下で導入された「青年就農給付金」は政権再交代後も引き継がれた（2017年度から「農業次世代人材育成資金」と改称）。

農産物輸入に目を転じると，民主党連立政権下でTPP加盟交渉参加に反対・慎重を唱えていた自民党・公明党は，政権再交代後に交渉参加に積極的な姿勢に転じ，2013年3月には政府が交渉参加を表明，同年7月に日本は加盟交渉に正式に参加した。同交渉は2015年10月に大筋合意し，2016年2月に交渉参

第Ⅱ部　現代の農業を考える

加12カ国が調印を行った。日本では2016年12月に国会で与党等の賛成多数で
TPP協定が批准された。しかし，同協定は日本に対して多くの農産物について
今までにない水準の関税撤廃・引下げを求めており，同協定が発効すれば日
本の農業生産に大きな打撃を与えることが懸念される。

　アメリカがトランプ新政権のもとで2017年1月にTPP離脱を表明したため，
本章執筆時点では12カ国でのTPP協定の発効は見通せないが，発効のいかん
にかかわらず，同協定は農産物貿易交渉での日本の譲歩のスタートラインとな
っている。事実，2017年7月に大枠合意し，同年12月に最終合意した日欧
EPAでは，多くの農産物品目で，日本の市場開放はTPPの水準（チーズなど
一部品目についてはTPP以上）になったのである。

5　日本農業・農政の今後の課題

　現段階の日本農政は，農産物輸入のいっそうの拡大を前提とし，一部の大規
模な農業経営体に農地利用を集約化して生産性の高い日本農業を創出すること
でそれに対応しようとしている。また，これを理由の一つとして，企業の農地
権利取得の容易化も進めようとしている。

　しかし，安価な輸入農産物がいっそうなだれ込み，市場価格が下落するなら
ば，積極的に規模拡大を図ろうとする経営体は少なくなるだろう。また，全体
として比較劣位にある日本の農業が国際競争力を持つには（＝比較優位に転じ
るには）他産業以上の生産性向上が必要であり，規模拡大の進展が自動的に国
際競争力獲得につながるわけではない。農家＝家族経営だから国際競争力を持
てず，企業経営であれば国際競争力を持てるということでもない。

　今後，日本の農業生産を維持・発展させることを目指すならば，今後の日本
農政に最も求められるのは，少なくとも平均的規模の生産者が農業の再生産を
行えるだけの生産者手取価格を保障するために，価格・所得政策を充実させる
ことである。そのためには輸入に係る国境調整措置をこれ以上弱化させないこ
とも必要となる。近年，年間5万人台〜6万人台で推移している新規就農者を
育て，日本の農業生産の主体として成長させるためにも，生産者手取価格の保

94

障は最重要かつ喫緊の農政課題になっている。

参考文献

石井啓雄（2013）『日本農業の再生と家族経営・農地制度』新日本出版社.

河相一成編（1996）『解体する食糧自給政策』日本経済評論社.

田代洋一（2014）『戦後レジームからの脱却農政』筑波書房.

農業問題研究学会編（2008）『グローバル資本主義と農業』筑波書房.

村田武・三島徳三編（2000）『農政転換と価格・所得政策』筑波書房.

（横山　英信）

| 第7章 | 農地制度と土地利用 |

農産物は商品として市場で自由に売買されるが，農地取引には規制がある。それは農業経営を持続的に発展させるために必要なことであり，そのために農地制度が整備されてきた。明治政府が農地取引を市場に委ね，それが寄生地主制をまねいた苦い教訓からでもあつた。農地改革の成果を引き継ぐ農地法が日本の農地制度の柱である。ここでは耕作する者が農地を所有することが最も望ましいとする「耕作者主義」がとられた。その後，経済成長に対応し，農地流動化を促進するために，農地賃貸借規制緩和，農業生産法人の要件緩和等の法改正が相次いで行われ，株式会社による農地取得も可能となっている。また農業経営基盤強化促進法の制定など新たな法整備が図られてきた。他方，農地転用等の進行により農地面積は減少を続け，逆に耕作放棄地率は高まっている。農業生産の効率化という観点からだけではなく，農業の持続的な展開という観点から農地制度のあり方を考える必要がある。

1　農地制度の変遷過程

(1)　農地改革と農地法

　明治政府のもと，国家財政の確立のために実施された地租改正により農民に農地所有権が付与された。ここでは農地取引の規制はなく，それは市場に委ねられた。しかし多くの農民には経済的自立の基盤がなく窮乏し，その所有権を手放すことを余儀なくされる。この過程で生計費にまで食い込む高額小作料での寄生地主制*が明治20年代から形成されてきた。敗戦に伴う戦後処理のなか

96

でそれは改革の対象となり，農地改革による自作農創設として進められた。改革前の1941年には小作地率は45％にも上った。それが国による小作地の買収・売渡により，全小作地の80％に及ぶ194.2万 ha の農地が小作農に売り渡された。残存小作地も小作農の地位が強化された。

　　＊農地の所有者である地主が小作人と呼ばれる農民に土地を貸し出して耕作させ，
　　前近代的・半封建的な高率小作料を徴収する土地所有制度。

　農地改革の成果を恒久的に維持するため1952年に農地法が制定された。これは，戦前・戦中から発展してきた農地立法を集大成したものでもあり，耕作する者の立場を保護・強化することにより，農業経営の維持・発展を図ることを内容としている。農地法第 1 条には，「農地はその耕作者みずからが所有することを最も適当である」ことが明記され，耕作者主義の理念を掲げた。農地の権利取得や利用に関して，耕作目的の農地の権利移動規制（3条），農地転用規制（4条），転用目的の権利移動規制（5条）などの規制を設けた＊。日本の農地制度のなかで農地法は最も重要な法律である。

　　＊農地の権利移動とは農地の売買や賃貸借を行い，農地の権利を移動させること
　　（農地の流動化），農地転用とは農地を農地以外の目的に転用することである。

(2)　**農業構造変動と農地流動化政策**

　農地法制定後まもなく日本は高度経済成長過程に入り，農業も構造改善による近代化が進められてくる。農業基本法制定（1961年）を受け，62年に農地法が改正され，農地の権利取得の最高面積制限が緩和され，また農業生産法人制度（後述）や農地信託制度＊が設けられた。

　　＊1962年の農業協同組合法の一部改正によって創設された制度。信託とは所有権を
　　受託者に移転して行うものであり，当時は農地の引き受け業務は農協のみに限られ
　　ていた。信託事業の内容は農地の貸付けまたは売渡しであり，農地信託の委託者か
　　ら農協への所有権の移転は農地法の規制を受けない。

　農地の基盤整備と相まって農作業の機械化が進み，稲作をはじめとして農業の労働生産性は向上し，「規模の経済」が作用してくる。「構造政策の基本方針」(1967年) では，生産性の高い農業の実現が農政目標として掲げられ，1970

第Ⅱ部　現代の農業を考える

年に借地による農地の流動化を意図した農地法の大幅改正が行われた。その主な内容は，賃貸借規制の緩和，小作料の最高額統制の廃止と減額勧告制度の創設，農業生産法人の要件の緩和，農地権利取得最高面積制限の廃止，農地保有合理化事業*等の新設などである。また，目的（第1条）に「土地の農業上の効率的な利用を図る」が加えられた。

　　*農業経営の規模拡大あるいは農地の集団化を行うことで，効率的な生産を実現するための事業。

　しかし農地法による賃借権設定は遅々として進まず，そのため農地法のバイパスとして農業振興地域の整備に関する法律（以下，農振法）のなかに農用地利用増進事業が1975年に設けられた。ここにおいて，農地法の規制を受けないで，市町村が集団的に利用権設定を行い借地による農地流動化を図ることが意図された。賃貸借等の契約期間満了の際には，農地法の法定更新適用の規定がなく，当然に終了する仕組みである。1980年には，同事業を拡充した農用地利用増進法が制定された。これにより借地による農地流動化が進んでくる。1989年の改正では，農業構造改善の目標と経営規模拡大計画の認定制度が導入された。

　そして「新しい食料・農業・農村政策の方向（新政策）」（1992年）を経て，同法は93年に農業経営基盤強化促進法（以下，基盤強化法）に改称されるとともに大幅に改正された。「農用地」ではなく「農業経営」が政策の対象となる制度変更が行われ，認定農業者制度が設けられた。ここにおいて，これまでの農地流動化手法を取り込み，農業経営基盤を強化する制度に体系化された。農地法は，農地転用も含め農地の諸権利移転を規制し，農地を守る制度であるのに対し，基盤強化法は農地流動化を促進し，農業経営体の基盤を強化するという役割を負う。いわば農地移動規制と流動化促進という2つの制度が並立することになる（関谷 2002）。

　さらに財界から農地取引の規制緩和の要請が相次いだ。2008年5月には経済財政諮問会議議員から所有と利用の分離により大規模な経営展開を可能にする農地改革：「平成の農地改革」が提案された。これを受け同年12月に農林水産省「農地改革プラン」（2008年）がまとめられ，そして2009年に農地制度が大幅に改正される。解除条件つきで借地による農業参入が自由化されるとともに，

98

小作地所有制限，標準小作料制度・減額勧告制度などの条項が廃止された*。同時に，基盤強化法に農地利用集積円滑化事業が創設され，地域内の農地を一括して引き受けてまとまった形で担い手に再配分を行う仕組みがつくられた。また農地法第1条（目的）は，「耕作者自らによる農地の所有が果たしてきている重要な役割も踏まえつつ…（略）…農地を効率的に利用する耕作者による地域との調和に配慮した農地についての権利の取得を促進」すると変更され，農地の権利者には農地の農業上の適正かつ効率的な利用を確保することが義務づけられた。また公共転用への法定協議制の導入，違反転用の罰則強化等の農地転用規制が厳格化され，遊休農地対策も強化された。農業委員会が遊休農地の所有者等に対する指導・勧告を一貫して実施することとなった。

　　＊それまで農地法は耕作者の経営の安定を図るため，農業委員会が小作料の標準額を決めること，契約で定める小作料の額が標準額より著しく高額であるときは小作料の減額を勧告することができるなどの規定を設けていた。

(3)　農業生産法人制度と一般法人の農業参入の要件緩和

　1962年の農地法改正で，農業生産法人制度が設けられたが，農地の権利取得が可能な法人は，農事組合法人，合名会社，合資会社，有限会社に限られていた。しかも，事業は農業が主であること，構成員は農地等を提供した個人と常時従事者に限定され，議決権は常時従事者が過半とすることなど，厳しい要件が課せられた。

　その後，度重なる要件緩和が行われ，農業への企業参入の条件は引き下げられてきた。1993年の改正で，農業生産法人が農産物加工等の関連事業も行えるようになり，また2000年には，株式譲渡制限があり，主たる事業の範囲が関連事業を含めた農業であることなどの要件を満たせば，株式会社形態の農業生産法人が認められることとなった。同時に業務執行役員の農作業従事要件も緩和され，農業委員会がその企業の農業生産法人としての適格性をチェックすることとなった。

　そして2002年の構造改革特別区域法（特区法）では，耕作放棄地や耕作放棄地になりそうな農地等が相当程度存在すると認定された区域において，農業生

第Ⅱ部　現代の農業を考える

産法人以外の法人（特定法人）への農地等の使用貸借による権利または賃借権
（リース）の設定が条件つきで，特例的に認められた。その条件とは地方公共
団体または農地保有合理化法人＊からの貸付で，事業の適正かつ円滑な実施を
確保するための協定が締結されていること，業務執行役員のうち1人以上の者
が耕作または養畜の事業に常時従事することである。さらに2005年には基盤強
化法の改正により，それは特区だけではなく，市町村農業基本構想において耕
作放棄地等が相当程度存在する区域へと全国的に広げられた。

　　＊農用地等の権利移動に直接介入することにより，農業経営の規模拡大，農地の集
　　団化を図ることを目的とする公的な団体。

　2009年改正では，適正に農地を利用していないときは契約を解除する条件を
付す貸借であれば，法人は全国どこでも参入可能となった。そして，2015年改
正では，法人が6次産業化等を図りやすくする理由から，農地を所有できる法
人の要件を緩和した。役員要件は，役員または重要な使用人（農場長等）のう
ち1人以上が農作業に従事するだけでよいことになり，また農業関係者以外の
者の総議決権が4分の1以下から2分の1未満へと緩和された。農業関係者以
外の者の構成員要件を撤廃し，法人と継続的取引関係がない者も構成員となる
ことが可能となった。そしてこの要件を満たす法人の呼称を「農業生産法人」
から「農地所有適格法人」に変更した。

(4)　土地利用計画と農振法

　高度経済成長に伴い住宅，工場，道路などの土地需要が急増し，無秩序な都
市開発が進行し，また土地投機により地価は高騰した。そのため1968年に新都
市計画法が制定され，都市計画区域（市街化区域・市街化調整区域）の全域で
開発行為を規制する土地利用の計画化が図られた。農業振興地域の整備に関す
る法律（農振法）はこれに対応して，農村地域の土地利用秩序と農地の確保を
図るために翌1969年に制定された。それは「農政の領土宣言」の法律とも称さ
れている。同法では農業振興地域整備計画に基づいて農業振興地域を指定し，
さらにそのなかでも農用地等として利用すべき区域を農用地区域とし，ここで
は農地転用は原則として許可されない。2013年の農用地区域面積は476万ha

第7章　農地制度と土地利用

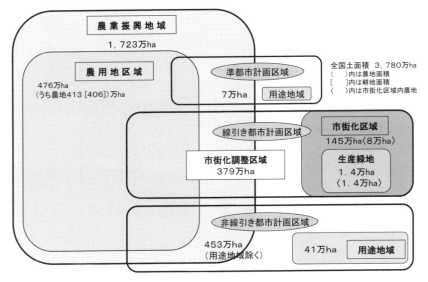

図7-1　農業振興地域と都市計画区域の関係（2015年）
資料：農林水産省「農業振興地域制度，農地転用許可制度等について」

で，うち農地面積は413万 ha である（図7-1参照）。

　市街化を抑制すべき市街化調整区域と農業振興地域の重複は多く，都市計画区域内に含まれる農用地区域内農地もある。概ね10年以内に優先的かつ計画的に市街化を図る市街化区域は農業振興地域に指定しえないが，制度当初の1974年には27万 ha の農地がここに含まれた。それは2013年には8万 ha にまで減少している。また都市の農地を保全し，農業振興を図るため，生産緑地法（1974年），農住組合法（1980年），市民農園整備促進法（1990年），都市農業振興基本法（2015年）などが整備されている。

2　農地利用の現状

(1)　耕地・作付面積の減少と耕作放棄地の増加

　第6章でみたように，高度経済成長以降，耕地面積はほぼ一貫して減少を続

第Ⅱ部　現代の農業を考える

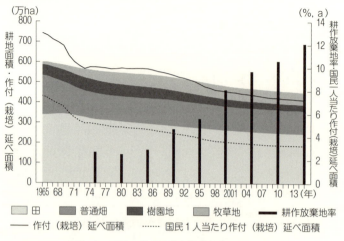

図7-2　耕地・作付面積と耕作放棄地率の推移
資料：農林水産省「耕地及び作付面積統計」「農林業センサス」より作成。

けている。1965年に600万haあった耕地は，2015年には447万haへと，153万ha（26％）減少している。時期的には，1960年代後半，70年代前半，90年代の減少が大きく，これら期間中には年平均4.3万ha程度の耕地面積の減少がみられる（図7-2参照）。表示はしないが，北海道の耕地面積は1990年（121万ha）まで増加を続けていた。その後減少に転じているが，その減少率は都府県ほどではなく，耕地面積に占める北海道の割合は，1965年の15.9％（95万ha）から2015年の25.6％（114万ha）へと大きく増加している。

地目別には，この間，田が339→245万haと94万ha（28％）の減少にとどまるが，普通畑は195→115万haへと80万ha（41％），樹園地は53→29万haへと23万ha（45％）と減少率がやや高い。これに対し，畜産物需要の伸びに呼応し，牧草地は14→61万haへと47万ha（334％）増加している。

耕地面積の減少に伴い作付面積も減少しているが，その減少面積・率はより大きい。作付（栽培）延べ面積は，同期間に743→413万haへと330万ha（44％）の大きな減少をみせている。北米からの農産物輸入急増により日本の裏作麦などが崩壊したためである。1965年の耕地利用率は124％であったが，その

102

第7章 農地制度と土地利用

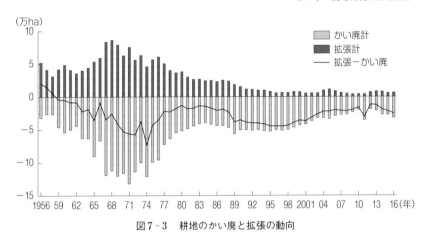

図7-3 耕地のかい廃と拡張の動向
資料：農林水産省「耕地及び作付面積統計」により作成。

後低下し，1994年には99％と100％を初めて下回った。その後も低下を続け，2015年には92％までに低下している。その主因は農産物輸入増加とそれに伴う農産物価格低下にあり，これと並行して就農者が激減し，不作付地が急増することになる。また耕作放棄地面積・率は一貫して増加を続け，1975年には13.1万ha・2.7％であったものが，2015年には42.3万ha・12.1％まで大幅に増加している。

これに伴い国民1人当たりに換算した作付面積も，同期間に7.6aから3.2aへと大幅な減少をみせている。これは食料自給率の低下とも並行したものであり，その分海外の耕地が日本の食糧生産のために利用されることになる。これが輸出型農業国の環境問題の一環を構成することにもなる。

(2) 耕地の拡張とかい廃，農地転用の動向

この間の耕地面積の減少は，耕地のかい廃が常に拡張を上回って進んだためである。1959年からそれは一貫している。1970年代までは農地開発事業などにより耕地の拡張が年間5～6万haの規模で行われてきたが，かい廃はそれを上回り10万haを超える規模で進んだ。特に1970年代前半の列島改造ブームでのかい廃による耕地面積の減少が著しい（図7-3参照）。

103

第Ⅱ部　現代の農業を考える

　その後，拡張面積は著しく減少し，1990年代以降は年間1万haに満たない。これに対し，耕地かい廃は1990年代までは年間5万ha程度で進み，そのため1990年代は耕地面積減少が再びピークを形成する。2000年代に入ると，耕地のかい廃面積は年間2～3万haに縮小し，耕地面積の減少は年間2万ha程度にとどまる。

　2万7,100haの耕地かい廃のあった2014年を例にとれば，農地法による農地の転用面積は1万5,230haである。その区分は，同法4・5条による許可が7,780ha（51％），同届出が3,753ha（25％）などである。また，その用途別内訳は順に，住宅用地4,065ha（27％），道水路・鉄道用地などの公的施設用地1,544ha（10％），植林1,051ha（7％），店舗等施設などの商業サービス等用地960ha（6％），工鉱業（工場）用地406ha（3％）などである。この他，駐車場・資材置場などその他の業務用地5,843ha（38％），その他分類不能・不明1,361ha（9％）も一定を占めている。

　農地の違反転用が後を絶たない。行政庁が発見した違反転用は，2008～14年の7年間の年平均で6,028件・434haに及ぶ。うち5,512件・364ha（84％）は当該年中に違反状態が是正されているが，未是正のものが516件・70ha（16％）ある。是正されたもののほとんどが追認許可5,384件・350haであるが，なかには原状回復したものも81件・10haある。

(3)　農地の移動の動向：売買から貸借へ

　農地の権利移動は売買から貸借へと大きく変わった。1970年の耕作目的の農地の権利移動面積は7.3万haで，その内訳は売買によるものが7.2万ha，貸借によるものが0.1haと，売買による農地移動がほとんどであった。それが1970年の農地法改正による賃貸借規制の緩和，農振法・利用権設定事業の創設（1975年）により徐々に借地による移動が進んだ。1980年には耕作目的の農地の権利移動面積7.8万haのうち貸借が3.8万ha（うち利用権2.7万ha）にまで高まった。さらに1985年には農地移動面積8.5万haのうち貸借が4.7万ha（うち利用権4.1万ha）と過半を占めることになった。

　図7-4に示すとおり，最近では耕作目的での農地の売買面積は年間3万ha

第 7 章　農地制度と土地利用

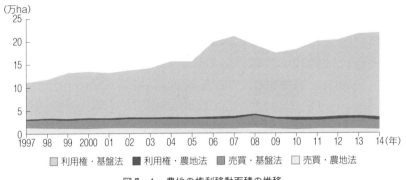

図 7-4　農地の権利移動面積の推移
資料：農林水産省「土地管理情報収集分析調査結果」により作成。

程度で推移し，うち基盤強化法によるものが 2 万 ha 程度と過半を占める。これに対し，利用権設定面積は増加を続け，特に基盤強化法による増加が著しい。利用権設定面積は，品目横断的経営安定対策が開始された 2007 年に 17.4 万 ha，また農地中間管理事業が開始された 2014 年に 18.3 万 ha とピークを形成している（荒井 2017）。これには利用権の更新分も含まれる。利用権設定から利用権更新分と賃貸借の解約等を差し引いた利用権設定の純増分は，2010 年から 14 年にかけてそれぞれ 6.5 万 ha，7.8 万 ha，7.4 万 ha，7.5 万 ha，8.3 万 ha と見込まれている（農林水産省経営局農地政策課調べ）。

2014 年の基盤強化法による借人の種類別面積内訳は，個人 9 万 6,338 ha（62％），農業生産法人 3 万 1,290 ha（20％），農地保有合理化法人 1 万 5,297 ha（10％），農地利用集積円滑化団体＊ 1 万 547 ha（7％）などである。農地保有合理化法人，農地利用集積円滑化団体の借入農地は再貸付される。

　　＊農地利用集積円滑化事業の実施主体として農業経営基盤強化法に定められた団体。
　　　農地利用集積円滑化団体になることができるのは，市町村，市町村公社，農協，土
　　　地改良区，地域担い手育成総合支援協議会等である。

こうした農地移動は明確な階層性を伴って進行し，農地の譲受・借受により，規模の大きい経営への農地の集積が進んでいる。2014 年における都府県の農地借受面積（基盤強化法・不耕作者を除く）に占める 5 ha 以上層の割合は 63％，

105

第Ⅱ部　現代の農業を考える

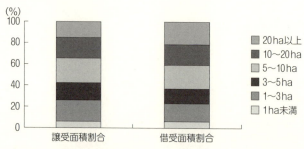

図7-5 経営規模別農地の譲受・借受面積割合（2014年基盤強化法・都道府県）

資料：図7-4に同じ。

　譲受面積のそれは58％に達している（図7-5参照）。農地の売買，貸借を通じて大規模層への農地集積が進んでいる。これにより5ha以上の農業経営体の経営耕地面積シェアは，2010年の32.1％から2015年の40.2％へと大きく伸びた。大規模経営体は，利用権設定地で条件の整った農地があれば買い入れし，経営基盤を整えていると考えられる。

　2014年の10a当たり借賃の水準は，田1万2,500円，畑8,600円である。同年の純農村地域の同中田価格は130万円，中畑価格は94万円であることから，土地利回りは田1.0％，畑0.9％となる。農地価格への都市化の影響があまりない北海道の土地利回りは4.1％で，地代と地価が併進しており，そのため実質的な農地移動面積に占める農地売買の比率が46％と高い。

(4)　**農業参入した一般法人の動向**

　特区法により株式会社を含め農業生産法人資格を有しない一般法人にも特例で農地の権利取得が認められ，2003年以降，農業参入した一般法人数は徐々に増加してきた。特区の全国展開を開始した2005年は105法人へ，また農地の貸借が自由化された翌年の2010年には761法人へと急増した。その後も増加を続け2016年には2,676法人に達した。法人形態ごとの法人数は，株式会社1,677，特例有限会社348，NPO法人等651法人である（図7-6参照）。その業務形態別法人数は，食品関連産業592，農業・畜産業579，建設業335，製造業102，その

106

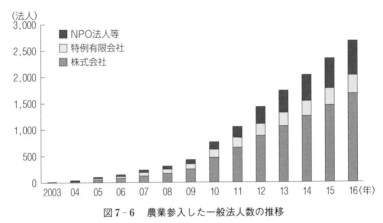

図7-6 農業参入した一般法人数の推移
資料:農林水産省経営局調べにより作成。

他卸売・小売業126法人などである。この他,特定非営利活動251,学校・医療・社会福祉法人97法人もある。また営農作物別内訳は,野菜が1,101法人と最も多い。次いで複合494,米麦等491,果樹318,工芸作物105,畜産(飼料用作物)58,花き63法人などである。

一般法人の農地の借入面積合計は7,428haとなり,1法人当たりの平均面積は2.8haとなる。その借入農地面積規模別内訳は,50a未満33%,50a～1ha26%,1～5ha29%,5～20ha9%,20ha以上2%である。参入企業は,地場の中小企業が多く,地域農業の担い手の一つとして成長してきているが,初期投資資金の確保,農地の確保,技術の取得,販路の確保などいくつかの経営課題もかかえている(大仲 2013)。

3 農地利用と農地制度の今後──農業の持続的発展のために

(1) 農地の確保と農地利用の有効利用

農業の持続的発展のためには農地の確保は不可欠であり,「開発不自由の原則」を明確にするなどして農地の総量確保に努める必要がある(原田 2011)。また,農地を不作付化せず,耕作に用いるためには,標準的な経営に他産業と

第Ⅱ部　現代の農業を考える

均衡する所得が保障される仕組みが必要である。不作付地，耕作放棄地の増加は，その条件が失われてきていることの証左でもある。その主因は，農産物価格の低下が生産性向上を上回るスピードで進行したためであり，その背景には市場開放による海外からの安価な農産物輸入の増加がある。こうした観点からすれば農地を有効利用するためには，国境措置も含めた需給調整等による公正な価格形成，それと直接支払制度を適切に組み合わせ，標準的な経営に所得が保障される仕組みの構築が必要になる。

(2)　株式会社の農地取得をめぐって

　解除条件つきで一般法人の貸借による農地利用が自由化されているが，6次産業化のさらなる展開などを論拠として，所有権取得の自由化が唱えられ（本間 2010），さらに踏み込んで農地法廃止を主張するものまでみられる（日本経済調査協議会 2017）。これに対し，株式会社の事業の継続性，土地投機志向などの持続性に関わる問題点が早くから指摘されている（石井 2013）。つまり所有権の物権的性格により，所有者が土地を農業的に利用しなくなってもそれを回復させることができなくなってしまうからである（高木 2009）。そしてその懸念が払拭されるような措置をとることは難しいと考えられている。その意味でも経済効率化を図るという理由のみの農地制度改正には慎重でなければならない。

(3)　農業経営の持続的な発展・農地の自主管理

　農地の効率的利用を図ることを主目的として農地制度が改正されてきた。しかしこの間の農業生産の面では，大型機械の使用により土壌の団粒構造が破壊され，農薬・化学肥料などの化学物質の多投により環境負荷が高まっている。農地制度は，単に農地の効率的利用という経済効率の視点からだけではなく，農業経営の持続的発展を担保する生産環境確保の観点から捉えなおす必要がある。農業経営の持続的発展の基礎として地力維持，合理的な輪作体系を含めた自然生態系に配慮した農法の展開が図れる制度として機能することが重要性を帯びている。農地は，家・村と一体化しており，居住者の生活の一部として農

業が営まれることにより，自然と調和してその持続性が保たれる（梶沢 2016）。まさに「農業者を含めた地域住民の生活の場で農業が営まれていることにより，農業の持続的な発展の基盤たる役割を果たしている」（食料・農業・農村基本法第5条）のである。その意味でも「耕作者主義」はこの生活スタイルに適合的であり，それは世代を越えて自然環境と農業を継承する最も確実な仕組みであるとも言える。

　また農地の維持・確保と農業の持続的発展のためには，農地転用規制を含めて農業者による農地の自主管理が適切に働くことが必要であり，農業委員会の役割も引き続き重要である（大西 2015）。

参考文献

荒井聡（2017）『米政策改革による水田農業の変貌と集落営農　兼業農業地帯・岐阜からのアプローチ』筑波書房.

石井啓雄（2013）『日本農業の再生と家族経営・農地制度』新日本出版社.

大仲克俊（2013）『一般企業の農業参入・農業経営への参画の意義と課題』農政調査委員会.

大西敏夫（2015）「農業委員会制度の変遷と今日における問題状況」『経済理論』382: 109-124.

梶沢能生（2016）『農地を守るとはどういうことか　家族農業と農地制度その過去・現在・未来』農山漁村文化協会.

関谷俊作（2002）『日本の農地制度　新版』農政調査会.

髙木賢（2009）『早わかり新農地法　改正事項のポイント』大成出版社.

日本経済調査協議会（2017）『日本農業の20年後を問う――新たな食料産業の構築に向けて』.

原田純孝編著（2011）『地域農業の再生と農地制度』農山漁村文化協会.

本間正義（2010）『現代日本農業の政策過程』慶應義塾大学出版会.

（荒井　聡）

| 第8章 | 農業の担い手と農業経営 |

　　本章では，農業の担い手に関する基本的な動向を理解することを目指す。まず，農業センサス等の統計資料を用いて農家および農業労働力の変化を概観し，いずれも減少傾向にあることや，農業労働力の高齢化が著しく進んでいること，一方で，これまで日本の農業を中心的に担ってきた家族経営に加え，農業法人など多様な担い手が形成されつつあることを確認する。また，将来にわたって日本の農業を支えていく新規就農者の動向についても把握する。

1　農家および農業労働力の動向

(1)　農家数の変化

　第6章において，ここ半世紀の日本農業をめぐる基本的な動きを確認した。そこで本章では，近年の農家および農業労働力の動向をより詳しくみていくことにする。なお，特に断りのない場合は農業センサスを用いている。

　図8-1は，1990年以降の農家数の変化を示したものである。総農家（経営耕地面積が10a以上の農業を営む世帯または農産物販売金額が年間15万円以上ある世帯）の数は1990年には380万戸であったが，2015年には216万戸まで減少した。総農家のうち販売農家（経営耕地面積30a以上または農産物販売金額が年間50万円以上の農家）も同様に297万戸から133万戸へと大幅に減少している。

　一方，自給的農家（経営耕地面積30a未満かつ農産物販売金額が年間50万円未満の農家）は，1990年の86万戸が2015年には83万戸と，途中増減はあるものの，大きな変化はみられない。ただし，直近の2010年から15年にかけて約7

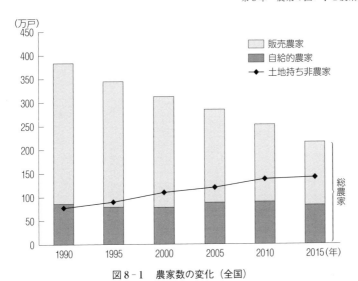

図8-1　農家数の変化（全国）
資料：農林水産省「農業センサス」（各年版）より作成。

万戸減少している。また，土地持ち非農家（農家以外で耕地および耕作放棄地を5a以上所有している世帯）は，1990年には78万戸だったが，2015年には141万戸と，1.8倍に増加している。このように，農家のなかでも都市住民や消費者に農産物を供給する役割を持つ農家（販売農家）の減少が目立つ。

　販売農家は，農業所得と農外所得の割合および65歳未満の世帯員の農業従事状況から，主業農家，準主業農家，副業的農家に区分される。主業農家は農業所得が主（農家所得の50％以上が農業所得）で，1年間に60日以上自営農業に従事した65歳未満の世帯員がいる農家である。また，準主業農家は農外所得が主（農家所得の50％未満が農業所得）で1年間に60日以上自営農業に従事した65歳未満の世帯員がいる農家，副業的農家は1年間に60日以上自営農業に従事した65歳未満の世帯員がいない農家である。

　主業農家，準主業農家，副業的農家の構成割合をみると，1990年には主業農家が28％，準主業農家が32％を占め，副業的農家は40％であったが，2015年には主業農家と準主業農家の割合は22％と19％に減少し，副業的農家の割合は59％に増加している。販売農家の内訳からも，農業生産を中心的に担う農家の減

第Ⅱ部　現代の農業を考える

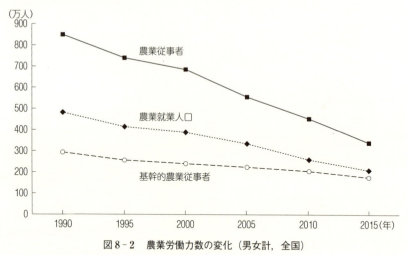

図8-2　農業労働力数の変化（男女計，全国）
資料：農林水産省「農業センサス」（各年版）より作成。

少が著しいことがわかる。

(2) 農業労働力の変化

つぎに，農業労働力がどのように変化しているかを確認する。農業労働力は，農業従事者（15歳以上の世帯員で年間1日以上自営農業に従事した者），農業就業人口（自営農業のみに従事した者，または自営農業以外の仕事に従事していても年間労働日数で自営農業が多い者），基幹的農業従事者（農業就業人口のうち，ふだんの主な状態が「主に仕事」である者）等に区分されている。

図8-2は，販売農家における農業従事者数，農業就業人口，基幹的農業従事者数の1990年以降の変化を示したものである。農業従事者は1990年の849万人から2015年の340万人へ，農業就業人口は482万人から210万人へ，基幹的農業従事者は293万人から175万人へと，いずれも一貫して減少している。

また，これらの農業労働力のうち農業就業人口と基幹的農業従事者の年齢構成をみると，いずれも1990年以降，60歳未満の割合が減少し，70歳以上の割合が増加している。その結果，2015年には農業就業人口のうち70歳以上が全体の47％と半数を占めている。基幹的農業従事者でも70歳以上が47％，75歳以上が

31％を占めるまでになり，農業労働力は著しく高齢化している。

さらに，販売農家のうち農業後継者が同居している割合（2015年）は，農業経営者が65歳以上の場合は33％，75歳以上は36％にとどまっている。

2　主な担い手の動向

(1)　家 族 経 営

家族経営とは，家族を単位として営まれる農業経営で，家族の代表者が経営者として農業経営の管理運営を行い，家族構成員が農業従事者として農業労働の大半を行うものを指す（和田 1978: 7-38）。日本では，家族経営が農業経営の大宗を占めており，今後も重要な担い手であり続けるとみられている。

前節では主に販売農家の動向から，この20〜30年の家族経営の全体的な傾向として，その数の減少と労働力の高齢化を示した。ただし同時に，数としては少ないものの，経営耕地を大規模化している層がみられることも近年の特徴として指摘できる。

日本においては，従来から1戸当たりの経営耕地面積は零細であった。現在でも北海道を除く都府県では，販売農家のうち経営耕地面積が1ha未満の農家が全体の55％，1〜5haが40％を占め，それより大きい層はごくわずかである。しかし，経営耕地面積規模別の農家数の推移をみると（表8-1），5ha未満層は1995年以降減少しているのに対し，5〜10ha層は1995年を100とすると2015年は145に，10ha以上層は333に増加している。なお，30〜50ha層は2015年には全国で6,931戸（うち都府県1,000戸），50〜100ha層は4,476戸（同242戸），100ha以上層は762戸（同25戸）ある。

これらの大規模層は，近隣の農家が高齢化などにより作付面積を縮小，あるいは離農する際にその農地を引き受けることで面積を拡大してきた。そして，2015年には販売農家の経営耕地面積のうち39％を10ha以上層が，23％を30ha以上層が担うまでになっている。

第Ⅱ部　現代の農業を考える

表8-1　経営耕地面積規模別農家数の変化（販売農家，都府県）

（単位：千戸）

		1995年	2000年	2005年	2010年	2015年
実数	計	2,578	2,274	1,911	1,587	1,292
	0.5ha 未満	633	545	436	343	277
	0.5～ 1.0	925	813	673	553	433
	1.0～ 3.0	883	773	658	547	442
	3.0～ 5.0	101	99	94	86	77
	5.0～10.0	30	36	40	43	44
	10.0ha 以上	5	8	11	14	18
指数	計	100	88	74	62	50
	0.5ha 未満	100	86	69	54	44
	0.5～ 1.0	100	88	73	60	47
	1.0～ 3.0	100	88	74	62	50
	3.0～ 5.0	100	98	92	84	76
	5.0～10.0	100	118	131	143	145
	10.0ha 以上	100	143	202	270	333

注：指数は1995年を100としたときの値。
資料：農林水産省「農業センサス」（各年版）より作成。

(2)　農 業 法 人

　家族経営でも経営規模が大きくなると法人化することが多い（一戸一法人という）。2015年には全国で家族経営体の0.3％，4,300戸余りが法人となっている。また，法人経営には1戸の農家を母体とするもの以外に，複数の農家による共同経営や，そこに農外出身者を多数雇用し役員にも登用する経営など，多様な形態がある。

　農業法人には，「会社法人（株式会社，合名会社，合資会社，合同会社)」と「農事組合法人」があり，これらのうち農地法第2条第3項の要件（事業内容や役員等の農作業従事，議決権の所在等の要件）に適合し，農業経営を行うために農地を所有できるものを「農地所有適格法人」（2015年の農地法改正以前は農業生産法人）という。

　農業経営の法人化は，税制上の優遇や認定農業者制度における融資限度枠の拡大といった制度面でのメリットのほか，家計と経営の分離や販売先等への信用力の向上など経営上のメリットもある。また，社会保険・労働保険の適用や

就業規則の整備などを通して，雇用労働力を確保しやすくなる。

　農業法人は増加傾向にあり，2005年には全国で約1万4,000社だったが，2015年には約2万3,000社になっている。また，農業生産だけでなく，農産物加工や消費者への直接販売，体験農園，観光農園，農家レストラン等の関連事業に取組む法人も多い。

(3) 集落営農

　集落営農とは，主に水田農業において，集落など地縁的にまとまりのある地域内の農家が農業生産を共同して行うものである。農業機械の共同利用や転作田の団地化，生産から販売までの共同化など多様な形態がある。

　農業政策においては，1999年の食料・農業・農村基本法で集落営農が今後育成すべき地域農業の担い手の一形態と位置づけられた。また，2006年の「品目横断的経営安定対策」でも，一定の要件を満たす集落営農については，任意組織から法人への誘導を前提に農業政策の支援対象とされた。集落営農は兼業・高齢化の進んだ北陸，近畿，中国地域において早くから設立されてきたが，このような政策により近年では全国的に展開している。

　農林水産省「平成29年集落営農実態調査報告書」によると，2017年の集落営農数は全国で1万5,136，うち法人組織は4,693（31％）である。近年，集落営農数は横ばいであるが，法人の割合は年々上昇している。

　しかし，集落営農においても組織の代表者やオペレータの高齢化が急速に進み，後継者となる人材や農作業に従事する人の確保が課題となっている。そのため，複数の集落営農の合併や連携により，農業研修生の受け入れ等を行い人材確保に取組むといった動きも進みつつある。

(4) 農外企業の参入

　農地法によって一般法人による農地の所有や売買，賃貸は制限されてきたが，2003年に構造改革特区において農業生産法人（現「農地所有適格法人」）以外の法人も農地貸借が認められ，また，2005年には遊休農地が相当程度存在する区域であれば貸借による参入が全国で可能となった。そして2009年の農地法改正

第Ⅱ部　現代の農業を考える

で，農地を適正に利用する場合に限り，全国どこでも企業による農地を用いた農業参入が可能となった。さらに，2015年の農地法改正では，農地所有適格法人における農業関係者以外の議決権が総議決権の4分の1以下から2分の1未満になるなどの見直しが行われた。

これらの結果，現在では，農地所有適格法人を設立するか，既存の農地所有適格法人に出資する，あるいは農地を所有せずリース方式で参入することで，一般企業が農地を利用して農業を行うことができるようになっている。

農林水産省「一般法人の農業への参入状況（平成28年12月末）」によると，リース方式により参入した一般法人の数は，2009年時点では427だったものが，その後急増し，2016年には2,676になっている。業務形態としては食品関連産業が最も多く，次いで農業・畜産業，建設業，NPO法人と続く。営農作物は野菜，複合，米麦，果樹等が多い。

また，食品製造業・食品卸売業は原材料の安定的な確保や本業商品の付加価値化・差別化を，建設業は経営の多角化や雇用対策（人材の有効活用）を目的とした参入が多い（日本政策金融公庫 2012）。しかし，参入後にこれらの目的を達成したのは6～7割にとどまり，技術習得や販路開拓などが課題として挙げられている。

一般企業による農業参入は，高齢化や過疎化に悩む農村地域において，耕作放棄地の解消や農村活性化等への貢献が期待されているが，短期間で撤退した企業もみられ，その継続性も課題と言える。

3　新規就農者の育成

(1)　新規就農に関する政策の展開

ここまで，農家数の減少や農業労働力の高齢化のなかで，家族経営のほか様々な担い手が展開してきていることをみたが，これらが将来に渡って日本の農業を支えていくためには，そこでの人材育成が不可欠であり，特に若い新規就農者の確保が重要な課題となる。

農家子弟以外の者を含めた就農の円滑化が政策課題として明示されたのは，

第8章　農業の担い手と農業経営

表8-2　新規就農の諸形態

新規就農者の類型	就農および経営継承の方式		
自営農業就農者	自家に就農し，親から経営を引き継ぐ		
雇用就農者	農業法人などに就職し，従業員・構成員として農業に従事		
新規参入者	新たに農業経営を開始する		
	独立就農	独自に農地・施設等を取得して創業する	
	法人経由型就農	農業法人での研修・就業後，法人の支援により独立する	
	第三者継承	既存の経営から農地や技術等を引き継ぐ	

資料：農研機構経営管理技術プロジェクト（2015）を基に筆者作成。

1992年の「新しい食料・農業・農村政策の方向」である。以降，90年代には新たに就農を希望する青年・中高年齢者に対して資金を無利子で融資する制度（現「青年等就農資金」）が整備されるなど，新規就農の促進に関する様々な支援策が整備されていった。2008年には，農業法人等が就業希望者を新たに雇用した際の研修経費の一部を助成する「農の雇用事業」が始まり，農業法人への就職が就農の一形態として注目されるようになった。さらに2012年，新たに経営を開始しようとする青年層に対し，就農前の研修期間や経営が不安定な就農直後の所得を補てんする青年就農給付金（現「農業次世代人材投資資金」）制度が開始された。

(2)　新規就農の動向と諸形態

　この新規就農の諸形態を整理したのが表8-2，農林水産省「新規就農者調査」を基に毎年の新規就農者数の推移を示したのが表8-3である。新規就農者数は2007年以降，毎年6万人前後で推移しているが，39歳以下の若年層は1万5千人程度であり，40代以上が多数を占めている。

　新規就農者のうち農家世帯員が自家の農業に従事する「自営農業就農者」は，基本的に将来，親の経営を継承して農業経営者となるものである。新規就農の各形態のうち，この自営農業就農者が最も多い。ただし，2007年の6万4千人が2016年には4万6千人になっており，年次によって変動はあるものの減少傾向にある。また，39歳以下は毎年15～19％程度にとどまり，新規自営農業就農

117

第Ⅱ部　現代の農業を考える

表 8 - 3　新規就農者数の推移

(単位：千人)

年次	2007	2008	2009	2010	2011	2012	2013	2014	2015	2016
新規就農者計	73.5	60.0	66.8	54.6	58.1	56.5	50.8	57.7	65.0	60.2
うち39歳以下	14.3	14.4	15.0	13.2	14.2	15.0	13.4	15.3	16.1	15.3
自営農業就農者	64.4	49.6	57.4	44.8	47.1	45.0	40.4	46.3	51.0	46.0
うち39歳以下	9.6	8.3	9.3	7.7	7.6	8.2	7.4	8.7	7.9	7.4
雇用就農者	7.3	8.4	7.6	8.0	8.9	8.5	7.5	7.7	10.4	10.7
うち39歳以下	4.1	5.5	5.1	4.9	5.9	5.3	4.5	4.6	6.4	6.4
新規参入者	1.8	2.0	1.9	1.7	2.1	3.0	2.9	3.7	3.6	3.4
うち39歳以下	0.6	0.6	0.6	0.6	0.8	1.5	1.5	2.0	1.8	1.6

資料：農林水産省「新規就農者調査」より作成。

者の多くは40代以上で，親の高齢化等に伴って離職し就農している。

　「雇用就農者」は農業法人などに就職し，従業員や構成員として農業に従事している人である。新規雇用就農者は増加してきており，2007年の7千人が2016年には1万人，39歳以下も4千人から6千人へ増加している。

　「新規参入者」は，新たに農業経営を開始した人である。2007年には年間1,800人程度であったが，2016年には3,400人へと増加している。特に39歳以下の増加が顕著で，年間600人程度で推移していたものが，青年就農給付金制度が開始された2012年以降は，毎年1,500〜2,000人が就農している。

　なお，新規参入は，農業経営を始めるために必要な農地や農業技術等をどのように調達するかによって，いくつかのタイプに分けられる。「独立就農」は新規参入の最も一般的なタイプで，先進農家や産地等での研修により農業技術を習得するとともに，農地や施設，機械などを独自に調達し，また農産物の販売先も独自に確保して経営を開始するものである。さらに，独立就農のほかにも，農業法人での研修・就業を経て，その農業法人から農地や販路の確保に関する支援を受けつつ独立する「法人経由型就農」，後継者のいない農業経営から農地・機械・施設や技術・信用・販路を一体的に引き継ぐ「第三者継承」といった形態が少しずつ増えてきている。これらは，いずれも農業経営を新たに「創業」する点では同じであるが，農地等の調達や技術習得の方法が異なって

いる。

(3) 新規参入の困難性

　新規参入者には非農家出身者も多く，農家出身者が自家農業に就業するのとは異なり，就農する際に多くの困難（参入障壁）がある。新規参入者へのアンケート調査（全国新規就農相談センター 2016）では，新規参入者が就農時に苦労したこととして，農地の確保（72%），資金の確保（72%），営農技術の習得（54%），住宅の確保（26%）などが挙げられている。また，農村（集落）社会へ参入し信用を得るのに一定の期間を要することなども，新規参入をより難しいものにしている。

　近年では前述のように様々な支援制度が整備されているものの，それだけでこれらの課題を克服するのは困難である。各地域において，関係機関や農業者などが連携した支援の仕組みを構築し，参入希望者に対する研修や農地・住宅の斡旋などを進めていく必要がある。

　さらに，新規参入は就農時だけでなく，就農後にも多くの課題があり，経営を確立するのは簡単ではない。前述のアンケート調査では，農業所得で生計が成り立っている新規参入者は，就農1・2年目で15%，3・4年目で25%，5年目以上でも48%にすぎない。経営面の課題についても，所得の少なさを挙げる人が56%と多く，その要因とみられるのが技術の未熟さ（46%），設備投資資金の不足（33%），労働力不足（30%）などである。したがって，就農後の新規参入者に対しては，技術向上や農地の拡大を目的とした支援のほか，経営管理面（コスト管理や販売管理など）の能力向上のための研修などを関係機関等が継続して行っていく必要がある。

参考文献

稲本志良（1993）「農業における後継者の参入形態と参入費用」『農業計算学研究』25: 1-10.

江川章（2000）「農業への新規参入」『日本の農業——あすへの歩み』215，農政調査委員会.

第Ⅱ部　現代の農業を考える

金沢夏樹・増渕隆一・小田滋晃（2009）『農業におけるキャリア・アプローチ—その展開と論理』農林統計協会.

酒井惇一・伊藤房雄・柳村俊介・斎藤和佐（1998）『農業の継承と参入』農山漁村文化協会.

澤田守（2003）『就農ルート多様化の展開論理』農林統計協会.

澤田守（2015）「農業法人を通じた独立就農者の経営展開の特徴と課題——A社による独立就農支援を対象として」『農業経営研究』53(3)：35-40.

島義史（2014）『新規農業参入者の経営確立と支援方策——施設野菜作を中心として』農林統計協会.

全国新規就農相談センター（2016）『平成28年度新規就農者の就農実態調査』https://www.nca.or.jp/Be-farmer/statistics/

高橋明広（2017）「集落営農の展開」小池恒夫・新山陽子・秋津元輝『新版 キーワードで読みとく現代農業と食料・環境』昭和堂：140-141.

日本政策金融公庫（2012）『企業の農業参入に関する調査結果』https://www.jfc.go.jp/n/finance/syunou/

農研機構経営管理技術プロジェクト（2015）『新規就農指導支援ガイドブック——新規就農者の円滑な経営確立をめざして』https://fmrp.dc.affrc.go.jp/publish/

農林水産省『一般法人の農業への参入状況（平成28年12月末）』http://www.maff.go.jp/j/keiei/koukai/sannyu/attach/pdf/kigyou_sannyu-9.pdf

農林水産省『食料・農業・農村白書』各年版.

農林水産省『新規就農者調査』各年版.

農林水産省『平成29年集落営農実態調査報告書』

堀田和彦・新開章司（2016）『企業の農業参入による地方創生の可能性——大分県を事例に』農林統計出版.

八木宏典・高橋正郎・盛田清秀（2013）「農業への異業種参入とその意義」『日本農業経営年報』No. 9，農林統計協会.

柳村俊介編（2003）『現代日本農業の継承問題——経営継承と地域農業』日本経済評論社.

山本淳子（2011）『農業経営の継承と管理』農林統計出版.

山本淳子・梅本雅（2012）「第三者継承における経営資源獲得の特徴と参入費用」『農業経営研究』50(3)：24-35.

和田照男（1978）「農法と経営」秋野正勝編『現代農業経済学』東京大学出版会.

（山本 淳子）

第9章　水田農業の確立と産地の課題

　　水田は日本農業の重要な生産基盤であり，水田を用いて行われる農業（水田農業）は農業生産の基幹部門の一つである。水田農業においては，1960年代末の米過剰の発生以降，主食用米の需要に即した生産（需給調整）が重要な課題となってきた。さらに近年では，食料の安定供給の確保に向けた水田の活用（水田フル活用），流通自由化と需要の多様化に対応した「売れる米づくり」，米価下落のもとでの水田作農業経営の安定なども，課題となっている。

　　本章では，まず米需給と需給調整政策，水田利用の動向を概観したうえで，現在の水田農業の状況と産地の取組，水田農業政策の展開を，食料自給力の維持・向上のための水田の有効利用，特に主食用米の需給調整と主食用米以外の米や作物の生産拡大，米流通の変化のもとでの産地の主食米生産の取組，特に「売れる米づくり」への取組，水田作農業経営の安定に向けた経営所得安定対策について述べる。

1　日本農業における水田農業の位置とその変化

　本章で取り上げる水田農業とは，水田を生産基盤として用いて，水稲を中心に麦類や豆類，野菜，飼料作物などを組み合わせて行われる農業を指す。そして，本章では，水田農業の確立を，第1に，水田が活用されて，食料の安定供給と食料自給率の向上，食料自給力の強化に向けた農業生産が行われていること，第2に，このような農業生産を行う農業経営（以下，水田作経営）が安定していること，さらには水田作経営のなかに農業経営として成長していく経営

第Ⅱ部　現代の農業を考える

が存在し，水田農業の中心的な担い手になること，と捉える。

　まず，日本農業における水田農業の位置とその変化を簡単にみておこう。

　第2次世界大戦後，1960年代半ばまでの日本では，米の国内消費量を国内生産量で満たすことができず（1965年度輸入量 105万 t），米の増産政策（開田政策，単収向上のための稲作技術改良など）がとられていたことから，田の面積は1956年 332.0万 ha から69年 344.1万 ha まで増加した。この時点で耕地面積585.2万 ha に占める田の面積の割合は59％となった。また，水稲作付面積も同様に1969年 317.3万 ha がピークであり，田本地面積（畦畔を除いた面積）に占める水稲作付面積の割合は99％であった。すなわち，いまから半世紀ほど前には耕地面積の約6割を田が占め，そのほぼ全面積に水稲が作付されていたことになる。また，この当時は農業総産出額の42％を米が占めており，稲作は農業の基幹部門であった。同時に，食生活の面からみても，米は1960年の1人1日当たり供給熱量の48％を占める国民の主食であった。

　水田面積と水稲作付面積がピークを迎えた1960年代末に，3年連続（1967年〜69年）して生産量が 1,400万 t を超える大豊作が続いた。その反面で米消費量が減少傾向をたどるようになったため，米の過剰が生じ，生産抑制政策（後述する生産調整政策）がとられるようになった。その結果，水稲作付面積も2015年には 150.4万 ha（うち主食用 140.6万 ha）へと減少し，ピーク時の半分以下になっている。また，米生産量の減少と1990年代半ば以降の米価の下落によって，農業総産出額に占める米の割合は17％にまで低下している。この間に，耕地面積は2015年 449.6万 ha まで減少し，水田面積も 244.6万 ha に減少したが，依然として水田は耕地面積の54.4％を占めており，日本農業の重要な生産基盤であることに変わりはない。また，2015年には総農業経営体（137.7万）のうち田のある経営体が114.5万経営体（総経営体の83％），稲を作った田のある経営体も総経営体の79％を占めているように，水稲は多くの農業経営が作付している作物である。

　米の消費も減少を続けており，食生活の変化によって，1人1年当たり消費量（純食料）が1962年のピーク（118.3 kg）から2015年には 54.6 ka と半分以下に減少したことから，国内消費量は1963年 1,341万 t をピークに2015年には

第9章　水田農業の確立と産地の課題

860万tになった。また，外食や中食による消費が増加しており，今日では主食用米の約3分の1を占めるようになっている。

2　米需給調整政策と水田利用

(1)　米需給調整政策の展開

　前述したように，1960年代後半の連続豊作と米消費量の減少によって，それまで国内生産では国内消費を満たせない状態にあった米需給は，一挙に過剰問題に直面した。当時は，食糧管理制度のもとで政府が全量管理（生産者の自家消費分以外の米を政府が全量買い入れ，売り渡しをする）を行っていたことから，政府保有米の持越在庫は1970年10月末に720万t（同年度の国内消費量の約60％）に達し，米の需給調整政策が実施されることになった。

　供給過剰のもとでの需給調整の方法としては，需要面（消費拡大）と供給面（生産抑制）の両面があるが，政策的に実施可能性が高いのは供給面の生産抑制である。この生産抑制にも，① 価格引き下げ，② 政府買入数量の削減，③ 生産数量（＝作付面積）の抑制の三つの方法がある。実際に①に関しては政府買入価格の抑制が，②に関しては政府が売買に直接関与しない自主流通米制度の創設が行われたが，主として選択されたのは③の主食用米の単年度需給均衡を図るための生産数量の抑制（生産調整政策，「減反」とも呼ばれる）であった。

　前述したように，1960年代には水田のほぼ全面積で水稲が作付されていたとともに，関東以西の地域では裏作として麦類なども作付されており，1967年の田本地利用率（本地面積に対する作物作付延べ面積の割合）は118.5％であった。ところが，生産調整政策によって，稲作に用いることのできる水田面積が減少したことから，水田の利用は大きく変化せざるを得ないことになった。つまり，水田の有効利用の視点からは，水稲を作付できない水田をどのように利用するかが課題となったのである。

　生産調整政策の展開を長期的にみると，需給を均衡させるために米を作らない水田面積を決定し，行政ルートで配分をした2003年産までの時期（ネガ配分

123

第Ⅱ部　現代の農業を考える

の時期）と，2004年産以降の米の生産数量目標を決定し，配分を行う時期（ポジ配分の時期）に分けることができる。

(2)　2003年産までの生産調整政策と水田利用の動向

　2003年産までの生産調整の手法は，単年度需給を均衡させるために削減すべき米生産量（潜在生産量－需要見込み量）を面積換算した水稲を作付しない面積を，国，都道府県，市町村の行政ルートを通じて農業者まで配分し，生産調整の態様に応じた奨励金を支給することによって生産調整，特に水稲以外の作物への作付転換（転作）を誘導するとともに，配分された生産調整面積を達成できなかった場合にはペナルティ措置が課される，というものであった。

　生産調整政策は，1969年産の試行的実施の後，表9-1に示したように需給状況などの要因によって2〜4年ごとに見直されてきた。

　当初の生産調整政策（表9-1の対策①，②－1，以下，同様に表記）は，過剰在庫を削減するための緊急避難的な対応として水稲を作付しないことが優先されたことから，非転作面積が増加し，水田の利用率は低下した。

　1972〜73年の世界的な食料危機の後に実施された対策②－2，③，④では，生産調整を単なる米の生産抑制にとどめず，転作による水田の有効利用を進めようとした政策意図によって，飼料作物，麦類，豆類（特に大豆）の重点作物への転作が，高額の転作奨励金（対策④－1の奨励金単価は，飼料作物，麦類，大豆に対して10a当たり最高7万円）の支出によって推進されたことから，生産調整実施面積に占める転作実施面積の割合（転作率）が高く，しかも重点作物の作付面積が増加した。また，転作による野菜の生産が拡大し，産地化が進んだことも確認できる。その結果，1973年に99％まで低下した田本地利用率は85年には110％に回復した。この時期には，農業集落等を単位とした田畑輪換栽培＊やブロックローテーション＊＊などの集団転作の取組も各地で進んだ。

　　＊水田状態での水稲の生産と，水田を畑地状態にして畑作物の栽培を数年おきに交互に行うこと。
　　＊＊地域内の水田を数ブロックに区分して，ブロックごとに集団的に転作し，1年ごとに転作するブロックを移動させること。

第9章　水田農業の確立と産地の課題

表9-1　生産調整の実施状況と水田利用の推移（1970年産～2003年産）

(単位：千ha，%)

対　策　名	実施期間	実施面積計	実施率	計	転作率	重要3作物	野菜	その他作物	非転作面積
① 米生産調整対策	1970年	337	10.6	76	22.6				261
②-1 稲作転換対策（前半）	1971～73年	556	18.0	270	48.5	115	43	21	286
②-2 稲作転換対策（後半）	1974～75年	289	9.7	265	91.9	103	39	36	24
③ 水田総合利用対策	1976～77年	203	6.9	184	90.6	80	63	41	19
④-1 水田利用再編対策（第1期）	1978～80年	498	17.3	439	88.0	279	89	71	60
④-2 水田利用再編対策（第2期）	1981～83年	660	23.4	582	88.3	393	109	81	77
④-3 水田利用再編対策（第3期）	1984～86年	611	22.1	500	81.8	313	114	73	111
⑤-1 水田農業確立対策（前期）	1987～89年	793	29.3	609	76.7	383	120	106	185
⑤-2 水田農業確立対策（後期）	1990～92年	817	30.8	560	68.5	317	126	117	258
⑥ 水田営農活性化対策	1993～95年	655	25.2	391	59.8	187	119	86	263
⑦ 新生産調整政策	1996～97年	679	26.6	456	67.2	218	130	109	223
⑧ 緊急生産調整政策	1998～99年	958	38.1	543	56.7	265	125	153	415
⑨ 水田農業経営確立対策	2000～03年	986	40.0	588	59.6	305	128	155	398

注：1）実施率は田本地面積に占める生産調整実施面積の割合。なお，田本地とは田面積から畦畔を
　　　除いた面積。
　　2）転作率は生産調整実施面積に占める転作実施面積の割合。
　　3）重要3作物は，飼料作物，麦，豆類の作付面積の合計。
　　4）非転作とは，水田預託，自己保全管理，調整水田，多面的機能水田，他用途利用米，実績算
　　　入等の合計。
　　5）実績算入とは，水田を稲作以外の用途に利用すること，またはこれに準ずることを指す。具
　　　体的には，土地改良事業，道路整備事業，宅地造成事業等の場合。
資料：農林水産省資料により作成。

　しかし，生産調整が一段と強化された対策⑤では，引き続き重点作物を中心
に転作が推進されたが，転作面積の拡大には限界が生じ，多様な形態の非転作
面積が増加した。さらに，1993年産の大凶作（作況指数74）による需給ひっ迫
を受けて生産調整が緩和された対策⑥，⑦においては，重要作物を中心に転作
面積が大幅に減少し，田本地利用率は1998年に97％となった。また，集団転作
が解消されるケースもみられた。その後，対策⑧，⑨において再び生産調整が
強化され，2003年産ではついに生産調整目標面積が100万haを超えることに
なった。その過程で転作面積も再び増加したが，生産調整面積の増加分を消化

第Ⅱ部　現代の農業を考える

できなかったため，非転作面積も増加した。

　以上のように，1970年代末から80年代を通じて水田において飼料作物，麦類，大豆などの土地利用型作物や野菜の作付増加がみられたが，80年代末からは作物を作付しない水田面積（非転作面積）が増加したことにより，生産調整政策が水田の有効利用につながらなくなったのである。

(3)　2004年産以降の生産調整政策

　従来の方法での生産調整への限界感が強まったことを背景に，2001年秋から農林水産省は生産調整政策のみならず米政策全般にわたる抜本的見直しの検討に着手し，2002年11月に「米政策改革大綱」を決定し，2003年度から具体化を進めた。「米政策改革大綱」は，「米を取り巻く環境の変化に対応し，消費者重視，市場重視の考え方に立って，需要に即応した米づくりの推進を通じて水田農業の安定と発展を図る」ことを目的としたものである。生産調整政策については，2004年産からそれまでの生産調整面積の配分から生産数量目標（その面積換算）の配分（ポジ配分）に転換するとともに，2008年産からは国の支援（需給情報の提供など）および都道府県，市町村の助言・指導のもとで，農業者・農業者団体が主体的に生産調整を実施するシステムに移行することとした（実際には2007年産から移行）。その結果，表9-2に示したように超過作付面積が増加し（2007年産の主食用米作付面積は生産数量目標の換算面積を7.1万 ha 超過），2007年産米価格の大幅な下落につながった。

　そこで，2007年10月には「米緊急対策」が決定され，生産調整の実効性を確保するために行政の関与を再び強めるとともに，米粉用米，飼料用米，稲発酵粗飼料用稲（稲ホールクロップサイレージ〔WCS 用稲〕），バイオエタノール米などの「新規需要米」を生産調整にカウントし，助成金によって「新規需要米」への転換を誘導することにより，生産調整の達成が目指された。これ以降，生産調整は，従来からの飼料作物，麦類，大豆などへの転作に加えて，主食用以外の米（新規需要米，加工用米）の生産拡大によって進められることになったのである。この方向は，「水田フル活用」と呼ばれ，政権交代（2009年9月：自民党・公明党から民主党へ，12年12月：民主党から自民党・公明党へ）

126

第9章 水田農業の確立と産地の課題

表9-2 主食用米の生産調整の動向

(単位:万t, 万ha)

年産	生産数量目標 ①	主食用米生産量 ②	超過数量 ②-①	①の面積換算 ③	主食用米作付面積 ④	超過面積 ④-③	作況指数
2004	857	860	2	163.3	165.8	2.5	98
2005	851	893	42	161.5	165.2	3.7	101
2006	833	840	7	157.5	164.3	6.8	96
2007	828	854	26	156.6	163.7	7.1	99
2008	815	865	50	154.2	159.6	5.4	102
2009	815	831	16	154.3	159.2	4.9	98
2010	813	824	11	153.9	158.0	4.2	98
2011	795	814	19	150.4	152.6	2.2	101
2012	793	821	28	150.0	152.4	2.4	102
2013	791	818	27	149.5	152.2	2.7	102
2014	765	788	23	144.6	147.4	2.8	101
2015	751	744	−7	141.9	140.6	−1.3	100
2016	743	750	7	140.3	138.1	−2.2	103
2017	735	731	−4	138.7	137.0	−1.7	100

資料:農林水産省「米をめぐる関係資料」2017年11月により作成。

を経ながらも,2009年度「水田等有効活用促進対策」,10年度「水田利活用食料自給力向上対策」,11年度からの「水田活用の所得補償交付金」,14年度からの「水田活用の直接支払交付金」へと引き継がれている。

　この間の生産調整システムの大きな変化の一つは,「水田利活用食料自給力向上対策」以降の転作作物への助成が,それまでは生産調整の実施を要件としていたものから,生産調整とは切り離して助成されるようになったことである。二つには,飼料用米,米粉用米への助成単価が,「水田等有効活用促進対策」の10a当たり5.5万円から「水田利活用食料自給力向上対策」では8万円に,さらに「水田活用の直接支払交付金」では面積払いと数量払いの併用により最高10.5万円(10a当たり収量680kgの場合,多収性品種を作付した場合は1.2万円加算)に引き上げられたことである。また,WCS用稲に対しても8万円の助成が行われている。他方で,従来からの転作作物であった麦・大豆・飼料

第Ⅱ部　現代の農業を考える

表 9 - 3　新規需要米等の用途別作付面積の推移

（単位：ha）

用途区分	2008年産	2010年産	2012年産	2014年産	2016年産
新規需要米計	12,314	37,072	68,091	71,073	139,028
米粉用	108	4,957	6,437	3,401	3,428
飼料用米	1,410	14,883	34,525	33,881	91,169
稲発酵粗飼料（WCS）用稲	9,089	15,939	25,972	30,929	41,366
バイオエタノール用米	303	397	450	384	0
輸出用米	74	388	454	1,092	1,437
酒造用米				859	1,420
その他	1,330	508	553	527	207
加工用米	27,332	38,327	33,092	48,743	50,549
新規需要米＋加工用米	39,646	75,399	101,183	119,816	189,577

注：1）「酒造用米」は「需要に応じた米生産の推進に関する要領」に基づき生産数量目標の枠外で
　　　生産された玄米。
　　2）「その他」はわら専用稲，青刈り用稲等である。
資料：農林水産省「新規需要米等の用途別作付・生産状況の推移」（平成20年産〜平成28年産）によ
　　　り作成。

作物への助成は3.5万円に据え置かれた。

　以上の二つの点から，水田における新規需要米の生産が，2008年産1.2万ha
から12年産6.8万haへ，さらに16年産では13.9万haへと大幅に増加した（表
9-3）。特に増加したのは飼料用米であり，輸入濃厚飼料に代替するものとし
て養豚，養鶏を中心に用いられている。また，輸入粗飼料に代替するWCS用
稲も増加している。他方で，水田での麦類作付面積（裏作を含む）は2008年
16.6万haから16年17.3万haへの微増にとどまっており，同じ期間に豆類は
13.4万haから12.4万haへ，野菜は14.7万haから14.0万haへと，いずれも
微減している。したがって，水田の多面的利用による食料自給率向上・自給力
強化の課題は，主として飼料用米とWCS用稲による水稲の畜産的利用によっ
て追求されてきたのであり，しかも高額の交付金に支えられたものである。そ
の結果，2015年産ではポジ配分に移行した2004年産以降ではじめて主食用米作
付面積が生産数量目標の換算面積を下まわることになった（表9-2）。

第9章　水田農業の確立と産地の課題

(4)　2018年産からの生産調整政策の転換

　2012年12月に再び政権の座に着いた自民党・公明党政権は，成長戦略の目玉の一つに農業改革を位置づけ，13年12月に「農林水産業・地域の活力創造プラン」を決定した。これに基づいて，農林水産省は，①　農地中間管理機構の創設，②　経営所得安定対策の見直し，③　水田フル活用と米政策の見直し，④　日本型直接支払制度の創設，を内容とする四つの改革を推進している。

　水田フル活用と米政策の見直しのうち，水田フル活用は前述のとおりであるが，同時に米政策の見直しによって，生産調整に関しては2018年産から行政による生産数量目標の配分に頼らずとも，農業者・農業者団体が中心になって生産調整を行うシステムに移行することになった。このシステムのもとでの生産調整が実効性を持ちうるかどうかは，現在の米消費動向と政策を前提にすると，水田の多面的利用の拡大，なかでも主食用米作付面積の減少面積分に対応した新規需要米の生産拡大が可能かにかかっている。新規需要米，特に飼料用米の農業者販売価格は輸入トウモロコシなどの価格と同水準（20～30円／kg）であり，主食用米との間には大きな価格差がある。したがって，その定着・拡大のためには交付金の継続とともに，畜産農家との連携，多収性専用品種の導入や集荷・流通コストの削減が必要になる。

3　米流通の変化と産地間競争

(1)　米流通の変化

　食糧管理制度のもとでの米の流通は，政府による強い管理・規制のもとにあったが，1969年の自主流通米制度の創設以降，段階的に規制緩和が行われ，食糧法の施行（1995年）によって一層の自由化が進められた。さらに，2004年の改正食糧法施行によって流通は自由化された。

　流通に対する制度的な規制は廃止されたとはいえ，米はとう精・袋詰めなどが主として流通過程において卸売業者によって行われるため，農業者─農協（JA）─全国農業協同組合連合会（JA全農）─卸売業者─小売業者・外食業者等─消費者，という流通経路が一般的である。同時に，農業者による消費者や

129

第Ⅱ部　現代の農業を考える

小売業者・外食業者等への直接販売も定着している。農林水産省の推計によっ
て2015年産の主食用うるち米の農業者による販売・出荷先をみると，出荷・販
売数量 579万 t のうち農協等への出荷・販売量が 366万 t，直接販売等が 213
万 t となっている。

　また，消費者の購入先は，以前の米穀専門店に代わってスーパーマーケット
が中心を占めるようになるとともに，農業者からの直接購入やインターネット
ショップなどからの購入も一定の割合を占めるようになっている。同時に，前
述したように外食・中食による消費も米消費量の 3 分の 1 程度を占めている。
したがって，大手スーパーマーケットや外食業者，米飯ベンダー（弁当・おに
ぎりなどの製造業者）などの大口需要者の米流通への影響力が強まっている。

　また，米は消費者が品種や産年を判別することが困難なため，偽装表示等の
問題が発生する可能性の高い農産物である。そこで，表示が厳格化されるとと
もに，米トレーサビリティ法（正式名称は米穀等の取引等に係る情報の記録及
び産地情報の伝達に関する法律）に基づいて，2010年産から業者間の取引等の
記録の作成・保存と産地情報の伝達が義務づけられている。

(2)　良食味品種導入を中心とした産地間競争

　米の産地においては，生産調整が強化されるもとでは，生産数量の増加を目
指すことはできず，産地全体での販売額の維持・増加のために相対的に高価格
で販売できる品種への生産のシフトが進められた。政府米価格に対する自主流
通米価格の優位性が明確になった1970年代後半以降，主産地において自主流通
米として販売できる良食味品種の作付が増加する。特に，1980年代半ば以降に
はコシヒカリに加えて，あきたこまち，ひとめぼれ，ヒノヒカリなどの作付が
増加した。その結果，2015年産の品種別作付割合をみると，コシヒカリ36.1％，
ひとめぼれ9.7％，ヒノヒカリ9.0％，あきたこまち7.2％，ななつぼし3.4％と，
上位 5 品種で65％を占めるように，品種の集中化がみられる。さらに近年でも，
北海道ゆめぴりか，山形県つや姫などの新たな良食味品種が各産地で相次いで
開発され，生産が増加している。また，食味向上に向けた栽培技術も開発され，
普及している。このように，良食味品種の作付拡大が産地間競争の中心となっ

第9章　水田農業の確立と産地の課題

ているが，そのなかで堅調な需要が見込まれる外食・中食等の業務用米の需給ミスマッチが，特に米価上昇期に生じており，多様なニーズに対応した生産・販売が課題となっている。

4　水田作経営の規模拡大と経営安定化

(1)　水田作経営の規模拡大の進展

　日本の農業構造は，零細農耕と呼ばれるように1農業経営当たり経営耕地面積が小規模であるとともに，小面積の圃場が分散し，相互に錯綜しているという特徴がある。したがって，農業経営の規模拡大とほ場の団地化が生産性向上のための課題となり，農業基本法以降の農業政策が一貫して追求してきた。

　農業経営の規模拡大は都府県では緩やかに進んできたが，第8章でも述べられているように，2000年代に入って加速している。農林水産省「農業センサス」によると，北海道においては，田のある経営体のうち10ha以上の経営体の占める割合は2005年の40.8％（20ha以上13.3％）から15年には54.1％（同25.1％），田の面積に占める10ha以上の経営体の割合は2005年の69.6％（20ha以上30.7％）から15年には83.5％（同52.4％）に達している。また，都府県においても表9-4に示したように，5ha以上の経営体の占める割合は同じ期間に2.8％から5.9％に上昇し，田の面積に占める5ha以上の経営体の割合は20.2％（10ha以上9.9％）から42.9％（同29.6％）へと急上昇している。

　その反面で，農林水産省「米生産費調査」によれば，2015年における都府県の米作付面積15ha以上の販売農家（田面積26.9ha）の田の団地数は8.8団地，圃場枚数は90.2枚（うち30a未満区画73.9枚）であり，30a未満のほ場の面積は992.3a，田面積の36.8％を占めている。都府県の水田作経営においては，依然として小区画水田が多く，規模拡大に伴ってほ場が分散することになり，労働生産性向上の制約要因となっている。また，30a程度以上の区画に整備済みで排水が良好であり，畑としても利用可能な水田（汎用田）の割合は2015年で44％にとどまっており（農林水産省『食料・農業・農村白書』2017年版），水田での麦類，大豆等の畑作物の作付拡大の制約要因となっている。

131

第Ⅱ部　現代の農業を考える

表9-4　経営耕地面積規模別の田のある経営体数と田の面積の変化（都府県）

（単位：万経営体，万ha，%）

		田のある経営体				田の面積			
		実　数		割　合		実　数		割　合	
		2005年	2015年	2005年	2015年	2005年	2015年	2005年	2015年
計		171.5	112.5	100.0	100.0	185.8	173.7	100.0	100.0
1ha 未満		97.9	59.9	57.1	53.2	46.6	28.7	25.1	16.5
1〜3ha		60.1	39.1	35.1	34.7	76.6	50.2	41.2	28.9
3〜5ha		8.6	6.9	5.0	6.1	24.9	20.3	13.4	11.7
5ha 以上		4.9	6.7	2.8	5.9	37.6	74.5	20.2	42.9
	5〜10ha	3.7	4.2	2.1	3.7	19.3	23.2	10.4	13.3
	10〜20ha	0.9	1.6	0.5	1.4	10.0	18.1	5.4	10.4
	20ha 以上	0.3	0.9	0.2	0.8	8.4	33.2	4.5	19.1

資料：農林水産省「農林業センサス」により作成。

(2)　米価の動向と水田作経営の不安定化

　米の価格は，食糧管理制度のもとで1960年代までは政府による公定価格であったが，自主流通米制度の創設によって，政府米の公定価格と，自主流通米の全農等と卸売業者との相対取引価格という二つの方法で決定されるようになった。さらに，1990年産からは自主流通米の入札取引が開始され，入札取引価格が相対取引価格の指標価格とされた。しかし，食糧法改正に伴って2004年産から入札取引への上場義務が廃止され，取引数量が大きく減少したことから，10年に廃止された。したがって，現在では全農等と卸売業者との間の相対取引によって価格が決まるようになっている。

　入札取引が開始された1990年産以降の米価（玄米60kg当たり，包装代，消費税を含む）の推移をみると，90年代前半の入札取引価格は2万円を上まわる水準であったが（90年産2万1,600円，95年産2万1,017円），その後，2000年産1万7,096円，2005年産1万6,048円，10年産1万2,711円，14年産1万1,967円と，すう勢的に下落している。なかでも1997年産（対前年産差 −2,034円），99年産（同 −1,684円），2007年産（同 −1,039円），10年産（同 −1,759円），12年産（同 −2,160円），14年産（同 −2,374円）が大きく下落している。なお，2015年産以降は，前述したように新規需要米の生産が拡大し，主食用米の需給

132

が引き締まったことによって上昇傾向をみせている（16年産1万4,305円）が，18年産以降の生産調整の成否によっては予断を許さない。

米価の下落は水田作経営，なかでも農業所得への依存度の高い担い手に大きな影響を及ぼすことになる。農林水産省「米生産費調査」によると，全国平均の60kg当たり粗収益は1995年産1万7,473円から2014年産1万674円へと低下しているが，支払利子・地代算入生産費＊は1995年産1万6,004円から2014年産1万3,603円への低下にとどまっている。この間に，機械化等のさらなる進展によって労働時間が減少し，労働費が減少したことから，支払利子・地代算入生産費は低下しているものの，物財費は9,158円から9,120円へとほとんど変化がない。その結果，10a当たり稲作所得は，全国平均で1995年産6万5,390円から2014年産6,476円へと大幅に減少しており，作付面積15ha以上層でも6万590円から1万9,236円へと減少している。このように，現在の米価水準では，水田農業の担い手として経営発展が期待されている大規模農家においても，経営成長の条件が十分に与えられているとは言えない状況にある。

　＊農産物の一定単位量の生産のために要した費用（物材費と労働費）の合計から副産物価額を差し引いた残余を生産費（副産物価額差引）と言い，それに実際に支払った支払利子と支払地代を加えたもの。ちなみに，この支払利子・地代算入生産費に実際には支払いを伴わない自己資本利子，自作地地代を擬制的に計算して加えたものが，資本利子・地代全額算入生産費（全参入生産費とも言う）である。

(3) 水田作経営安定対策の展開

このような状況に対して，水田作経営の安定化を図るための政策が実施されてきた。第6章で述べられているように，経営安定対策は複雑な経過をたどっており，稲作部門を対象にした1998年からの「稲作経営安定対策」，2004年産からの「稲作所得基盤確保対策，担い手経営安定対策」を経て，2007年産からは「経営所得安定対策大綱」（2005年10月）に基づいた「品目横断的経営安定対策」（2008年産からは都府県「水田経営所得安定対策」，北海道は「水田・畑作経営所得安定対策」へと名称変更）によって，対象を担い手に限定するとともに，品目別の対策から経営全体を対象にした経営安定対策へと移行した。

第Ⅱ部　現代の農業を考える

　さらに，2010年産からは，主食用米の需給調整政策に参加した販売農家，集落営農を対象にした「農業者戸別所得補償制度」（10年産は米戸別所得補償モデル事業）によって，① 水田活用の所得補償交付金（対象作物は水田に作付された主食用稲以外の作物），② 畑作物の所得補償交付金（対象作物：麦，大豆，テンサイ，デンプン原料用バレイショ，ソバ，ナタネ），③ 米の所得補償交付金（10 a 当たり 1 万5,000円），④ 米価変動補塡交付金，を組み合わせた経営安定対策へと移行した。

　その後，政権の再交代によって2013年産から「経営所得安定対策」へと名称の変更が行われ，2014年産からは，③の米の所得補償交付金は2014年産から単価を半額にし，18年産からは廃止，④の米価変動補塡交付金は14年産から廃止し，認定農業者，認定新規就農者，集落営農を対象（面積規模要件なし）にした畑作物の直接支払交付金，米・畑作物の収入減少影響緩和対策へと再編された。

　さらに，2019年 1 月から収入保険制度が導入される。これは，青色申告を行っている農業者を対象に，加入した農業者ごとの販売収入が補償限度（基準収入の 9 割）を下まわった場合に，下まわった額の 9 割を上限として補てん金を支払うものであり，農業者は収入減少影響緩和対策や農業共済などの類似制度とどちらかを選択して加入することになる。

　米価が下落するなかで，水田作経営は各種の交付金に支えられたものとなっている。農林水産省「営農類型別経営統計（個別経営）」によって米価が最も下落した2014年の水田作大規模個別経営（水田作付延べ面積規模 20 ha 以上）の経営収支をみると，農業粗収益3,536万円，農業経営費2,448万円，農業所得1,087万円（四捨五入のため合計は一致しない）であるが，農業粗収益のなかで共済・補助金等受取金が1,372万円（うち米の直接支払交付金108万円，水田活用の直接支払交付金600万円，畑作物の直接支払交付金565万円）を占め，農業所得を 3 種類の交付金受取額が上まわっている。また，経営規模が大きくなるほど農業粗収益に占める共済・補助金等受取金の割合が高くなっている。こうして，今日の大規模水田作経営は，経営所得安定対策等による各種交付金なしには安定的な再生産が難しい状況が生じているのである。

5　水田農業確立に向けた産地の課題

　今日の水田農業においては，長年の課題であった主食用米の需給調整と水田の多面的利用は，主として新規需要米や加工用米の作付増加によって達成されるようになった。ただ，新規需要米や水田での畑作物の作付は水田活用の直接支払交付金によって支えられたものであり，定着したものとは言えない。また，水田作経営の規模拡大と大規模経営への農地集積は急速に進みつつあるが，米価下落の影響は大規模経営ほど深刻であり，経営所得安定対策によって支えられたものとなっている。こうして，水田農業確立のための課題である水田の多面的利用と水田作経営の安定・成長は，いずれも政策への依存を強めている状況にある。したがって，水田農業の確立のためには，長期的な政策的支援が求められる。

　産地においても新規需要米の作付拡大に取組まれてきたが，その定着・拡大のためには畜産農家との連携，多収性専用品種の導入，集荷・流通コストの削減が課題となっている。また，規模拡大が進むなかで，ほ場の大区画化・団地化のための地域的な土地利用調整，水田の多面的利用のための生産基盤の整備も課題となっている。産地の主食用米生産・販売面においても，良食味品種の作付が増加しているが，反面で業務用米の需給とのミスマッチも生じている。したがって，卸売業者や実需者（小売業者，外食業者，米飯ベンダーなど）との関係性を強め，多様な需要に応じた生産が求められる。

参考文献

荒幡克己（2015）『減反廃止』日本経済新聞出版社.

小池恒男・新山陽子・秋津元輝編（2017）『新版 キーワードで読み解く現代農業と食料・環境』昭和堂.

農林水産省（2017）『平成29年版 食料・農業・農村白書』農林統計協会.

田代洋一（2012）『農業・食料問題入門』大月書店.

田代洋一（2014）『戦後レジュームからの脱却農政』筑波書房.

（小野　雅之）

第10章 園芸を取り巻く環境変化と産地の課題

　　園芸は商業的農業としての特性を強く有している。2016年における農業総産出額は9兆2,025億円であるが，そのうち園芸作物である野菜，果実，花きの産出額は各々2兆5,567億円（27.8%），8,333億円（9.1%），3,529億円（3.8%）となっており，日本農業のなかで園芸は金額ベースで4割を占める極めて重要な部門である。また，園芸作物は健康的で豊かな食生活や潤いと安らぎのある生活にとって欠かせない消費財でもある。戦後の段階的な農産物輸入制限の緩和，量販店の増加による流通構造の再編，食の「外部化」にみられる食生活と食料消費の変化やそれに伴う加工品需要の増大など，園芸を取り巻く環境は大きく変化してきた。また，園芸については農協共販と卸売市場システムに代表される広域流通と地産地消の拠点となる直売所など狭域流通からなる重層的な生産・流通構造を形成し，巨大化していく流通業者や複雑化していく加工業者のニーズ，さらに安全・安心意識の高まりなど多様化する消費者のニーズに応えて発展を遂げてきた。その一方で，生産の担い手不足と高齢化が急速に進んでおり，多様化する市場からの要求への対応が課題となっている。

1　園芸作物の特性

　園芸作物は主食となる穀物あるいは主菜となる畜産物や水産物と異なり，食卓の主役ではない。農林水産省「食料需給表」によれば，2016年度の国民1人1日当たり供給熱量2,429kcalのうち，野菜の占める割合は3.0%，果実のそれは2.5%と非常に小さく，食料自給率（カロリーベース）に対する貢献も大

136

きいとは言えない。しかし，野菜と果実はビタミン類やミネラル，食物繊維などの栄養供給源となり，健康的で豊かな食生活に極めて重要な役割を果たしている。また，花きは潤いと安らぎのある生活には欠かせないものとなっている。

園芸作物に共通した特性として，① 腐敗性・損傷性が強く傷みやすいため，保存や輸送が難しいこと，② 品目・品種数が多いこと，③ 品質や形状などのばらつきが大きいこと，④ 生産の機械化が進んでいない品目が多く，労働集約的であることなどが挙げられる。

また，野菜は特に，① 単位当たりの重量や容積が大きいこと，② 収穫・調製・出荷作業を中心に機械化と大量生産が困難であるため，生産・出荷の単位が小規模であること，③ 自然条件や季節性・地域性に依存し，さらに単年生で品目転換が容易なものが多いため，生産量や価格が大きく変動することなどの特性と課題を有している。

果実は野菜と比べて嗜好品および商品作物としての特性をより強く有している。その主な特性や課題として，① 単年生の作物と異なり，果樹生産では固定資本でもある多年生の樹木を栽培するうえに，植栽から収穫までに長い期間を要すること，② 産地の多くが傾斜地に立地していること，③ 摘果や収穫など1果単位の手作業を必要とし，高度な技術体系と機械化の難しい労働集約的な生産体系を持つこと，④ 収穫・出荷の時期が集中することなどから，農協を中心とした共同選別（共選），共同販売（共販）の割合が高いこと，⑤ 嗜好品としての性格が強く，流通面では政策的関与が少ない一方で，市場や市況に依存しやすいこと，⑥ 産地による品質差が大きく，産地や品種に依拠したブランドを形成しやすいことなどが挙げられる。

花きとは「観賞の対象となる栽培植物」を指しており，1・2年生草花，宿根草，花木類などを含むが，その出荷・利用形態により，切花類，鉢物類，花壇用苗物類（以下，花壇苗），花木・庭園樹，球根類，芝・地被類に区分される。花きは葬儀や墓花として用いられるキクなどのように一部には必需品として消費される品目もあるが，基本的には野菜や果実のような食用ではなく，観賞用として消費され，嗜好品的な商品特性を有している。そのため，花きは商品アイテム数が極めて多いことが特徴である。

第Ⅱ部　現代の農業を考える

2　園芸作物の需給動向

⑴　野菜の需給動向

　農林水産省「食料需給表」に基づいて野菜の需要と消費の変化についてみると，高度経済成長期以降，野菜の1人1年当たり供給数量は110kg台で安定して推移していたが，1990年に108.4kgと110kgを割り込んでからは減少が続き，2015年には90.8kgとなっており，この25年間で16％減少している。この背景には野菜の摂食および調理方法の変化があり，従来主流だった根菜類など重量野菜主体の煮物や漬物から葉茎菜類など軽量野菜主体のサラダへの消費のシフトがあり，単純に野菜消費が後退しているわけではない。また，近年における野菜需要の特徴として，家計消費用が減少し，加工・業務用が増加していることがあり，野菜の国内消費仕向量に占める加工・業務用の割合は1975年には36％であったものが，2015年には57％に達している。

　一方，野菜の供給について国内生産量と輸入量，自給率についてみたものが図10-1である。国内生産量は1970年代まで順調に増加したが，その後は横ばいとなり，80年代後半以降は減少傾向で推移している。なかでも根菜類や果実的野菜，果菜類の減少が顕著である。これに対して，1970年代以降，輸入が増加し，特に85年以降にはプラザ合意に基づく円高を背景として輸入量が急増している。その結果，野菜の自給率は他の農産物と比較して高いものの，最近では80％程度に低下している。用途別にみると，家計消費用に占める国産野菜の割合が98％であるのに対して，加工・業務用の国産シェアは71％に低下しており，仕向先ごとに野菜の供給構造が変化してきている。

⑵　果実の需給動向

　農林水産省「食料需給表」に基づいて果実の需要と消費の変化についてみると，果実の国民1人1年当たり供給純食料は1960年には22.4kgであったものが，高度経済成長期に急増し，72年以降は40kg前後で比較的安定していた。しかし，2009年以降は40kgを下回る状況が続き，15年には35.5kgとなって

138

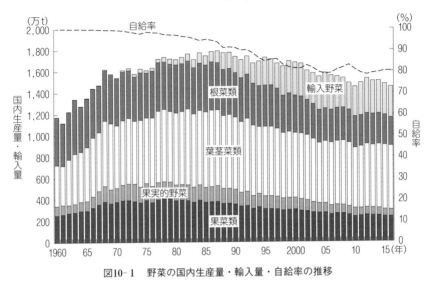

図10-1　野菜の国内生産量・輸入量・自給率の推移

資料：農林水産省「食料需給表」により作成。

いる。これを世帯単位でみると，果実消費の減少は著しく，1975年のピーク時には1世帯当たり果実購入数量は200kgであったものが，2016年には76kgにまで減少している。他方で，購入数量がピークだった1975年に3万8,916円であった購入金額は，バブル期の91年には5万3,646円に達してピークを迎えたが，その後減少に転じ，2016年現在では3万6,845円となっている。菓子類や清涼飲料水など他の嗜好品との競合によって若年層を中心として果実消費は減少傾向にある。

一方，果実の供給について国内生産量と輸入量，自給率についてみたものが図10-2である。国内生産量は高度経済成長期には急増したが，その後横ばい傾向となり，1980年代前半以降は減少傾向で推移している。果実の自給率は1960年代までほぼ100％であったが，戦後の段階的な果実および果汁の輸入制限の緩和によって輸入量が増加し，それに伴って自給率は低下してきている。果実の自給率は1985年に75％であったが，生鮮オレンジの輸入が自由化された91年には59％となり，2016年現在では41％となっている。果実の自給率低下の背景には輸入果実やジュース，加工品の増加による果実消費の多様化がある。

第Ⅱ部　現代の農業を考える

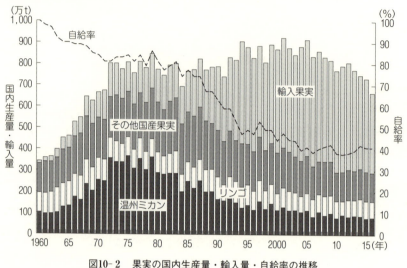

図10-2　果実の国内生産量・輸入量・自給率の推移

資料：図10-1に同じ。

　昭和の「家族揃ってこたつでミカン」という大衆果実の大量消費から、加工品を含む安価な輸入果実の増加と国産果実の高級品化という需要の両極化を通じて、果実消費は少量多品目消費へと変化しているのである。

(3) 花きの需給動向

　花きの需要は切花類については業務用、家庭用、稽古用、贈答用に、鉢物類については業務用、家庭用、贈答用に、花壇苗については家庭用と公共用にそれぞれ大別できる。花きの需要は経済成長とともに拡大してきたが、生け花人口の減少により切花類の稽古用需要が減少し、バブル経済の崩壊によって業務用や贈答用の切花類、鉢物類の需要が減少した。さらに、バブル経済崩壊後も堅調に推移していた家庭用の需要も不況が長期化するなかで1990年代末には減少に転じ、現在に至っている。

　2017年における切花類の国内生産量（38.7億本）に輸入量（12.7億本）を加え、輸出量（0.1億本）を差し引いて求めると、51.3億本の切花類が国内で消費されたことになる。この国内消費量（供給量）は、1980年代後半と同水準に

第10章　園芸を取り巻く環境変化と産地の課題

ある。国民生活の向上に伴い1980年代以降，国内生産量，輸入量ともに増加したが，国内生産量は98年をピークに減少に転じる一方，輸入量は増加しており，2017年の国内消費量に占める輸入品の割合は25％となっている。

花きの輸入は切花類を中心に行われており，それ以外では球根類や土を使わない一部の草花類や洋ランの苗，挿し木繁殖用の植物の一部が輸入されている。1975年頃から増加傾向を示した切花類の輸入は，80年代に拡大し，特に1985年のプラザ合意以降の円高のもとで急増した。金額ベースでみると，1990年以降，横ばいないし微増傾向が続くが，2000年代半ばから再び増加傾向を示しており，2015年の輸入額は449億円となっている。これらの輸入品に比べて国産品は鮮度の点では優れているが，価格面や出荷の安定性では問題点が多い。

3　園芸作物の生産・出荷

(1)　野菜の生産・出荷

　野菜生産はその特性から地域性や自給的性格が強く，また鮮度の問題から生産と消費が結びつきやすく，多品目生産が求められることから，歴史的に大都市近郊など消費地周辺に中小規模産地が形成されてきた。こうした経緯から，伝統的な産地を中心に多様な流通形態がみられ，産地商人などの影響力も強かった。ところが，1960年代の基本法農政下では選択的拡大作物として，さらに米の生産調整政策（1971年）以降においては転作奨励作物として位置づけられたことにより，全国的に野菜の作付面積は大きく増加した。また，野菜生産出荷安定法（1966年制定）や卸売市場法（1971年制定）など関係法整備も進み，野菜産地の大型化と広域大量流通の推進が図られた。さらに，この時期には量販店の台頭に伴い計画的な大量出荷に対するニーズが高まり，農協を中心とした産地化と集出荷組織の統合再編が進み，高速道路網の整備や温度帯別流通の普及などの物流革新とも相まって，今日に至る大規模遠隔産地の形成が進んだ。しかし，これらの大規模産地の多くでは効率性を追求した単品目型の専作経営が主流となり，地力収奪による連作障害や病虫害の発生，価格が市況に大きく左右されるなどの新たなリスクが顕在化している。それに加えて，近年では消

第Ⅱ部　現代の農業を考える

費者の安全・安心志向，ブランド品や伝統野菜などこだわり商材へのニーズが高まっており，野菜本来の特性に立ち返った多品目複合型の作付体系や地域・地場流通が見直されてきている。また，実需者・消費者への直接販売や直売所など，以前は当たり前であった生産者と消費者の関係性を重視した，「顔のみえる」産消提携型の取組が広がりをみせている。

　野菜作付面積はピークの1980年には62.9万haであったが，その後は減少を続けており，2016年現在では40.9万haとピーク時の65％にまで落ち込んでいる。さらに生産者の減少と高齢化はそれを上回るペースで進んでおり，2005年から15年にかけての作付面積の減少率が8％であるのに対して，その間に生産者数は51万人から37万人へと27％も減少している。前述のとおり大規模遠隔産地の形成に重要な役割を果たしたのは，農協主導による産地形成と共同販売の仕組みであった。しかし，生産者の減少だけでなく，市町村合併を超える規模での農協の広域合併に起因した農協共販離れも問題となっており，産地ではこれまでの共販体制と出荷ロットの維持が難しくなっている。各産地では大規模経営の育成に加えて，農家の労力軽減が期待されるパッケージセンターなど選別・出荷の機械化と効率化に向けた取組が進められている。

(2)　果実の生産・出荷

　果樹農業は戦前から商業的農業の典型として，戦後は高度経済成長による消費の増大と選択的拡大による生産振興によって成長を続けてきた。しかし，近年における消費の変化および果実の輸入，とりわけ加工品の増加は果実生産にも大きな影響を与えている。果樹の栽培面積は拡大期の1975年に43万haであったものが，2015年には23万haとほぼ半減している。また，国内生産量は1975年に669万tであったのが，2015年には295万tと半数以下になっている。さらに，栽培農家数も2005年の28万戸から15年の21万戸へと，わずか10年間に25％も減少しており，生産力の弱体化が著しい。こうした状況にあっても，消費の減少と多様化によって果樹の産地間競争は一層厳しさを増している。平成以降の産地間競争は生産量やコスト競争ではなく，マルチ被覆栽培や有袋栽培などの稠密な栽培管理を行い，品種，園地などの指定や独自のブランドを構築

第10章　園芸を取り巻く環境変化と産地の課題

したうえでの激しい品質競争が展開されており，一層の労働集約化が求められている。しかし，このことは，傾斜地や遠隔地などの条件不利地域に位置して担い手不足と高齢化に悩む多くの果樹産地に過重労働を強いるという矛盾をはらんでいる。こうした背景から，高品質果実生産と規模拡大による省力化に対応できる資本や労働力，栽培技術などを蓄積してきた大規模経営や銘柄産地への生産の集中が進んでいる。2016年産の出荷量でみると，リンゴでは青森県が59％と１県で６割近いシェアを占めるまでに至っている。歴史的に関東以西に広く産地が散在してきた温州ミカンについても，和歌山県が20％，愛媛県が16％，静岡県が15％，熊本が11％と上位４県だけで６割強を占めるまでに産地の集中が進んでいる。

　集約化が進む果実の生産・出荷において近年，相対的に地位を高めているのが農協共販である。果樹産地では庭先集荷を行う商人資本に対抗して集落単位で自主的共販組織を結成して共同販売を行ってきた歴史がある。輸入果実の増加と品質に基づく産地間競争が激化する今日では，糖度など果実品質を１果単位で測定できる光センサー選果機の導入が必須化しており，高額な選果設備の導入を契機として大型共選による産地の統合再編が進んでいる。

(3)　花きの生産・出荷

　2015年の花き産出額は3,801億円であるが，そのうち切花類が57％，鉢物類が25％，花壇苗が８％を占めている。表10-１にみるように，花きの産出額は1980年代から2000年にかけて増加し，その後減少している。花き販売農家数は1980年以降，減少傾向で推移しているが，1990年以降それが顕著となっており，2015年には58千戸となっている。

　日本の花き消費が冠婚葬祭など必然性の強い業務需要や生活習慣としての生け花，仏花等を中心として発達したため，花きのなかでも切花類は古くから大量に生産・消費されてきた。切花類の作付面積は1980年代後半から90年代にかけて増加したが，2000年をピークに減少しており，15年では14.8千ha（2000年対比75％）となっている（表10-１参照）。

　1980年代以降に切花類の生産が増加した背景として，① 国民生活の向上に

143

第Ⅱ部　現代の農業を考える

表10-1　花き生産の推移

(単位：千ha，億円，千戸)

		1980年	1990年	2000年	2010年	2015年
作付面積	計	32.7	45.7	45.5	31.4	28.1
	切花類	11.3	16.6	19.7	16.2	14.8
	鉢　物	1.0	1.7	2.2	1.9	1.7
	花壇苗	0.2	0.4	1.7	1.6	1.5
	その他	20.2	27.0	21.9	11.7	10.1
産出額	計	3,012	5,573	5,867	3,816	3,801
	切花類	1,129	2,444	2,682	2,158	2,182
	鉢　物	416	930	1,219	924	959
	花壇苗	19	77	400	321	302
	その他	1,448	2,122	1,566	413	358
販売農家数		139	127	88	67	58

資料：農林水産省「農林業センサス」「生産農業所得統計」「花き生産
　　　出荷統計」「花木等生産状況調査」（各年版）により作成。

伴う消費の増加とともに新しい産地が形成されたこと，② 既存産地が生産を
拡大したこと，③ 米やミカン等の転換作物の一つとして取り上げられたこと
などが挙げられる。近年における切花生産地帯の立地状況をみると，輸送園芸
地帯で生産が増加している。高速道路網の発達や鮮度保持技術の進歩は遠隔地
にある新産地の参入を可能とした。従来から花き産地では個人出荷が中心とし
て行われてきたが，輸送園芸地帯等において農協・連合会の指導によって新た
に形成された切花産地では，農協共販組織による販売対応が行われている場合
が多い。また，1990年代から2000年代前半にかけて花き卸売市場の統合整備が
進められ，それによって出現した大規模市場の卸売業者からは出荷ロットの大
型化と安定継続出荷が求められた。その結果，切花類では総合農協や専門農協
等の集出荷団体の出荷量が増加し，輸送園芸地帯を中心とした新興産地の台頭，
産地規模の拡大，産地の組織化などに伴い広域流通が進展している。

　鉢物類の生産は1990年代末まで順調に拡大したが，それ以降，作付面積，産
出額は横ばいないしは微減傾向となっている。近年の鉢物需要が家庭用を中心
として増加したことから小鉢化が進み，出荷数量は2000年代半ばまで増加した
が，その後は微減傾向にある（表10-1参照）。鉢物は土つきで出荷され，積み

144

重ねが利かず重くてかさばることから，その輸送性は切花類に比べて低い。そのため，関東・東山地域，東海地域の大都市近郊に生産量の約7割が集中している。鉢物生産では施設栽培の割合が他の花きに比べて著しく高く，多額の資本を投入している経営が多い。さらに，鉢物類と花壇苗では栽培過程での分業化，栽培管理の省力化と作業の単純化が進んだことで，雇用労働の導入が容易となり，経営規模の拡大が進んでおり，切花類とは異なって個人出荷が中心である。しかし，市場整備による卸売市場の大型化と情報システム化の進展，ホームセンターや園芸センターなど大規模小売業者のシェア拡大，産地間競争の激化と低価格化などに対応するため，生産者が専門農協を結成し，集出荷場の建設と運営を行うケースがみられる。

4　園芸作物の流通システム

(1)　卸売市場流通と市場外流通

　園芸作物は保存が容易な穀物などに比べて腐敗性や損傷性が強く，品質のばらつきも大きいことから，品質評価システムを持った特有の流通システムを形成している。園芸作物は元々，その特性と輸送の限界から狭域流通が中心であった。しかし，20世紀以降は卸売市場の整備と輸送手段の発展，鮮度保持技術など物流技術の革新によって広域大量流通が可能となり，園芸作物の流通チャネルは多様化している（図10-3参照）。

　園芸作物の主な流通チャネルには，①　卸売市場を経由する卸売市場流通（市場流通）と，②　直売所や宅配，通信販売などの原基的流通，③　生協産直やスーパー産直などの産直流通と大口需要者への直接販売など，卸売市場を経由しない卸売市場外流通（市場外流通）に大別できる。

　卸売市場経由率は青果物では果実を中心として低下傾向にあるとはいえ，2014年には60.2％（野菜69.5％，果実43.4％），輸入品や加工品を除く国産青果物に限れば84.4％と非常に高く，花きでも77.8％と高い（図10-4参照）。

　園芸作物では①　集荷機能（多種多様な品目を豊富に品揃えする機能），②　分荷機能（多数の小売業者などへ迅速な配分を行う機能），③　価格形成機能（需

第Ⅱ部　現代の農業を考える

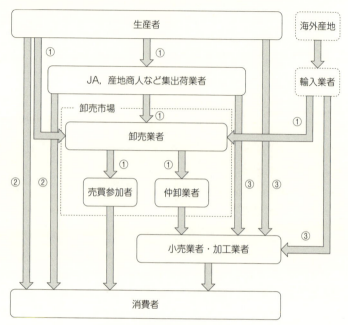

図10-3　園芸作物の流通チャネル

図中の①〜③は本文中の流通チャネルを示している。

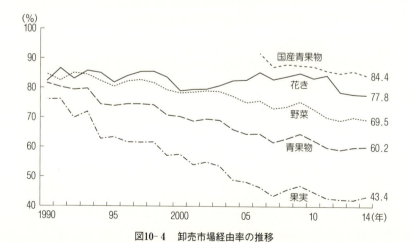

図10-4　卸売市場経由率の推移

資料：農林水産省「平成28年度卸売市場データ集」により作成。

第10章　園芸を取り巻く環境変化と産地の課題

給を反映した迅速かつ公正な価格形成を行う機能），④ 決済機能（販売代金の迅速かつ確実な決済を行う機能），⑤ 情報収集伝達機能（需給にかかわる様々な情報の収集と伝達を行う機能）などを有する卸売市場が中核的な役割を果たしており，市場流通が主流となっている。

　また，園芸作物の出荷者で最大のシェアを占めているのは農協であり，国産の園芸作物では農協を経由する農協系統出荷が出荷の中核を担っている。市場流通では農協や農家などの出荷者からの委託または卸売業者の買付によって集荷された品物はセリ取引または相対取引（当事者間で価格や数量を決めて取引すること）によって卸売業者から仲卸業者または売買参加者に販売され，小売業者等を経由して消費者の手に渡る仕組みとなっている。

　卸売市場は1923年制定の中央卸売市場法，71年制定の卸売市場法を根拠法として整備と発展が進み，数度の法改正と制度改革によって生鮮農産物流通の環境変化に対応してきた。改正前の卸売市場法では卸売業者にはセリ取引原則のほか，受託集荷原則や委託手数料以外の報酬の禁止，市場外にある物品の卸売の禁止（商物一致の原則），第三者販売（仲卸業者，売買参加者以外に販売すること）の禁止などが謳われていたが，1999年の改正で商物一致原則の緩和やセリ取引原則の撤廃などが行われ，2004年の改正では委託手数料の自由化などが行われている。なかでもセリ取引原則の撤廃は安定した取引を望むスーパーマーケット（以下，スーパー）など大口需要者の増加に対応したものであるが，全国の中央卸売市場におけるセリ取引の割合は2014年度には青果物で10.6％，花きでも23.0％にまで低下している。

　2017年現在では卸売業者の第三者販売や仲卸業者による直荷引き（場内の卸売業者以外から荷引きすること）の容認，商物分離の自由化などが検討されており，園芸産地だけでなく，市場業者からも制度改革の行方が注視されている。

　このような市場流通に対して市場外流通についてみると，輸入品や加工品については，以前から輸入業者や商社などを通じて流通してきた歴史がある。近年では，食料輸入の増加によって商社や加工業者も大型化してきており，卸売市場を経由しないB to Bの業者間による直接流通が増加している。また，近年大きな広がりをみせている直売所，農協や集出荷業者などから消費者や小売

第Ⅱ部　現代の農業を考える

業者などへの直接販売（直販）や産地直送（産直）など，国産の園芸作物については徐々に市場外流通が増加してきている。

(2)　青果物流通の変化

　青果物流通の変化には，特にスーパー等のチェーンストアに代表される大口需要者の増大と，それに伴うロットの大型化が大きな影響を与えている。食料品の購入先は，コンビニエンスストアやディスカウントストアの増加，ネット通販が一般化するなど多様化が進んでいる。その一方で，2014年の総務省「全国消費実態調査報告」によれば，食料品の購入先別の割合ではスーパーが47％と圧倒的なシェア占めており，それに次ぐ青果店など専門店のシェアは13％にとどまっていることからも，スーパーの影響力の大きさは明らかである。とりわけ生鮮品の購入先におけるスーパーのシェアは突出しており，生鮮野菜で67％，生鮮果物で55％，生鮮魚介で70％となっている。スーパーはまとめ買いやワンストップショッピングによる利便性の高さから消費者に受け入れられているが，特にチェーンストア方式をとるスーパーはチラシ広告による計画的販売戦略を採っており，大量仕入を目的としてロットの大型化や定時・定量・定品質・一定価格（いわゆる四定条件）を産地や卸売市場に求めるなど，バイイング・パワーをますます強化させている。

　こうした小売主導による流通構造の変化に対して，関連する各種法制度も見直されてきた。例えば，果実に対して産地形成が遅れていた野菜では，指定野菜14品目について専作大規模型の指定産地の生産・出荷の近代化を図るとともに，指定消費地域の価格を安定させることによって農業の発展と国民消費生活の安定を図ることを目的とした野菜生産出荷安定法が1966年に制定され，大規模な遠隔野菜産地の育成が図られた。同法は助成の対象を絞ったことで，消費地に近い伝統的な中小規模産地の衰退の一因にもなったが，2002年の法改正によって生産者給付金交付や契約野菜供給安定制度に大規模な登録生産者も直接加入ができるようになった。これによる価格下落時の価格補てんなどによって，輸入と競合する加工・業務用野菜への契約取引などを推進し，国内の産地と経営の強化につながることが期待されている。その一方で，安全・安心を求める

148

第10章　園芸を取り巻く環境変化と産地の課題

消費者意識の変化から，スーパーなどの量販店でも安全・安心で鮮度の高い産直品など差別化されたこだわり商品が見直され，その取り扱いが急速に拡大している。このように，今日の青果物流通には大型化への対応だけでなく，加工・業務需要向けや個性化対応などチャネルの多様化への対応が求められているといえる。

(3) 花き流通の変化

　園芸作物のなかでも花きは嗜好品的な商品特性を有しており，少量多品目流通を特徴としている。しかも，花き流通には「川上」「川下」ともに零細な取引主体が多数存在することから，卸売市場が基幹的な流通機構として非常に重要な役割を果たしている。従来から小規模な花き卸売市場が流通の中心的役割を担ってきたが，流通量の増大に伴って1990年代から2000年代前半にかけて，東京，大阪等の大都市圏を中心として小規模市場の統合・整備が進められ，卸売市場の大型化が図られた。これに伴って卸売市場での取引も大きく変化しており，セリ取引比率が大幅に低下するとともに，大手の卸売業者では産地の出荷情報を事前に入手し，品目・品種，等級，数量，価格などの情報をもとにインターネットを活用した相対取引での販売も増加している。

　2014年における花き小売業者の販売額と店舗数を経済産業省『商業統計表』にみると，販売額の70％，店舗数の59％を専門店が占めており，先に述べた青果物とは異なり専門店が花き小売業の中心を担っている。しかし近年，専門店のシェアは販売額，店舗数ともに低下しており，専門店以外の小売業種の販売シェアが拡大傾向にある。近年ではほとんどのスーパーでパック花の販売が行われており，また鉢物類や花壇苗については園芸センターやホームセンターといった大規模小売業者が一般消費者への販売の主流となっている。

5　園芸産地の課題

(1) 野菜産地の課題

　今後の野菜産地の維持・発展のためには，①　減産が進む国内野菜生産にお

149

第Ⅱ部　現代の農業を考える

いて，産地規模の大小にかかわらず，女性や高齢者，兼業農家など多様な生産者を取り込むこと，②　カット野菜の普及などにみられる食の簡便化に対応した加工・業務用野菜の安価で安定した供給の実現，③　GAP や有機 JAS など安全・安心を求める消費者ニーズに対応した生産や国際基準に準じた生産工程管理の推進，④　供給の過不足による野菜価格の乱高下に対応した「産地間協調」体制の構築（リレー出荷体制の構築等），⑤　小規模産地の個性的な取組や安全・安心な生産の取組を持続可能にするための消費者からの支援などが必要であると考えられる。そうしたなかで，輸入野菜との競争に対しては産地と実需者・消費者との間にある様々な隔たりを埋めるための協働・協調的な対応が模索されている。生産者の高齢化による担い手不足については，野菜作の新規参入障壁の低さを生かし，自治体や農協の支援によって多様な新規参入者の受入を推進する取組が試みられており，全国新規就農相談センターの調べでは新規就農者の67％が野菜作に取組んでいることが明らかになっている。

(2)　**果樹産地の課題**

　果樹産地には果実消費量の減少と少量多品目化，それに伴う輸入と加工・業務需要の増加，量販店の小売シェア拡大に対応して，出荷ロットの大型化，高品質化と均質化，さらには加工・業務需要に対応した周年供給を実現するための産地再編が必要となっている。

　今日，果樹の産地間競争は銘柄産地を中心とした主産地間の高品質化競争へと展開している。これら果実生産の高品質化に大きな影響を与えているのが糖度などの品質を 1 果単位で測定できる光センサー選果機であり，これまで形状やサイズなど外観重視であった選別と評価基準が内容重視に変化してきている。こうした機械設備の導入コストとそれに伴う出荷農家の負担金は年々高まっているが，産地では農家数と出荷規模を維持するために組織統合を進めるだけでなく，地域ぐるみで新規参入者の受入と育成に取組む産地も現れている。また，光センサー選果機が普及するまでは，導入するだけで差別化につながっていたが，主産地の多くにそれが普及した今日では，糖度を中心とした客観的な評価指標の導入が進み，ブランド品などこだわり商材のニーズに対応した高品質生

150

第10章　園芸を取り巻く環境変化と産地の課題

産と，前述した四定条件に対応した品質の均一性の確保とを両立させることが産地の課題となっている。こうした産地内で流通の大型化への対応を行う主体は農協共販組織であることが多いが，ブランド品から裾物（下位等級品）まで，農協には糖度を中心に品質基準で細かくセグメント化されたアイテムすべてを有利販売するマーケティング能力が問われている。加えて，保健機能食品に2015年に新たに追加された「機能性表示食品」制度について，生鮮品では静岡県の三ヶ日ミカンがもやしと同時に初めて受理されており，果実の新たな需要開拓と価値創造に向けた取組が農協を中心に始まっている。

　また，果実流通については量販店などが仕入チャネルを多様化させており，野菜以上に卸売市場経由率が低下している。消費者の安全・安心への関心の高まりを背景に直売所やインショップ型産直が増加しており，産地側もこうした市場外流通を含めた出荷チャネルの多元化を進めている。この他にも，観光農園や果樹オーナー制度など生産者の顔がみえる取組は拡大しており，産地と消費者の交流によって消費者の理解と関心が深まれば，大型化対応だけでなく個性化対応を行う多様な産地や農家の維持・発展につながると考えられる。

(3)　花き産地の課題

　切花類では消費者から鮮度や日持ち，季節感，新奇性などの品質が重視されるが，そのなかでも鮮度をいかにして長時間保つかが重要である。近年ではバケット輸送を組み合わせ，卸売業者や小売業者と連携して日持ち保証を行う産地が現れている。産地としては，栽培から収穫・出荷，そして消費者段階での花持ちまでを含め，鮮度のよい花を作るための技術の確立と鮮度保持剤等の処理技術，販売品の検査体制を確立することが重要な課題である。

　また，大都市圏を中心として卸売市場の大型化とともに情報システム化が進んでいるが，産地がこれらに対応するには，① 出荷組織による安定・継続出荷体制を確立すること，② 品質・規格を統一するとともに選別の厳密化を図ること，③ 短期・長期の生産・出荷情報の発信等によって相対取引への対応を進めることなどが課題となっている。特に卸売市場制度の改革が進むと，事前の出荷情報に基づく情報取引などが急速に拡大することが予想される。産地

151

第Ⅱ部　現代の農業を考える

では正確な出荷情報の発信とその体制づくりの取組が重要となろう。さらに，輸入切花類との競合や切花価格の低下が続くなか，生産・出荷面でいかにして低コスト化を実現するかが大きな課題である。

　一方，出荷の組織化が困難な都市近郊産地などでは直売所等による消費者への直接販売が小規模な産地の維持・活性化に有効である。直売活動では新鮮な切花類の販売が顧客確保に大きな役割を果たしており，多種多様な品目・品種の品揃えが重要になっている。

参考文献

大谷弘（2006）『花き卸売市場の展開構造』農林統計協会.

大西敏夫・辻和良・橋本卓爾編著（2001）『園芸産地の展開と再編』農林統計協会.

岸上光克（2012）『地域再生と農協——変革期における農協共販の再編』筑波書房.

辻和良（2001）『切り花流通再編と産地の展開』筑波書房.

内藤重之（2001）『流通再編と花き卸売市場』農林統計協会.

長谷川啓哉（2012）『リンゴの生産構造と産地の再編——新自由主義的体制下の北東北リンゴ農業の課題』筑波書房.

藤島廣二・安部新一・宮部和幸・岩崎邦彦（2012）『新版 食料・農産物流通論』筑波書房.

細野賢治（2009）『ミカン産地の形成と展開——有田ミカンの伝統と革新』農林統計出版.

（宮井　浩志・辻　和良）

|第11章|工芸作物を取り巻く環境変化と産地の課題

　　　　　　　　　　　工芸作物は，収穫物が工業的に加工される作物であり，伝統
　　　　　　　　的に日本で広く栽培されてきた。しかし今日では特定の地域で
　　　　　　　　栽培されることが多く，特殊な流通ルートや制度のもとで，条
　　　　　　　　件不利地域の農業・農家を支える意味合いが強まっている。他
　　　　　　　　方で，近年は生産量が減り，工芸作物を原料とした製品の需要
　　　　　　　　も減少している。
　　　　　　　　　こうしたなかで，本章では，まず工芸作物の特徴と分類につ
　　　　　　　　いて述べ，日本における工芸作物の生産状況について概観する。
　　　　　　　　つぎに主要な工芸作物の産地の特徴，需給の動向，関連する制
　　　　　　　　度や外国との貿易の動向について解説する。そして日本の工芸
　　　　　　　　作物を取り巻く今後の産地の課題について考察したい。

1　工芸作物の定義と生産の状況

⑴　工芸作物の定義とその分類

　工芸作物は，収穫目的とされる作物の部位が工業原料となるか，または収穫
後に人間の用に供されるまでに比較的多くの加工を要する作物と定義される
（佐藤 1983: 1）。

　ただし工芸作物であるかどうかは，主要な用途などから相対的に決められ，
固定的ではない（巽 2017: 3）。例えば，本章で取り上げるバレイショは，食用
の場合もあれば，デンプン原料として利用される場合もある。後者の場合のみ
工芸作物と言える。

　工芸作物の分類については幾つかの方法があるが，そのうち用途別分類の一
例と該当する作物名を掲げたのが表11-1である。ここでは繊維料，油料，嗜

第Ⅱ部　現代の農業を考える

表11-1　主な工芸作物の分類

区　分	作　物　名
繊維料	綿花，亜麻，イグサ
油　料	ダイズ，ナタネ，ゴマ
嗜好料	茶，葉タバコ，ホップ，コーヒー豆
薬　料	除虫菊，ハッカ，薬用人参
糖　料	テンサイ，サトウキビ，ステビア
染　料	ベニバナ，キアイ，タデアイ
デンプン原料	カンショ，バレイショ，コンニャクイモ

注：作物名の表記については農林水産省の表記に改めた。
資料：栗原他（1993）『作物』農山村文化協会の分類を参考に作成。

好料，薬料，糖料，染料およびデンプン原料の7分類となっている。

　日本では近世期に，農業生産力の向上，農産物の運輸・流通機構と取引市場の整備，外国との貿易制限の強化や国内産業育成策の展開に伴って，全国各地で多くの工芸作物の栽培が拡大していった経緯がある（木村 2010: 234）。当時は貯蔵性と付加価値を高めるために，工芸作物の加工を農家自身が農閑期に副業として行うことが一般的であったが，今日では作物生産と製品製造が分離し，後者は農家以外の主体によって行われることが多い。

(2)　日本における工芸作物の生産状況

　安価な化学合成品の普及により，今日では繊維料，薬料，染料などの工芸作物の生産は世界的に減少している。また工芸作物を原料とする製品は貯蔵性が高く，輸送も容易であることから，安価に製造できる国から輸入されることも多い。

　そうしたなかでも，日本で栽培される工芸作物がある。そのうち統計が存在するのは，作付（収穫，栽培，耕作）面積の大きな順に，テンサイ，茶，サトウキビ，デンプン原料用バレイショ，葉タバコ，デンプン原料用カンショ，コンニャクイモ，ナタネ，イグサ，ホップである。これらの工芸作物の栽培は，自然条件や経済性のみならず，制度的な側面によって規定される場合も多い。

　このうち，上位6作物について2005年と15年の作付面積の推移を示したのが表11-2である。これによると，すべての作物で面積が減少し，特に葉タバコ

154

第11章 工芸作物を取り巻く環境変化と産地の課題

表11-2 日本における主な工芸作物の面積の推移

(単位：ha)

年	テンサイ	茶	サトウキビ	デンプン原料 用バレイショ	葉タバコ	デンプン原料 用カンショ
2005	67,500	48,700	31,100	27,419	19,071	5,430
2015	58,800	44,000	29,600	22,356	8,329	4,870
増減	−8,700	−4,700	−1,500	−5,063	−10,742	−560

注：デンプン原料用バレイショの作付面積は非公表であるため，「バレイショ面積×デンプン原料用
バレイショ仕向量／バレイショ生産量」による推計値。
資料：農畜産業振興機構『砂糖類・でん粉情報別冊統計資料』，農林水産省「作物統計」，「いも・で
ん粉に関する資料」，日本茶業中央会『茶関係資料』，全国たばこ耕作組合中央会HP（http://
www.jtga.or.jp/outline/index.html）により作成。

表11-3 工芸作物を原料とする製品の需給と原料自給率の推移

年	砂　糖			デンプン			紙巻たばこ			緑　茶		
	国内 需要量 (千t)	国産原 料供給 量(千t)	自給率 (%)	国内 需要量 (千t)	国産原 料供給 量(千t)	自給率 (%)	国内 販売量 (億本)	国産原 料供給 量(億本)	自給率 (%)	国内 消費量 (千t)	国内 生産量 (千t)	自給率 (%)
2005	2,165	839	38.8	3,008	286	9.5	2,852	1,115	39.1	114	100	87.6
2015	1,983	813	41.0	2,658	233	8.8	1,823	212	11.6	79	80	100.8
増減	−182	−26	2.2	−350	−53	−0.7	−1,029	−903	−27.5	−35	−21	13.2

資料：農畜産業振興機構『砂糖類・でん粉情報別冊統計資料』，財務省「貿易統計」，「たばこ産業を
取り巻く状況」，全国たばこ耕作組合中央会 http://www.jtga.or.jp/outline/index.html, 日本茶
業中央会『茶関係資料』により作成。
注：1）葉タバコ・緑茶の国内消費量（販売量）＝国内生産量＋輸入量−輸出量
　　2）紙巻たばこの国産原料供給量は，葉タバコの生産量と輸出入量からの推計値。ただしJTの
　　　国内販売量の一部に輸入分が混入（数量非公表）のため参考値。また自給率は，葉タバコの
　　　輸出があるため，葉タバコの自給率とは一致しない。

については，この10年間で半分以下となっていることがわかる。

　表11-3は工芸作物を原料とした製品の需給と国内自給率について示したも
のである。すなわち，テンサイ・サトウキビから製造される「砂糖」，デンプ
ン原料用バレイショ・カンショから製造される「デンプン」，葉タバコから製
造される「紙巻たばこ」（一般の小売たばこ），茶から製造される「緑茶」につ
いての国内需要量（販売量，消費量），国産工芸作物を原料とした製品の供給
量（生産量），および国内需要量に対する国産原料製品供給量の割合である。

155

第II部　現代の農業を考える

詳細は次節以降で述べるが，全般的に国産工芸作物を原料とした製品の供給量は減少傾向にあるものの，製品自体の需要も減っているため，自給率が大きく低下したのは紙巻たばこのみである。

　次節以降では，日本の主要な六つの工芸作物を糖料作物（テンサイ，サトウキビ），デンプン原料作物（デンプン原料用バレイショ，デンプン原料用カンショ），嗜好料作物（葉タバコ，茶）に区分し，それぞれの作物について生産・流通および消費の状況，制度的側面と輸出入の観点からみていくことにする。

2　糖料作物

(1)　糖料作物の生産実態

　糖料作物とは砂糖の原料となる作物であり，日本ではテンサイとサトウキビが該当する。テンサイは北海道のみ，サトウキビは沖縄県と鹿児島県の離島（以下，両地域を「南西諸島」とする）で栽培される。

　テンサイは，北海道の畑作において小麦，豆類，バレイショと輪作体系を組むのに欠かせない作物であり，北海道の農家の約2割，畑地面積の15％前後を占める。また南西諸島では夏季の猛烈な台風や干ばつに耐えうる作物として，農家の約7割がサトウキビを栽培し，それが畑地面積の約半分を占める基幹的な作物である。

(2)　糖料作物の流通と砂糖の製造・輸入

　テンサイもサトウキビも収穫した後は急速に品質が劣化するので，迅速に運搬・加工されなければならない。北海道には3社八つの製糖工場があり，それぞれ集荷地区が実質的に決まっているため，生産者はその地域の工場にテンサイを出荷する。南西諸島でも製糖工場は島に一つしかない場合がほとんどで，生産者は収穫したサトウキビを島内の工場に出荷する。出荷されたテンサイとサトウキビは，全量が地域の製糖工場に買い取られる。その買取価格は，国際価格に準じた額であり，これだけでは生産者の再生産は不可能であるため，後

第11章　工芸作物を取り巻く環境変化と産地の課題

表11-4　日本における砂糖と異性化糖の供給の推移

年度	砂糖需要量		砂糖供給量（千t）				1人当たり砂糖消費量（kg）	異性化糖需要量（千t）
	実数（千t）	1995年＝100	国内産糖			輸入量		
			計	テンサイ糖	甘しゃ糖			
1985	2,655	109.0	870	574	285	1,779	21.9	617
1995	2,435	100.0	842	650	183	1,606	19.4	733
2005	2,165	88.9	839	699	132	1,326	17.0	790
2015	1,983	81.4	813	676	129	1,235	15.6	818

資料：農畜産業振興機構『砂糖類・でん粉情報　別冊統計資料』により作成。

述する制度による政府の支援がある。

　南西諸島の製糖工場では原料糖（粗糖）と呼ばれる砂糖が製造され，これを本土の精製糖企業が購入し，精製して販売される。私達が普段家庭で使用する上白糖（いわゆる白砂糖），コーヒー・紅茶などに入れるグラニュー糖などはこの精製糖である。

　北海道の製糖工場では，テンサイから主に精製糖が製造されるが，一部は原料糖として本土の工場に送られ，そこで精製糖になる。

　近年の日本における砂糖の年間需要量2,000千t前後のなかで国内産原料を使用する砂糖（国内産糖）は650～900千t前後，国内自給率は概ね30～40％である。国内産糖の内訳は北海道のテンサイを原料とするテンサイ糖が概ね8割，南西諸島のサトウキビを原料とする甘しゃ糖が2割である（表11-4参照）。砂糖の需要量のうち国内産糖以外の残り60～70％は輸入され，現在の主な輸入先はオーストラリアとタイである。

(3)　糖料作物を保護する制度

　国産のテンサイとサトウキビを原料とする砂糖の製造には，外国産と比べてそれぞれ2倍，5倍程度のコストがかかる。一方で，品質は大差がないことから，輸入される砂糖（輸入糖）に太刀打ちできない。そのため，「糖価調整制度」と呼ばれる制度で保護されている。この制度のもとで，外国産の精製糖には高い関税・調整金*が課されるため，ほとんど輸入されることはない。一方

157

第Ⅱ部　現代の農業を考える

で国内の砂糖需要量から国内産糖の量を差し引いた分の原料糖が外国から輸入される。つまり国内産糖の生産量が増加したり，国内の砂糖需要量が減少したりすると，外国産の輸入が減ることになる。

　　＊関税に類するものであり，輸入される砂糖から徴収される。調整金の額と輸入できる砂糖の量は，国内産糖の生産量や生産費用，国際糖価などに応じて変動する。

　輸入された原料糖は精製糖企業が精製し販売するが，この輸入原料糖にも調整金が課される。そしてその得られた調整金を財源として国内のテンサイ，サトウキビ生産者および製糖工場に交付金が支払われることで，国内の産地は保護されている。なお，原料糖と精製糖のWTO協定上の関税率は従価税換算値でそれぞれ328％，356％と高率である。

⑷　砂糖の需要量の推移

　前掲表11-4によると，日本の砂糖の需要量は，この10年間で約1割，20年間で2割ほど減少している。これは人々の低甘味志向が強まっていることと，異性化糖＊などの砂糖以外の甘味料の需要増加によるものである。糖価調整制度のもとでは，砂糖の需要量が減少すると外国産の輸入量も減るため，これまで糖料作物の産地を保護してきた財源の確保が困難となりつつあり，制度の持続性が懸念されている（坂井 2014）。

　　＊トウモロコシ，バレイショ，カンショなどを原料としたデンプンから製造される液状の甘味料。砂糖の代替品であるが，砂糖より安価で，低温下で甘味が増すため，清涼飲料や冷菓などに広く使用される。

3　デンプン原料作物

⑴　デンプンとその用途

　デンプンは，ぶどう糖が重合したものであり，穀物，イモ類，木の実，豆類などのほとんどの種子，根茎に含まれる。日本で消費されるデンプンは，トウモロコシ，バレイショ，カンショ，小麦，キャッサバ，サゴヤシなどを原料と

第11章　工芸作物を取り巻く環境変化と産地の課題

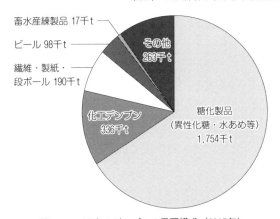

図11-1　日本のデンプンの需要構成（2015年）
資料：農林水産省「でん粉の需給見通しについて」により作成。

しているが，国産原料はバレイショとカンショである。

　普段の生活で使用するデンプンは，バレイショを原料とする片栗粉がほとんどであるが，実際にはそれ以外にも様々な食品に利用されている。

　デンプンの7割弱は糖化製品（異性化糖，水あめ，ぶどう糖）という甘味料になり，清涼飲料や酒類，調味料などに使用される（図11-1参照）。また，1割程度はデンプンに物理的，化学的な処理をし，めん類や冷凍食品，接着剤等に使用される化工デンプンとなる。残り約2割はそうした加工を経ずにデンプンがそのまま繊維・製紙・段ボールやビール，畜水産練製品などの原料に使われる。

(2)　デンプン原料作物の産地と生産・流通

　国内のデンプン総供給量2,658千 t のうち，8割以上はアメリカから輸入したトウモロコシを原料に国内で製造したものである。一方，国産原料のデンプンは，バレイショを原料としたものが197千 t（全体の約7％），カンショを原料としたものが36千 t（同約1％）であり，国内自給率は8～10％で推移している。

　国内では，デンプン原料用バレイショのすべてが北海道産である。北海道では，バレイショが畑地輪作のなかで欠かせない作物であり，その約4割強をデ

159

ンプン用が占める。特にオホーツク地方が大きな産地である。

　一方，デンプン原料用カンショの生産地は南九州の鹿児島県と宮崎県のみで
あり，そのなかの約97％は鹿児島県で生産される。デンプン原料用カンショは，
養分の低い火山灰土壌が広がる南九州のなかでも離島を含めた遠隔地や水の利
用条件の悪い地域で多く栽培され，サトウキビと同様，南九州の夏季の厳しい
条件のもとでも栽培可能な作物である。

　デンプン原料用バレイショ・カンショは産地内のデンプン製造企業（工場）
に運ばれてデンプンとなり，それがコーンスターチ・糖化製品のメーカーを通
じてユーザー（食品メーカー等）に，一部はデンプン企業から直接ユーザー・
消費者に販売される。

(3) デンプン原料作物と他用途との関係

　バレイショとカンショは，デンプン原料用以外にも利用されるため，デンプ
ン原料用と他の用途は競合することがある。北海道のバレイショは，青果用，
加工食品用（ポテトチップスなど）になり，南九州のカンショは焼酎用にもな
る。単価の低いデンプン原料用には，青果用や加工用の規格外品がまわること
も多く，他用途の需要にデンプン原料用の供給量は左右される。

　反面，規格が厳しくないデンプン原料用の生産は比較的手間がかからないた
め，労力の不足する兼業・高齢農家や規模の大きな経営にとっての必要性が高
い。また青果用・焼酎用の需要や作柄に変動があった場合に，デンプン原料用
が需給の調整弁の役割を果たすこともある。つまり産地において他用途と競合
する側面もあれば，補完的な関係にもある。

(4) デンプン原料作物を保護する制度とデンプンの輸入

　国産原料のデンプンの製造には，外国産原料のデンプンと比較して2～3倍
の費用を要するが，実際の国産デンプン原料は安価で取引される。そのままで
は原料生産者の経営は成り立たないので，砂糖と同様に糖価調整制度のもとで
保護されている。デンプンの場合は，デンプン原料（コーンスターチ）用の輸
入トウモロコシから調整金を徴収し，それが交付金として原料生産者と産地の

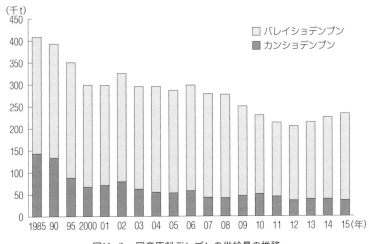

図11-2 国産原料デンプンの供給量の推移

資料：図11-1に同じ。

デンプン企業に支払われる。

　この場合も，デンプンそのものが多く輸入されると国内の原料生産者とデンプン企業の経営は成り立たなくなる。そのため，一定量以上のデンプンの輸入に高関税をかける「関税割当制度」のもとで，デンプンの輸入量は年間135千tと国内供給量の5％程度にとどまっている。なお輸入量が最も多いタピオカデンプンのWTO協定上の関税率は583％（従価税換算値）である。

(5) 国産原料デンプンの供給

　国産原料のデンプン供給量は長期的に減少傾向にある。1985年には国産原料デンプンの供給量は400千tを超えていたが，近年は250千tを下回っている（図11-2参照）。これはデンプン原料用のバレイショ・カンショの生産量が減っていることと，バレイショの加工食品用との競合，カンショの焼酎用との競合によるところが大きい。そのため各産地のデンプン工場は十分な量の原料を集荷できず，工場の再編・合理化が進んでいる。

　北海道のバレイショデンプン工場は，1995年に34工場あったが，2015年には半数の17工場となっている。カンショデンプン工場は1960年代には全国に

第Ⅱ部　現代の農業を考える

1,000以上（うち鹿児島県内に400以上）存在したが，2000年には全国で40工場（うち鹿児島県内34工場），2007年には鹿児島県のみの23工場となった。その後も年々減少し，現在は16工場となっている。

4　嗜好料作物

嗜好料作物は，爽快な気分を得たり，気分を転換させたり，生活にリズムを与えるなどの嗜好品の原料として利用される植物である（巽 2017：8）。ここでは葉タバコと茶を対象とする。

(1)　葉タバコの産地と生産・流通の概要

葉タバコは，「たばこ」の原料となる作物であり，日本でも長年にわたって栽培されてきた工芸作物である。

葉タバコは青森県から沖縄県にかけての33県で栽培され，主産地は東北と九州・沖縄である（表11-5参照）。産地の多くが中山間地や離島などの条件不利地域に位置する。上位5県で全国の耕作面積の半分以上を占め，上位10県で8割を超える。2015年の日本における葉タバコの耕作面積は8,329ha，生産量は1万8,697tである。

国産葉タバコの価格は「葉たばこ審議会」によって毎年決定されるが，国産価格は国際価格の約3倍である。そのため，政府は国内の葉タバコ生産者を保護するために，日本たばこ産業株式会社（JT）に製造独占を認める代わりに国産葉タバコの全量買取を義務づけている。

生産者が葉タバコを生産・販売するには，栽培前にJTと売買契約を結ぶ必要があり，種子はJTより無償で提供される。収穫された葉タバコは，産地で乾燥後，JTによって買い取られ，工場でたばこに製品化される。

2015年産葉タバコの1戸当たりの販売額は6,373千円と大きく，また所得率も約65%と高い。

第11章　工芸作物を取り巻く環境変化と産地の課題

表11-5　葉タバコ耕作面積上位県（2015年）

	耕作面積（ha）	構成比（%）
熊　本	1,192	14.3
青　森	992	11.9
沖　縄	944	11.3
岩　手	907	10.9
宮　崎	701	8.4
長　崎	644	7.7
鹿児島	483	5.8
福　島	348	4.2
秋　田	298	3.6
大　分	255	3.1
上位10県計	6,762	81.2
全国計	8,329	100.0

資料：全国たばこ耕作組合中央会HP（http://www.jtga.or.jp/outline/index.html）により作成。

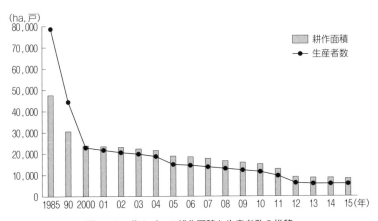

図11-3　葉タバコの耕作面積と生産者数の推移

資料：表11-5に同じ。

(2) 葉タバコの耕作面積・生産者数の推移

　図11-3に示すように，葉タバコの耕作面積と生産者数は大きく減少している。1985年の耕作面積4万7,801ha，生産者数7万8,653戸に比べると，2015年には面積で2割以下，戸数では1割以下となっている。

第Ⅱ部　現代の農業を考える

　その要因としては，相次ぐたばこ税の増税や健康志向の高まりにより，たばこの販売数量が1985年の3,107億本から2015年には約6割の1,824億本に減少していること，輸入たばこに押されJTの国内販売のシェアが85年の97.6％から今日では約60％に低下していることがある。

　こうしたなかで，JTは廃作協力金と引き替えに2005年度と2012年度に葉タバコの廃作を募集している。特に2012年度には生産者の約4割が応募し，耕作面積では3割強の減少となった。

　国産葉タバコの減少分は輸入に置き換わり，JTは国産の約3倍の量に相当する年間59千tの外国産葉タバコを輸入している。なお，葉タバコ，紙巻たばこの輸入関税はともに無税である。

　一方，葉タバコと紙巻たばこは，それぞれ6千t，118億本が海外に輸出されている。

(3)　茶の生産と流通の概要

　嗜好料作物である茶は，品種，栽培方法，加工・製造方法などが多様であり，紅茶やウーロン茶などの原料にもなるが，ここでは日本で主に飲用される緑茶を対象とする。

　茶は茶園で生葉（なまは）を収穫するが，すぐに品質が劣化するため，産地内の工場で荒茶に加工される。荒茶とは生葉を蒸し，揉み操作の後，乾燥させたものであるが，まだ茎などが混じり，大きさも不揃いの状態である。それが茶市場や茶斡旋所で取引され，消費地に近い工場で仕上茶（製茶）として均一に整えられるとともに，場合によってはブレンドされた後，小売店で販売される。

　その年の最初に生育した新芽を摘み取った茶を一番茶と呼び，一番茶の生産量は荒茶生産量の約4割を占める。それ以降，同じ木から数度摘み取りを行い，それぞれ二番茶，三番茶，四番茶という。摘み取り回数が多い茶ほど風味が落ちるとされ，価格も低下する。一般に一番茶の価格は，二番茶の2倍以上である。

　2015年の茶の国内産出額は約970億円，生産量は80千tである。

164

第11章　工芸作物を取り巻く環境変化と産地の課題

表11-6　茶の栽培面積上位府県（2015年）

	栽培面積（ha）	構成比（%）
静　岡	17,800	40.5
鹿児島	8,610	19.6
三　重	3,040	6.9
京　都	1,580	3.6
福　岡	1,560	3.5
宮　崎	1,450	3.3
熊　本	1,420	3.2
上位7産地計	35,460	80.6
全　国	44,000	100.0

資料：農林水産省「作物統計」により作成。

(4)　茶 の 産 地

　茶は寒さに弱いため，寒冷地での栽培は少なく，関東以南の都府県で主に栽培されている。2015年の日本における茶の栽培面積は4万4,000 haであるが，最大の産地は静岡県の1万7,800 haで全国の約4割を占め，つぎが約2割を占める鹿児島県の8,610 haである（表11-6参照）。この上位2県で全国の茶の面積の6割を占め，上位7府県までで8割となる。

　ただし各産地の特徴は異なる。静岡県，鹿児島県は一般的な煎茶の産地であるが，三重県，京都府，福岡県は収穫前に寒冷紗等で被覆を行う玉露やかぶせ茶が多い。

　また静岡県や京都府（宇治），福岡県（八女）のように全国的な知名度を持つ産地もあれば，鹿児島県のように1戸当たりの栽培面積が4.3 ha（2015年）と大きく，機械化が進み，低コスト生産が可能で，品種も多様であることから，他産地のブレンド用とされることも多い産地もある。

(5)　緑茶の消費量の推移

　緑茶の国内消費量（国内生産量＋輸入量－輸出量）は，ピークの2004年には117千tであったが，それ以降減少を続け，2015年には79千tとなっている（図

第Ⅱ部　現代の農業を考える

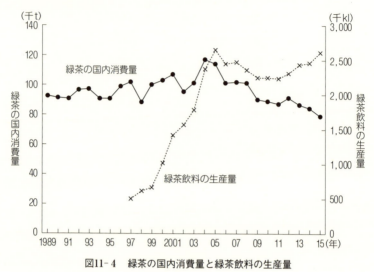

図11-4　緑茶の国内消費量と緑茶飲料の生産量
資料：日本茶業中央会『茶関係資料』により作成。

11-4参照）。他方，ペットボトル入りの緑茶飲料が1990年から発売されたことにより，緑茶飲料の売上は2005年まで急増している。

　リーフ茶（茶葉から淹れる茶）の消費がペットボトル入りの緑茶飲料にシフトしたと説明されることもあるが，リーフ茶と競合するのはコーヒー，ウーロン茶，紅茶であり，緑茶飲料との直接的な競合関係にはないという指摘もある（岩崎 2008: 22-27）。

　ただし緑茶飲料の需要の増加は，茶葉の需要増加要因として作用する一方，緑茶飲料メーカーは店頭小売価格から逆算して安価に原料を調達しようとすることなどから，荒茶価格の低下や品質と価格の非連動といったことも懸念され（岩崎 2012: 113），実際に茶の生産者価格は2000年頃をピークに低下傾向にある。

(6)　緑茶の輸出入

　緑茶の関税率は17％であり，他の工芸作物を原料とした製品のような特別に高い関税が課されているわけではない。2015年の緑茶の輸入量は3,473 t で，輸入先の8割以上は中国である。近年はペットボトルの緑茶飲料の原料も国産

166

第11章　工芸作物を取り巻く環境変化と産地の課題

志向が強まり，1万7,739 t が輸入されていた2001年と比べ，輸入量はかなり
減少している。

　他方で，アメリカ等における日本食ブームで2015年に緑茶は4,127 t が輸出
され，その量は年々伸びている。緑茶の輸出は今後もさらに増加すると予想さ
れ，茶業界は輸出国に見合った商品の開発や規格・基準への対応に注力してい
る*。2015年の輸出量の約4割はアメリカ向けであり，2位は台湾の18％，3
位はドイツの7％となっている。

　　＊茶生産者の特徴の一つは GAP の取得率が高いことである。日本国内のグローバ
　　ル GAP と JGAP の全取得件数679件のうち，緑茶は最大の234件（2017年11月現在，
　　個別・団体認証合計）を占める。このなかには，緑茶飲料のメーカーや流通業者な
　　どからの要請により取得した場合も多いが，今後は輸出を目的とした取得も増える
　　ことが予想される。

5　工芸作物の産地の特徴と課題

　このように，日本では工芸作物の栽培地域に偏りがあり，上位の道県が国内
生産の大部分を占めている。しかもその多くは条件不利地域である。工芸作物
は加工することで貯蔵性が高まり，市場から離れた条件不利地域で相対的に有
利な作物であったためである。

　ただし今日では本章で取り上げた工芸作物は，茶を除けば国際競争力が低く，
高い関税などの国境措置，政府からの強力な支援・規制を通じて守られている。
工芸作物が競争力を失っていくなかで，政策的にこれを保護することにより，
条件不利地域の農業・農家を守る側面が強まったのである。

　しかし国内の工芸作物は，他の作物や他用途との競合もあり，制度的に保護
されているにもかかわらず生産量が減少している。また工芸作物を原料とした
多くの製品は，代替品の存在や人々の嗜好の変化によって需要が減少しつつあ
る。

　このような状況のなかで，工芸作物を取り巻く産地の課題として以下の3点
を指摘したい。

167

第Ⅱ部　現代の農業を考える

　第1は，工芸作物を加工する産地内の工場の課題である。工芸作物の生産は，産地内にそれを加工する工場（企業）の存在を前提とする場合が多い。特に糖料作物・デンプン原料作物においては，地域の工場がなくなれば工芸作物の生産者も存立できなくなる。工芸作物の生産が縮小傾向にあるなかで，十分な原料を確保できない工場はこれまでも合理化や合併を進めてきたが，それでも経営は苦しい。そして今後も工芸作物の生産が増加するとは考えにくい。産地の工場には，原料供給が縮小することを前提に，製品の高付加価値化や関連事業への参入などの新しい取組が求められる。

　第2は，工芸作物を支援する制度に対する産地の課題である。政府の支援を受ける工芸作物については，消費者や国民がその費用を負担していると言える。また製品需要の減少から制度の持続性が危ぶまれる作物もある。しかし条件不利地域を中心とする現在の産地が，制度の存在なしに工芸作物を維持できないことは明らかである。産地としては，工芸作物が地域で生産されることの意義・役割やその作物が今後も必要であることについて，消費者・国民の理解を得る取組がより重要になると思われる。

　第3は，嗜好料作物である茶についてである。茶は「条件不利地域の農業・農家を守る作物」という位置づけとは異なる性格を持つが，それでも国内需要の減少や市場価格の低迷の問題に産地は直面している。しかし緑茶は嗜好品の要素が強く，日本の伝統的な文化やライフスタイルと結びついた製品であり，また消費者の産地や栽培・製造方法への関心も高い。品質の高い製品をつくることは前提だが，それだけではなく，茶に付随するこうした文化的価値や産地の特徴を国内外に伝え，製品と結びつけていくことも産地としての重要な課題である。

参考文献

岩崎邦彦（2008）『緑茶のマーケティング』農山村文化協会.

岩崎邦彦（2012）「茶の流通システム」『新版　食料・農産物流通論』筑波書房：103-115.

木村茂光編（2010）『日本農業史』吉川弘文館.

第11章　工芸作物を取り巻く環境変化と産地の課題

栗原浩他（1993）『作物』農山漁村文化協会.

坂井教郎（2014）「砂糖の価格調整制度の実態と限界」『鹿児島大学農学部学術報告』
　　　64：27-36.

佐藤庚他（1983）『工芸作物学』文永堂.

巽二郎編（2017）『工芸作物の栽培と利用』朝倉書店.

（坂井　教郎）

| 第12章 | 畜産を取り巻く環境変化と産地の課題 |

　日本の畜産は，近年では飼養戸数，飼養頭羽数ともに減少傾向で推移している。ただし，1戸当たりの飼養頭羽数は中小家畜を中心に増加傾向にある。その結果，日本の畜産は主に少数の大規模な企業的経営によって担われている。こうした企業的畜産は，海外からの輸入飼料に大きく依存した「加工型畜産」でもあり，生産コストのなかで飼料費が最も大きな費目となっている。このため，飼料の主要輸入先国の天候異変や国際相場などに大きく影響を受け，極めて脆弱な経営基盤によって生産が行われており，飼料費をいかに低減していくかが畜産経営の再生産と発展にとって最重要課題である。このため，海外における飼料穀物の生産変動など，グローバルな視点から注目してみていくことが重要である。一方で，国内での粗飼料増産や濃厚飼料の確保のための施策とともに，肉用牛肥育経営では素畜費も大きな割合を占めているため，素畜の安定供給確保について考えていくことも重要である。さらに，畜産生産者は単に生産段階にとどまることなく，最終消費者や小売業，外食企業など食肉市場のニーズの変化に注目し，そうした情報を共有して加工や直接販売に乗り出すなど6次産業化を目指す動きにも注目してみることが重要である。

1　畜産の基本動向と特徴

(1)　畜産の動向と特徴

　1955年以降の高度経済成長に伴う所得の増加によって食生活の高度化・洋風化が進むとともに，食肉や牛乳・乳製品などの畜産物の需要が増大し，その傾

第12章　畜産を取り巻く環境変化と産地の課題

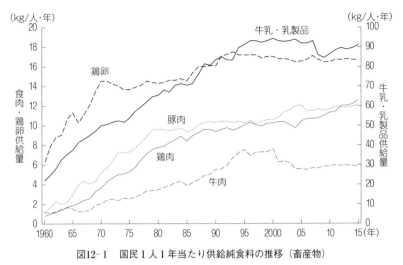

図12-1　国民1人1年当たり供給純食料の推移（畜産物）
注：「牛乳・乳製品」は生乳換算の数値である。
資料：農林水産省「食料需給表」により作成。

向は今日まで続いている（図12-1参照）。こうした需要増加を受けて政策的にも畜産振興が図られてきた。特に1961年に制定された農業基本法における選択的拡大品目の中核として畜産業の拡大が政策的にも推進され，飼養戸数と飼養頭羽数の拡大が図られ，肉類，鶏卵，牛乳・乳製品とも生産量は増加した（図12-2参照）。ただし，1985年のプラザ合意以降における急激な円高の進行や91年の牛肉の輸入自由化に代表される市場開放などにより畜産物の輸入が増大した（図12-3参照）。また，1990年代初頭におけるバブル経済の崩壊とその後の長引く経済低迷，BSE（Bovine Spongiform Encephalopathy：牛海綿状脳症）や口蹄疫，鳥インフルエンザの発生，近年では東日本大震災と原発事故に伴う放射能問題による風評被害などによって畜産物の消費が低迷している。さらに，2000年代後半以降における穀物と原油の国際価格の高騰と近年の円安などによって輸入飼料価格が高値で推移した。これらはいずれも国内の畜産経営に大きな影響を及ぼしており，近年における畜産物の生産量は横ばい傾向にある（前掲図12-2参照）。

　こうした畜産を取り巻く環境変化のもとで，日本の畜産はどのように推移し

第Ⅱ部　現代の農業を考える

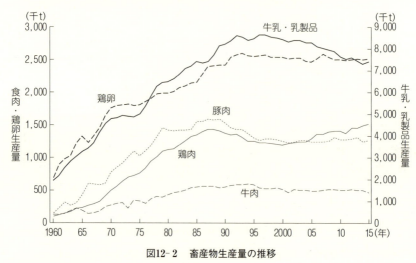

図12-2　畜産物生産量の推移

注：「牛乳・乳製品」は生乳換算の数値である。
資料：農林水産省「食糧需給表」により作成。

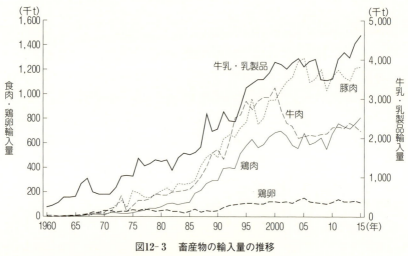

図12-3　畜産物の輸入量の推移

注：「牛乳・乳製品」は生乳換算の数値である。
資料：農林水産省「食糧需給表」により作成。

第12章　畜産を取り巻く環境変化と産地の課題

表12-1　畜産の畜種別飼養戸数・頭羽数の推移

		1962年	1972年	1982年	1992年	2002年	2013年	2017年
乳用牛	飼養戸数（千戸）	416	242	98	55	31	19	16
	飼養頭数（千頭）	1,001	1,819	2,103	2,082	1,726	1,423	1,323
	1戸当たり飼養頭数（頭／戸）	2.4	7.5	21.3	37.8	55.7	47.6	52.0
肉用牛	飼養戸数（千戸）	1,879	673	340	210	104	61	50
	飼養頭数（千頭）	1,332	1,749	2,382	2,898	2,838	2,642	2,499
	1戸当たり飼養頭数（頭／戸）	1.2	2.6	7.0	13.8	27.2	43.1	49.9
豚	飼養戸数（千戸）	1,025	339	111	29	10	5	4
	飼養頭数（千頭）	4,033	6,985	10,040	10,966	9,612	9,685	9,346
	1戸当たり飼養頭数（頭／戸）	3.9	20.6	89.8	366.8	961.2	1,738.8	2,001.3
ブロイラー	飼養戸数（千戸）	—	15	8	5	3	2	2
	飼養羽数（百万羽）	—	67	130	137	105	131	134
	1戸当たり飼養羽数（千羽／戸）	—	4.4	16.9	29.5	36.4	54.4	58.4
採卵鶏	飼養戸数（千戸）	3,809	1,058	160	9	4	2	2
	飼養羽数（百万羽）	90	164	168	197	181	174	175
	1戸当たり飼養羽数（千羽／戸）	0.02	0.1	0.7	15.9	30.4	50.2	55.1

注：1）各年2月1日現在の数値。ただし，2017年は速報値。
　　2）ブロイラーは2012年までは「畜産物流通統計」における数値となっており，それ以前の数値
　　　とは連続しない。
資料：農林水産省「畜産統計」により作成。

ているのであろうか。以下では表12-1に基づいて日本の畜産の動向について
1960年代以降を概観してみよう。

　大家畜である乳用牛と肉用牛の飼養頭数は，ともに1990年代前半にピークと
なり，その後減少に転じている。中家畜である肉豚の飼養頭数も1989年にピー
クとなり，その後減少傾向で推移したが，直近の10年間は9,700万頭前後でほ
ぼ横ばいとなっている。小家畜のうち採卵鶏（成鶏雌のみ）の飼養羽数は1993
年にピークとなり，その後は減少傾向にあるが，ブロイラー（食用若鶏）につ
いては近年やや増加に転じて推移している。

　一方，飼養戸数はいずれの畜種も一貫して減少傾向にある。1962年を100と
して2017年までの55年間に乳用牛を飼養する酪農経営は3.9％，肉用牛経営は
2.7％，養豚経営は0.5％，採卵鶏経営は0.1％にそれぞれ激減している。

　これらの結果，1戸当たりの飼養頭羽数は拡大傾向で推移してきている。こ

173

第Ⅱ部　現代の農業を考える

の55年間に酪農経営は22倍，肉用牛経営は42倍，養豚経営は513倍，採卵鶏経営に至っては1,609倍にまでそれぞれ規模拡大している*。

　　＊肉用牛経営には母牛（繁殖雌牛）を飼養し母牛から生まれた子牛を約10カ月育てて出荷する「繁殖経営」，その子牛を購入して成牛にまで育てて出荷する「肥育経営」があるが，近年では繁殖・肥育一貫経営もみられるようになっている。繁殖経営については小規模経営が多いが，肥育経営や繁殖・肥育一貫経営において規模拡大が進んでいる。

　このように，日本の畜産は主に少数の大規模生産者によって担われていることが特徴である。特に肉用牛などの大家畜よりも，中小家畜である肉豚，ブロイラー，採卵鶏では，経営規模の拡大が著しく進んでおり，企業的経営の大規模生産者によって担われている。企業的経営の大規模生産者のほか，大手飼料メーカー，総合商社，食肉加工メーカーなども自社農場での直接生産（または資本参加）や預託契約生産など畜産の生産過程へ進出し，さらに畜産物生産後の流通をも支配するようになった。こうした大手飼料メーカーや総合商社，食肉加工メーカーなど大手資本が食肉市場を支配するインテグレーション（垂直的統合）が進んでいる*。このような企業的経営の発展を支えてきたのは，土地資源（自給飼料資源）に立脚した規模拡大ではなく，海外からの輸入穀物飼料に大きく依存した「加工型畜産」によるものである。

　　＊畜産インテグレーションの形態と展開過程については，宮崎（1986）を参照。

(2)　家畜の飼料

　家畜の飼料は大別すると，牛などの草食家畜に給与される粗飼料と，牛のほか，豚や鶏に給与される濃厚飼料に分けられる。2015年の供給量は粗飼料が約2割，濃厚飼料が約8割であるが，畜種によってその割合は大きく異なる。図12-4に示すとおり，中小家畜では飼料給与の100％，大家畜の肉用牛肥育経営における乳用雄肥育経営では飼料給与の92％，肉専用種肥育経営でも88％がそれぞれ濃厚飼料給与である。

　2015年における飼料の自給率をみると，粗飼料は79％であるが，濃厚飼料は14％にすぎない。濃厚飼料はトウモロコシやコウリャン（ソルガム）等の穀物

174

第12章　畜産を取り巻く環境変化と産地の課題

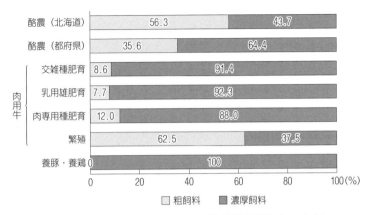

図12-4　家畜種別の粗飼料と濃厚飼料の供給量割合（2015年度）

注：「粗飼料」は乾草，サイレージ，稲わら等，「濃厚飼料」はトウモロコシ，大豆油粕，コウリャン等。

資料：農林水産省『食料・農業・農村白書　平成29年版』農林統計協会，2017年，p.188 より引用。

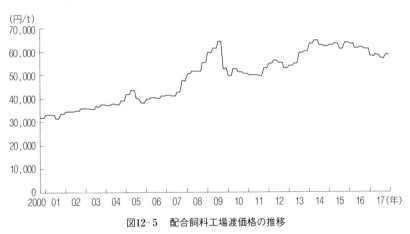

図12-5　配合飼料工場渡価格の推移

注：1）工場渡価格は全畜種加重平均。
　　2）価格は消費税を含まない。

資料：農林水産省「流通飼料価格等実態調査」により作成。

第Ⅱ部　現代の農業を考える

や大豆油粕が主な原料であり，そのほとんどを海外からの輸入に依存している。そのため，日本の主な飼料穀物の輸入先であるアメリカやブラジルなどの天候異変によるトウモロコシや大豆油粕，アメリカ，オーストラリアでの乾牧草などの生産量の動向，これに対応する飼料穀物の国際価格（シカゴ相場）の推移，輸出先国からの海上運賃（フレート）の推移，さらには為替相場の変動などの影響を大きく受ける。図12-5は2000年以降における配合飼料の工場渡価格の推移をみたものであるが，濃厚飼料を主な原料とする配合飼料の価格は大きく変動しており，しかも2000年代後半以降は概ね高値で推移している。

(3)　畜産の経営と生産費の特徴

　畜産経営は粗飼料生産基盤に結びついているのが本来の姿であるが，日本の畜産は一部の大家畜生産を除き飼料作物など土地資源との結びつきが弱く，購入飼料に依存した畜産経営として規模拡大を図ってきた。このため，糞尿処理問題，悪臭問題および水質汚濁問題などの畜産環境汚染問題の発生がみられる。1999年には家畜排せつ物の管理の適正化及び利用の促進に関する法律（家畜排せつ物法）が制定・施行（2004年に本格施行）され，これに対応するための糞尿処理施設への投資が畜産経営の維持・拡大に大きな負担となっている。

　そこで，購入飼料に依存した日本の畜産経営の生産費と収益性について肉用牛肥育経営を事例として分析・検討してみよう。去勢若齢肥育牛1頭当たりの生産費を2002年と15年で比較してみると，76万9,701円から105万8,962円へと37％もの大幅な上昇をみせている。肉用牛生産費（第1次生産費）のなかで最も大きな費目は，素畜費と飼料費であり，この2つの費目で生産費の約85％を占めている。そこで，飼料費についてみると，この間に19万8,060円から32万4,077円へと63％もの大幅な増加となっている。もう一つの素畜費も43万4,010円から50万7,188円へと16％の増加となっている。ただし，近年の黒毛和種の子牛平均価格（雌と雄の平均価格）は2014年57万円，15年68万7千円，16年には81万5千円へと急激に値上がりしている（図12-6参照）。このように，子牛価格が高騰しているにもかかわらず，生産費における素畜費がそれほど大きく増加していない背景には，肥育経営農家のなかに繁殖雌牛の導入により自家産

第12章　畜産を取り巻く環境変化と産地の課題

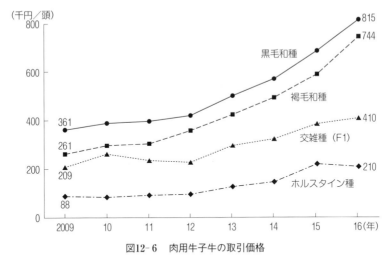

図12-6　肉用牛子牛の取引価格

資料：独立行政法人農畜産業振興機構調べにより作成。

の肥育素牛生産を行う繁殖・肥育一貫経営に転換する農家がみられるようになってきたことによるものと考えられる。近年，食肉卸売市場において和牛枝肉の取引価格が高値で推移しているが，こうした子牛価格の上昇と購入飼料費の支出額の増加もあって，肉用牛肥育経営は厳しい状況にあるとみられる。

日本の畜産，特に肉用牛振興の観点からみて，酪農家が生産する乳用牛の雄子牛を肥育して販売する乳用雄肥育牛経営も重要である。乳用雄肥育牛1頭当たり生産費を2002年と15年で比較してみると，36万5,294円から46万4,552円へと27％の上昇をみせている。去勢若齢肥育牛1頭当たり生産費と同様に最も大きな費目は，素畜費と飼料費であり，この二つの費目で生産費の約86％を占める。この間に飼料費は18万8,102円から25万2,108円へと34％，素畜費は11万504円から15万371円へと33％それぞれ増加している。ここ数年の乳用種雄子牛の市場取引価格は2012年には1頭当たり9万2千円であったものが，その後値上がりし，2015年には22万4千円，16年には20万9千円と高値で推移している（前掲図12-6参照）。また，乳用種初生牛（スモール）についても2016年には11万円（農畜産業振興機構調べ）の高値取引がみられる。こうした背景には，酪農

第Ⅱ部　現代の農業を考える

経営の減少とそれに伴う飼養頭数の減少，さらに乳用種成牛への黒毛和種の人工授精交配，受精卵移植，雌雄判別精液の使用などにより乳用種雄子牛の生産頭数が減少していることがあげられる。このような生産費の増加により食肉卸売市場において乳用種去勢牛の取引価格が上昇しても，乳用雄肥育牛経営では家族労働報酬さえ得られない厳しい経営状況にあると考えられる。

　こうした厳しい経営環境変化への対応として，肥育月齢を従来の22カ月齢から20カ月齢へと肥育期間を短縮するなどして生産コストの低減による経営の維持を図るところもみられる。また，飼料費の増大への対応として土地資源に恵まれた北海道を中心にデントコーンなどの作付面積を増やし，サイレージ給与や大豆粕・ビール粕など食品残さを飼料化（エコフィード）して積極的に利用する肉用牛経営農家も多くみられるようになっている。いずれにしても，畜産経営の安定のためには飼料費の増大への対応として，配合飼料の供給量と価格の安定を図ることが重要となっている。またその一方で，輸入濃厚飼料への依存を軽減していくことが畜産経営の安定と継続の観点からも大きな課題となっている。国内における稲わら・乾牧草などの粗飼料の安定供給とあわせて，飼料用米やエコフィード（食品残さなどを原料として製造された飼料）等の利用拡大による濃厚飼料の自給率向上が求められる。

2　畜産物の生産・流通・販売をめぐる環境変化

(1)　畜産物の流通ルートと担い手

　畜産物は生体をと畜場においてと畜・解体して枝肉にし，枝肉から骨などを取り除いて部分肉，さらに最終商品では精肉にする必要がある。このように流通過程で商品形態が変化することが畜産物の大きな特徴である。すなわち，畜産物の流通過程は，生産・出荷段階（生体流通），と畜場段階（枝肉流通），卸売段階（主に部分肉），小売段階（精肉）と複雑な流通過程を経て最終的に実需者や消費者に渡る。

　と畜場段階におけると畜場には，食肉卸売市場併設と畜場，産地食肉センター＊および一般と畜場がある。表12-2はと畜場別のと畜頭数割合を1985年と

178

第12章　畜産を取り巻く環境変化と産地の課題

表12-2　と畜場の種類別と畜頭数割合

(単位：%)

		1985年	2015年
肉 牛	卸売市場併設と畜場	33.9	32.4
	産地食肉センター	33.9	50.1
	一般と畜場	32.2	17.5
	計	100.0	100.0
肉 豚	卸売市場併設と畜場	17.8	17.6
	産地食肉センター	42.2	56.9
	一般と畜場	40.0	25.5
	計	100.0	100.0

資料：農林水産省「畜産物流通統計」より作成。

2015年についてみたものであるが，産地食肉センターのシェアが大幅に高まっている。一方，肉牛の食肉卸売市場におけると畜頭数の構成割合に大きな変化はみられないが，実際のと畜頭数は1985年の153万6,422頭から2015年には110万7,166頭へと大きく減少し，肉豚も含めた取扱頭数の減少に伴って食肉卸売市場の取扱金額も1980年代の6千億円台から2015年には4,266億円へと大きく減少しており，食肉市場の卸売会社の経営は厳しくなってきている。その背景には，産地食肉センターにおけると畜・解体頭数の増加以外に，消費地の食肉卸売市場へ輸送コストをかけて出荷しても，それを償えるだけの価格で枝肉が取引できないとの声も聞かれる。

　　＊肉畜の産地出荷の一元化，消費地への枝肉・部分肉による出荷体制の整備など食
　　肉流通の合理化や流通コストの低減を図ることを目的として1960年から国の助成を
　　受けて建設された近代的なと畜解体処理施設と冷蔵施設を有する食肉処理加工保管
　　施設。

　一方，産地食肉センターのと畜頭数シェアの高まりの要因については，従来の貨車輸送からトラック輸送やフェリー輸送への転換とともに，高速道路網の整備による輸送時間の短縮が挙げられる。また，産地での冷蔵・冷凍貯蔵保管施設の整備や冷蔵輸送機器の向上による産地から大消費地までの品質の保持など物流活動・機能の高度化が図られたことも大きな要因である。

　近年では牛肉を中心に輸出が拡大しているが，輸出に際しては輸出先国の政

第Ⅱ部　現代の農業を考える

府からと畜場ごとに輸出認定取得を得なければならない。特にアメリカや EU のほか，イスラム教のマレーシアや中東向けのハラール認証などは輸出認定取得の基準が厳しく，それぞれの国に対応したと畜場内外の施設の衛生管理，作業工程の危害（異物混入，微生物の増殖など）など施設の高度化とともに，日々の衛生的な作業管理が求められている。これらが輸出向けだけでなく，国内の出荷・販売先からも安全・安心な食肉処理施設として評価されることにつながっている。

(2)　他産業の事業者との連携による畜産の6次産業化

　近年，農林水産省では政策の柱として6次産業化の推進を図っている。6次産業化について「平成28年度食料・農業・農村白書」では「農林漁業者等以外の者の協力を得て主体的に行う1次産業としての農林漁業と，2次産業としての製造業，3次産業としての小売業等の事業との総合的かつ一体的な推進を図り，地域資源を活用した新たな付加価値を生み出す」取組としている。六次産業化・地産地消法のうち6次産業化関係については2011年3月に施行された。農林漁業者およびその組織する団体が総合化事業計画を策定して国の認定を受けた件数は，2016年11月末現在で約2,100件であり，そのうち畜産物を対象とするものは約12%である。

　そこで，日本短角種肉用牛の生産者である北海道えりも町の高橋ファームの6次産業化への取組事例をみてみよう。高橋ファームは1990年代に繁殖牛の飼養から肥育牛の導入による繁殖・肥育一貫経営を開始している。生産した日本短角種は「えりも短角牛」のブランドで販売を行っている。2002年以降にはえりも短角牛の直接販売を契機に，同ファームへ人を呼び込むために直売所・宿泊施設と焼き肉レストランを開店し，えりも短角牛の認知度向上と売上アップを図っている。また，従来からの生協やホテル・レストランなどの外食企業，食肉卸売業者などへの直接販売のほか，低需要部位の販売対応の観点から，会員制の通信販売向けに精肉や食肉加工品などのセットでの販売もみられる。こうした通信販売向け，自店の直売店での販売向け商品，あるいはふるさと納税返礼商品向けとして，多様な低需要部位や内臓を原料とした食肉加工品（ハン

第12章　畜産を取り巻く環境変化と産地の課題

バーグ，メンチカツ，スモークレバー，牛丼の具など）の商品開発が重要な役割を果たしている。こうした商品開発・製造は外部の食肉加工メーカーへの委託製造により可能となっている。このように，生産者が 6 次産業化を進めるうえで，第 2 次産業の加工業者，第 3 次産業の小売・外食企業等との連携・協力が販売拡大を図るためには重要である。

　生産者が新たに加工や直接販売などの事業に取り組むことは，消費者が求めるニーズ，あるいはスーパーマーケット等の小売業や焼き肉店，レストラン・ホテルなど実需者側が何を求めているのかといった市場の動向を把握できることにつながる。そうした消費者や市場のニーズを踏まえて，遺伝子組換えでない（Non-GMO）飼料穀物の給与やアニマルウェルフェア（動物福祉）などに配慮した飼育方法を導入するなど，家畜の生産に生かしていくことが重要である。さらに，流通・加工業者との連携・協力を得て，そのノウハウを活かしながら，畜産物の生産，加工（消費者ニーズを踏まえた新商品の開発），流通・販売（新たな販売ルートの拡大や商品のプロモーション活動方法・販売促進活動方法の検討）のそれぞれの段階において付加価値を高めていくこと（バリューチェーンの構築）により，畜産経営の維持・拡大を図り，それを地域の活性化にもつなげていくことが求められる。

(3)　小売業界の販売競争激化に伴う食肉仕入・販売対応

　小売業界は近年ますます競争が激化してきている。従来の食肉を含めた生鮮3 品の販売は専門小売店が担っていた。ただし，スーパーマーケット等の量販店の進出により食肉専門小売店の店舗数は1994年の 2 万4,723店から2014年には 1 万1,604店へと大きく減少し，年間販売額でも同期間に約 1 兆 1 千億円から5.8千億円へと減少している。一方，同期間を比較した業態別販売額でみると，総合スーパーは 9 兆33百億円から 8 兆 6 百億円へと減少し，食料品スーパーは13兆19百億円から16兆82百億円へと増加しているが，直近の10年間については横ばい傾向で推移している。

　今日の厳しい小売業界の販売競争の中でスーパーマーケットでは，生き残りを図るための差別化商品の開発とともに，必要とする数量の牛肉確保のための

第Ⅱ部　現代の農業を考える

安定した供給ルートの構築に努めている。そのルートのなかにはアメリカ産やオーストラリア産（オージービーフなど）などの輸入牛肉の仕入ルートもみられる。スーパーマーケットにおけるインストア・マーチャンダイジング戦略において最初に取り組むのは，対象とする顧客層のニーズにあった牛肉，豚肉などの商品品揃え計画（商品計画）である。スーパーマーケットに牛肉売場の中で国産牛肉をメインとして位置づけて「売場づくり」を行ってもらうためには，必要とする品質と数量の国産牛肉を安定的に生産，供給することが産地側に課せられた最重要課題である。スーパーマーケット側では取り扱う国産牛肉の商品特性をよく理解し，消費者にアピールする新たな商品開発による「品揃えの充実」と前述した「売場づくり」および店頭での「販売促進活動」を積極的に行って，顧客への認知と購入に結びつけることが重要となる。また，スーパーマーケット側では産地側との取引交渉とそれによる売場での売価設定が重要である。特に売価設定はスーパーマーケット等の小売業者の経営方針・経営戦略を表しているためである。近年，小売業界では長引く経済の低迷により低価格戦略（エブリデイ・ロープライス政策）を採用するところも多い。ただし一方で，他社店舗との差別化を図るための商品開発を行い，顧客への商品特性などの効用（モネンシン〔抗生物質の一つ〕・フリーやNon-GMO穀物飼料給与などの安心・安全，健康・ヘルシーなど）を訴求し，商品価値を高めて消費者に提供する高効用戦略を採用する小売業者もみられる。こうした経営戦略を採用するスーパーマーケット等の小売業者の売価設定に対して，対象とする顧客層に納得して購入してもらえるかである。そのためにも特徴のある国産牛肉の効用を訴求して商品価値を高めていく日々の販売努力が必要である。効用を高め，商品価値を高めるためには品質やブランド力などが重要となる。スーパーマーケット等の小売業者が取引に際して求めているものは，一定の品質（牛肉では「肉の色」「しまり」「きめ」「ロース芯の大きさ」など）のものを安定的に仕入ることであり，産地側では安定供給を実現することが重要となる。

　今日において市場に対する考え方は，従来の生産志向（プロダクト・アウト）から消費者が求める品質と価格の商品を提供していく消費者志向（マーケット・イン）の方向にある。これに対応していくためにスーパーマーケット側で

は，来店した顧客の購買データ（FSPデータ）を活用し，顧客ニーズの変化に対応できる品揃えの改善や売場づくりの提案などを行う方向にある。こうしたスーパーマーケット等の小売側の変化に対応するためにも，生産・供給側でも小売側との情報の交換と共有化を図り，消費者に対する効用を訴求し，商品価値を高めていく生産・販売努力が求められる。

3　産地の対応と課題

今後，国内における畜産経営の存続を図っていくためには，多くの解決すべき課題がある。ただし，本章では紙幅の関係から肉用牛肥育経営のおかれているコスト増への対応と肥育素牛の安定供給への対応課題について取り上げるにとどめることにしたい。

(1)　肉用牛経営における対応課題

肥育経営の継続における大きな問題は，肥育素牛の安定供給の確保と安定価格にある。肥育素牛を生産・供給する繁殖経営農家数は，2008年の70千戸から17年には43千戸へと大きく減少し，飼養頭数も2008年の667千頭から16年の589千頭まで減少傾向にあったが，17年には597千頭と微増に転じた。このように，繁殖経営戸数が減少傾向で推移するなかで，繁殖経営1戸当たりの飼養頭数は，2008年の9.6頭から17年の13.9頭と10年間にわずか約4頭の増加にとどまっている。また，繁殖経営の約7割が飼養頭数10頭未満の小規模層である。さらに，繁殖経営の従事者の多くが高齢者で占められており，担い手の高齢化と後継者不足が進んでいる。このため，繁殖経営の減少による子牛の安定供給が懸念されており，肉用牛生産の拡大を図るうえで繁殖基盤の強化が最も重要な課題と言える。そのための対応として重要なのが，肥育経営が繁殖部門を取り入れて繁殖雌牛の飼養頭数規模を拡大し，自家産の肥育素牛を安定的に肥育部門に供給する繁殖・肥育一貫経営を拡大することである。また，繁殖経営の飼養頭数規模の拡大を図るためには，繁殖雌牛への種付け，繁殖牛の繁殖管理を受託するキャトル・ブリーディング・ステーション（CBS）を利用した繁殖雌牛の繁

第Ⅱ部　現代の農業を考える

殖管理のほか，子牛の哺育・育成を受託する施設であるキャトル・ステーション（CS）への自家産子牛の哺育・育成の預託など，飼養管理の外部化を図り，その余剰労働力と畜舎の空きスペースを利用して規模拡大を図ることなどが考えられる。こうした繁殖経営と地域内のCBSやCS等を核とした分業化・協業化を図ることによる地域内一貫経営の方向も繁殖雌牛の増頭を図るためには重要である。特に肥育部門としては子牛価格の変動に影響されずに子牛の安定供給が受けられ，安定した肥育経営が行えることは，肉用牛生産拡大のために何よりも重要であると考えられる。

(2)　畜産業成長のための飼料自給率向上の課題

　生産費コストは直近の13年間を比較しても30％前後上昇しており，特に生産コストに占める飼料費は，肥育期間の長い去勢若齢肥育牛経営では6割強，肥育期間の短い乳用雄肥育牛経営でも3割強と極めて高い。また，購入飼料は先に指摘したようにアメリカ，オーストラリア，ブラジルなどの天候異変等に伴う輸出数量や国際相場の変動によって大きく影響を受け続けてきた。

　そこで，日本の畜産をさらに強化し，成長産業化を図るためにも飼料自給率の向上が重要課題である。そこで，高栄養粗飼料の確保のために，良質な粗飼料の作付から収穫，調製にかかわる生産コストと労働力投下の軽減を図るために，近年注目されているのがコントラクター（飼料作物の収穫作業等の農作業を請け負う組織）とTMRセンター（粗飼料と濃厚飼料を組み合わせて牛の飼料を製造し，畜産農家に供給する組織）といった支援組織の育成を図ることである。さらに，海外からのトウモロコシ等を原料とした濃厚飼料への全面的な依存からの脱却を図るためには，飼料用米や新たな子実用トウモロコシ等の作付面積の拡大・増産，食品加工残さ等（エコフィード）未利用資源の有効利用の推進が必要である。日本の畜産の安定的な発展のためには国産飼料資源の利活用に立脚した畜産に転換を図ることが極めて重要であり，今後取り組むべき課題である。

参考文献

安部新一（1990）「輸入原料に傾斜する食肉加工産業」吉田忠・今村奈良臣・松浦利明編著『食料・農業の関連産業』農山漁村文化協会：177-188.

安部新一（1997）「食肉卸売市場をめぐる諸問題と展開方向」日本農業市場学会編『農業市場の国際的展開』筑波書房：259-281.

安部新一・小林茂典（2000）「輸入農産物の増大と農産物市場」滝澤昭義・細川允史編著『流通再編と食料・農産物市場』筑波書房：219-238.

安部新一（2012）「畜産物の流通システム」藤島廣二・安部新一・宮部和幸・岩崎邦彦著『新版 食料・農産物流通論』筑波書房：74-88.

農林水産省（2017）『食料・農業・農村白書 平成29年版』農林統計協会.

宮崎宏（1986）「畜産インテグレーションと市場再編成」吉田寛一・川島利雄・佐藤正・宮崎宏・吉田忠編著『畜産物の消費と流通機構』農山漁村文化協会：238-269.

（安部 新一）

第13章	農業協同組合の展開と新たな情勢・課題

　日本における農業協同組合は，戦後の農地改革により生み出された農民的土地所有に基づく小規模多数の自作農体制のもとで，耕作者本位の自主的協同組織により，農業生産力向上を企図して設立された組織である。その基本理念は協同組合原則である「相互扶助」の精神であり，日本型農協の特徴として，指導，販売，購買，信用，共済など複数の事業を合わせて行える総合農協を中核として，事業ごとに全国段階までの系統組織を形成している点が挙げられる。

　政府は，中央会制度の廃止，信用事業の分離，経済事業改革などの「農協改革」を示している。しかしながら，縮小再編段階における日本農業の持続性を担保するためには，農業協同組合が引き続き協同組合組織としての性質を発揮しながら自主的改革を行うことが望まれる。

1　農業協同組合の組織形態

(1)　協同組合とは

　協同組合とは，組織を構成するメンバー（組合員）の事業や生活を守り向上させるために，自らが出資して設立し運営する事業体である。協同組合は，農業協同組合のほか，漁業協同組合，消費生活協同組合，中小企業等協同組合など，第1次，第2次，第3次産業，そして消費者まで幅広く組織されている。そして，自主，自立，民主的運営の基本理念を持ち，生産資材や生活資材の共同購入，生産物の共同販売，金融，保険，医療，福祉，住まいなど様々な事業・活動を通じて組合員の営み・暮らしの向上を目指している。

第13章　農業協同組合の展開と新たな情勢・課題

表13-1　協同組合と株式会社との一般的な違い

	協同組合	株式会社
目　的	組合員の生産と生活を守り向上させる（組合員の経済的・社会的地位向上，組合員および会員のための最大奉仕）〈非営利目的〉	利潤の追求〈営利目的〉
組織者	農業者，漁業者，森林所有者，勤労者，消費者，中小規模の事業者など〈組合員〉	投資家，法人〈株主〉
事業・利用者	事業は根拠法で限定，事業利用を通じた組合員へのサービス，利用者は組合員	事業は限定されない，利益金の分配を通じた株主へのサービス，利用者は不特定多数の顧客
運営者	組合員（その代表者）	株主代理人としての専門経営者
運営方法	1人1票制（人間平等主義に基づく民主的運営）	1株1票制（株式を多く持つ人が支配）

資料：日本農業新聞『JA ファクトブック2017』JA 全中，p.7 を引用。

　協同組合は表13-1に示すように，組織者と利用者，運営者が同一であり，利用者の事業や生活を向上させるといった非営利を目的としている。また，組合員全員で運営方針を決め，組合員の代表者である運営者も組合員の選挙で決める。そして，組合への加入脱退が自由であり，加入を拒まず強制的に脱退させることもない。さらに，組合員は公平に出資しなければならず，出資金額の大小にかかわらず1人1票の選挙権や議決権を行使して決定する民主的運営を原則としている。

　協同組合の起源は，産業革命の時代である1844年にイギリス・ランカシャーのロッチデールで30人ほどの織物工によって設立された「ロッチデール公正先駆者組合」であると言われている。産業革命下の労働者たちが，日々の食料や衣類，生活必需品を調達するにはあまりにも公正さを欠く取引条件に対抗し，グループによる交渉力の向上により自分たちが納得いく製品の調達を可能にすることをねらって，協同組合を結成した（中川 2002: 55）。その後，この運動は世界に広まり，世界各地に数多くの協同組合が設立され，その組合員総数は10億人を超えると言われる。

　また，国際連合は2009年12月に開催された国際連合総会において，2012年を

187

第Ⅱ部　現代の農業を考える

国際協同組合年とすることを宣言した。そして，国際連合教育科学文化機関
（ユネスコ）は，2016年11月30日に「協同組合」を無形文化遺産*へ登録するこ
とを決定した。登録を決めた政府間委員会は「さまざまな社会的な問題へ創意
工夫あふれる解決策を編み出している」と評価したという。

> *2003年のユネスコ総会で採択された「無形文化遺産の保護に関する条約」に基づ
> いており，登録されるためには，口承による伝統および表現，芸術など，定義され
> た五つの「無形文化遺産」を構成することなどが条件となっている（日本農業新聞
> 2017：6）。

⑵　農業協同組合の組織概要

　日本における農業協同組合（以下，農協）の設立は，戦後の1947年に制定・
施行された農業協同組合法（以下，農協法）に基づいている。
　制定当時の農協法のポイントを整理すると以下のようになる。まず，農協は
非営利組織であることが規定されている。農協の組合員は，農業者で農協の経
営権および利用権を持つ正組合員，非農業者で経営権を持たず利用権のみ持つ
准組合員からなる。農協の組合員は，協同組合原則に基づき加入・脱退が自由
であり，農協の運営を決定する総会の議決権は出資金の多少にかかわらず正組
合員が1人当たり1票を持つといったような民主的運営をその原則としている。
　農協は，組合員の営み・暮らしの向上のため，営農・生活指導（指導事業），
生産物の共同販売（販売事業），生産・生活資材の共同購入（購買事業），事業
や生活資金の貸付けおよび組合員の貯金・定期積立金の受入れ（信用事業），
共済，医療，老人福祉，冠婚葬祭など，複数の事業を行うことができる。農協
組織については，市町村単位に設置された単位農協を主体として，都道府県農
協連合会，全国農協連合会の系統3段組織の設置が謳われている。また，区域
を自由とする特殊農協，および特殊農協連合会の設置も認められている。そし
て，単位農協のうち，信用事業を行っている事業体を総合農協，信用事業を行
っていない事業体を専門農協と呼んでいる。一方，都道府県段階や全国段階の
農協連合会は，それぞれの事業ごとに設置されている。
　農協法制定当初は，その当時1万520あった市町村数以上の総合農協が設立

188

第13章 農業協同組合の展開と新たな情勢・課題

されており，「農業協同組合等現在数統計」によると1950年度では全国で1万3,300の総合農協が事業を行っていた。「1950年世界農業センサス」によると，当時日本の農家戸数は618万戸（うち専業農家309万戸）であり，1戸当たりの経営耕地面積は0.82haであった。つまり農協設立は，小規模零細の家族農業経営において共同体制を確立することで生産性向上を企図したものであった。その後，後述するように大きくみれば3度にわたる農協合併期を経て，2015年度末には691の総合農協が事業を行っている。

2 農業協同組合の主な事業

(1) 指導事業

指導事業として，農業技術や経営に対する指導・助言を行う営農指導と，組合員の生活向上のための生活指導が行われている。営農指導事業は，個別農家に対して，① 新しい作物や先端技術の導入，② 出荷市場の動向・販売先などのマーケティング，③ 農業経営，などの指導・助言がなされている。また，地域農業課題の検討も営農指導の一環として行われており，① 地域農業戦略の策定，② 農地利用調整，③ 生産部会活動支援，などがそれにあたる。

さらに，WTO・EPA 交渉への運動や政策提言など農政活動も指導事業の一環である。指導事業の全国段階は，全国農業協同組合中央会（JA全中）である。

(2) 販売事業

農協が行う経済事業は，販売事業および後述する購買事業を総称したものであり，組合員の経済活動および生活を直接的に支える事業である。そして，農協が行う共同購入および共同販売等については，独占禁止法の適用が除外される*。この経済事業の全国段階は，全国農業協同組合連合会（JA全農）である。

＊ただし，「一定の取引分野における競争を実質的に制限することにより不当に対価を引き上げることとなる場合」または「不公正な取引方法を用いる場合」には，農協等の行為であっても独占禁止法が適用される。

販売事業とは，農業者が生産した農畜産物を農協が集荷して販売する事業の

189

第Ⅱ部　現代の農業を考える

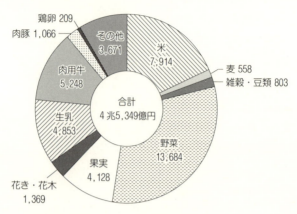

図13-1　全国の総合農協における販売事業の品目別販売・取扱高（2015年度）
注：数値は品目別の販売・取扱高（億円）を示している。
資料：農林水産省「総合農協統計表」。

ことである。図13-1は2015年度における総合農協の販売事業の品目別販売・取扱高を示している。販売事業取扱高の合計は4兆5,349億円である。品目別にみると，野菜が1兆3,684億円と最も多く，次いで米7,914億円，肉用牛5,248億円，生乳4,853億円，果実4,128億円となっている。また，有利販売のための貯蔵，保管，加工も販売事業の一環として行われている。

農協の販売事業における現在の主な販売方法は，「共販」「直売」「直販」の大きく三つが存在する。

第1の「共販」とは共同販売のことであり，農協内で品目別あるいは地区別に生産者グループ（「生産部会」と呼ばれる）を形成し，このグループに所属する生産者（「部会員」と呼ばれる）が生産した農産物を定率手数料のもとで農協に販売委託する方法である。市場においては主に，生産者の個人名ではなく，農協名や生産部会名などで販売されている。農協共販においては，①無条件委託（部会員は価格・販売先などの条件をつけずに農協に出荷物の販売を委託する），②平均売り（特定の取引先に販売を集中させない），③共同計算（市場では部会員個人ではなく生産部会共同で売買の計算を行う），といった「共販三原則」が存在する。

第13章　農業協同組合の展開と新たな情勢・課題

　農協の販売事業は1950年代以降，例えば米においては食糧管理法のもとで指定集荷業者として，青果物においては卸売市場流通を核に，牛乳においては加工原料乳生産者補給金等暫定措置法（1966年）の指定団体として，この「共販」を基本戦略に系統3段階制のもとで全国的な規模での一元集荷・多元販売を目標として展開してきた（豊田 1997: 28-29）。また農協共販は，産地マーケティングの柱として共販品の定時・定量・定質出荷を企図して営農指導事業とセットで進められてきた。

　農協組合員にとって「共販」のメリットは，青果物では，① 規模の経済により各農家の出荷経費などが削減されること，② 出荷ロットの大型化により，販売先との交渉力が増すこと，③ 生産部会をベースに組織的な営農指導によって各農家の農業技術の向上が期待できること，④ 共同利用施設を利用することで選別・出荷などへの家族労働力投入が大幅に削減できること，⑤ 当日現金主義の取引原則を持つ卸売市場流通を利用することで代金回収面でのリスクが回避できること，⑥ 比較的短期の決済期間での代金精算が可能なこと，などが挙げられる。

　しかし，1980年代半ば以降のスーパーマーケット台頭に伴う流通の大型化や1995年の食糧管理法の廃止などは農協共販体制に大きなインパクトを与えた。加えて，消費者ニーズは多様化の傾向をみせ，農協は共販組織・システムの再編，新選果システムやパッケージセンターなどの施設整備に対する投資，および新たな流通・販売チャネルの構築などを迫られることとなった。

　第2の「直売」は，消費者ニーズの多様化の一つの潮流である「地産地消」に対応したものである。農産物直売所は，1990年頃から「地産地消」という用語とともに注目され始めたが，農協が本格的に農産物直売所を手がけ始めたのは2000年頃である。農協では農産物直売所を「ファーマーズマーケット」と称しており，年間販売金額20億円規模にまで成長しているファーマーズマーケットも存在する（細野 2015: 48-49）。

　第3の「直販」は，卸売市場を介さない大口需要者への直接販売であり，近年，増加傾向にある。この場合，スーパーマーケット等の大口需要者に対してより戦略的なマーケティング活動を行うことを目的として，農産物を農協が出

191

第Ⅱ部　現代の農業を考える

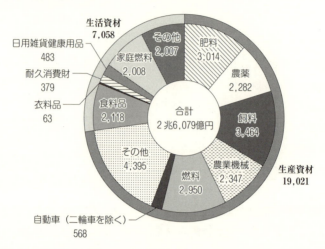

図13-2　全国の総合農協における購買事業の品目別供給・取扱高（2015年度）
注：数値は品目ごとの供給・取扱高（億円）を示している。
資料：農林水産省「総合農協統計表」。

荷者から買い取って自己の所有権のもとで需要者に販売する方法が主流となっている。農協の直販事業は「組合員の所得向上」策の一環でもあることから，買取価格の設定等については，組合員に不利にならないよう配慮がなされているケースは少なくない。しかし，異常気象や病害虫発生などに伴う供給量の不安定性リスクなどを農協が抱えることとなった。場合によっては逆ざやになることもあるため，農協の資金力に依拠した販売方法であるともいえる。

(3)　購買事業

　購買事業とは，組合員に良質な生産資材・生活資材をできるだけ安価で供給する事業である。

　図13-2は，2015年度における総合農協の購買事業の品目別供給・取扱高を示している。購買事業全体で2兆6,079億円の供給・取扱高のうち，生産資材が1兆9,020億円，生活資材が7,058億円となっている。品目別にみると生産資材では肥料3,014億円，農薬2,282億円，飼料3,464億円である。また，生活資材では食料品2,118億円，家庭用燃料2,008億円である。

192

第13章　農業協同組合の展開と新たな情勢・課題

　生産資材の供給については営農指導事業との関連性が深い。例えば，農産物の品質や安全性の確保のために，適切な施肥設計や防除計画は営農面では最重要課題であり，これらは組合員への生産資材供給とセットで行われる。組合員にとっては，営農指導と生産資材供給がセットになっていることで，農業生産と連動した生産資材が確実に調達できるメリットは大きい。

(4)　信用事業と共済事業

　信用事業とは，組合員から貯金を預かり，それを原資として組合員などに貸し出す事業である

　信用事業の全国段階は農林中央金庫（農林中金）である。また，「JA バンク」は単位農協の信用事業，都道府県信用農業協同組合連合会（JA 信連），農林中金からなるグループの名称である。組合員に提供する金融サービスとしては，各種ローン，決済サービス，資産運用などである。また，農業部門に対する金融支援としては，① 担い手金融の強化，② 農業近代化資金の無利子化措置，③ 農業法人投資育成制度，などがある。

　共済事業とは，病気や怪我，事故など組合員やその家族の万が一の事態に備えた，民間の「保険業務」にあたる事業である。取扱商品は生命保険と損害保険であり，全国段階は全国共済農業協同組合連合会（JA 全国共済連）である。

3　農業協同組合の歴史的展開過程

(1)　戦前における農業関係団体

　1880年代に，明治政府の勧業（産業振興）政策の一環として，官製の農業技術普及組織である「農業組合」が全国各地に設立された。しかし，上意下達的な組織では農業技術普及機能は十分に発揮されず，民と官の中間的組織の設立機運が高まった。そして，1894年の第 1 回全国農事大会での農会の設立決議を受け，市町村農会および郡農会（1896年），県農会（1897年）が相次いで設立された。また，1899年の農会法の制定により，農会が法人格を得ることとなった。なお，大日本農会は1881年に設立されている。

193

第Ⅱ部　現代の農業を考える

　農会の事業は主に，農業技術の講習・研究調査，病害虫の共同防除，生産手段の改良と共同購入，農産物の共同販売・加工，農家の生活向上，農政に関する行政への建議などである。

　ところで，日本における協同組合の萌芽は，二宮尊徳（1787-1856）ら農民運動家による「報徳社」のような農民の相互扶助的な金融事業であるが，相互扶助の精神を持つ近代の協同組合的な組織の萌芽としては，1890年代の生糸（群馬県）や茶（静岡県）の販売組合が挙げられる。このようななか，1900年の産業組合法の制定・施行により，① 信用，② 販売，③ 購買，④ 製産，⑤ 使用の五つの産業組合が法律に規定された。これをうけ，全国的に事業別の組合の設立が相次ぎ，1905年には大日本産業組合中央会が設立された。その後，各事業を行うためには資金調達が重要であるとの観点から，1906年に産業組合法が改正され，信用産業組合が他の事業も行えるようになった。これが，現在の総合農協の前身的な存在であると言われる（千葉 1982: 55）。

　第1次世界大戦が終結すると日本経済は不況に突入し，農産物価格の急落に加えて金融恐慌も発生し，産業組合は大きな打撃を受けることとなった。このようななか，産業組合刷新運動が1925年に開始され，活動方針を地主中心の運動から全農家に組合員になるよう呼びかける方針へと転換した。なお，1923年に産業組合中央会が国際協同組合同盟に加入し，全国購買組合連合会，産業組合中央金庫などが設立された。

　しかし，第2次世界大戦中の1943年に農業団体法が制定・施行され，農業団体も戦時経済統制下に置かれることとなり，農会および産業組合は統合され，農業会という単一組織となって国家機構の末端組織としての役割を担うこととなった。また，全国組織として「中央農業会」と経済事業を行う「全国農業経済会」が設立されたが，1945年7月に統合され，戦争のための食料・軍需物資の供出，生産資材の統制を行う「戦時農業団」に組織改編されている。そして，1947年の農業協同組合法施行に伴う農業団体法の廃止によって，これらの組織はすべて廃止となった。

(2) 農業協同組合の設立

農協法は，1947年8月9日第一特別国会において同法案が「農業協同組合法の制定に伴う農業団体の整理等に関する法律」案とともに提起され，同年11月19日法律第132号として成立し，同年12月15日に施行された。連合国軍最高司令官総司令部（GHQ）が日本の戦後政策の一環として発した「農民解放指令」には，日本農業の民主化を実現するために，① 農地改革，② 農業における協同組合組織の再建，③ 農業改良技術の普及，の三つの柱が記されている。政府は，この指令に基づき，自作農創設特別措置法案作成と同時に，農協法案の作成に取り掛かることとなったのである。

戦後の日本農業が半封建的な地主小作制から自作農創設による家族農業へ移行するためには，農地改革とともに農協の設立は不可欠であった。例えば，戦前の農会などは半封建的大地主の権利を擁護する立場が強く，農業者全体の権利を保障する存在ではなかった。これを，耕作者本位の組織に切り替え，これらの自主的協同体制を実現させることで，家族農業下での生産力向上が実現されるというのが農協設立の趣旨であったと言える。

一方で，GHQ は当初，農協による信用事業の兼業禁止というアメリカの考え方に立っており，大蔵省（当時）も農協からの信用事業の分離と農林省から同省への所管替えを求めていた。しかしながら，最終的には現実論から日本的な兼業形態と大蔵省・農林省の共同所管に落ち着いたという（田代 2009: 266）。

(3) 戦後における農協合併の変遷

図13-3は戦後における農協数および市町村数の推移を示している。日本の農協合併の変遷は，大きく三つの画期をみることができる。第1期は1960年代前半頃からの「市町村単位」の合併期である。第2期は，1990年代前半頃からの「広域」合併期である。そして，第3期は現在進行中である「1県1農協」の合併期である。

第1期の「市町村単位」の合併を推進したのは，農業基本法の制定とともに1961年に制定された農業協同組合合併助成法（以下，農協合併助成法）である。遡ること1953年には市町村合併促進法が制定され，当時1万505あった全国市

第Ⅱ部　現代の農業を考える

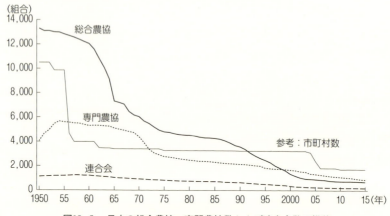

図13-3　日本の総合農協・専門農協数および連合会数の推移

注：1）総合農協数，専門農協数および連合会数は年度末の数値を示している。
　　2）専門農協数は，出資組合について示している。
　　3）市町村数は，各年次の4月現在の数値を示している。
資料：農林水産省「農業協同組合等現在数統計」，総務省「市町村数の変遷と明治・昭和の大合併の特徴」。

町村数は4年後の1957年には合併により3,975までに減少した。農協合併助成法は，「適正かつ能率的な事業経営を行うことができる農業協同組合を広範に育成」することを目的に施行されたが，その背景には，当時，財政的に厳しい状況にあった単位農協の経営を合併による資金力増大によって改善させる意図があったと言われている。合併に伴って必要とされるソフト・ハード面ともに助成することによって農協合併を間接的に促す内容となっており，同法施行当時1万1,886あった総合農協は，助成期限の1965年度末には7,320にまで減少した。

　第2期の「広域」合併は，バブル経済が崩壊し，住専問題*が顕在化した1990年代前半から始まる。1993年に開催された第20回JA全国大会では，経営改善をその目的として農協の市町村域を超えた合併（いわゆる農協の広域合併）と系統2段階（都道府県連合会を廃止し，全国段階と単位農協の2段階とする）への組織改革が検討された。田代洋一は，この時期の組織再編を「JAバンク方式に染め上げ，信用事業のための組織再編化していく」過程であった

第13章　農業協同組合の展開と新たな情勢・課題

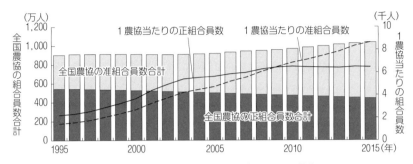

図13-4　総合農協の組合数および組合員数の推移

資料：農林水産省「総合農協統計表」。

と指摘する（田代 2009: 267）。第2期では，1990年に3,574あった総合農協が2001年には1,181と3分の1以下に減少している。

> ＊「住専」とは，住宅金融専門会社の略称であり，1970年代に銀行などが設立した個人向けの住宅ローンを取り扱う（預金業務を行わない）貸金業を示す。「住専問題」とは，バブル経済の崩壊で不良債権化した住専の6.4兆円にも上る損失処理問題を指す。最終処理策として，母体行3.5兆円，一般行1.7兆円の債権放棄，農協系金融機関の負担能力限界の5,300億円の贈与，およびそれを補てんする6,800億円の公的資金の導入が1995年12月に閣議決定された。

第3期の「1県1農協」の合併については，1999年4月に奈良県において全国で初めて1県1農協が誕生し，その後，2002年に沖縄県，13年に香川県，そして15年に島根県において県内の総合農協がそれぞれ一つに合併した。これらの結果，総合農協数は2015年現在では691組合にまで減少した。

図13-4は，1995年以降における全国の総合農協の組合数および組合員数の推移を示している。農協の組合員数は1995年に903万人であったものが，2015年には1,037万人と漸増している。1農協当たりの組合員数をみると，1995年に3,675人であったものが，農協合併の進展に伴って増加していき，2004年には1万人を超え，15年では1万5,117人となっている。もう一つの傾向としては，正組合員の減少と准組合員の漸増である。全組合員に占める正組合員の割合をみると，1995年で60％であったのが，2009年に50％となり，15年には43％

197

第Ⅱ部　現代の農業を考える

にまで縮小している。

4　近年の農業協同組合を取り巻く新たな情勢と課題

⑴　政府による「農協改革」とその問題点

　2015年の農協法改定など一連の安倍政権の農協改革は，2010年3月に設置された行政刷新会議の制度・規制改革分科会が答申した内容をもとに作成されている。このなかには，准組合員制度の見直しや信用・共済事業の総合農協からの分離などが盛り込まれており，また指導事業の全国段階であるJA全中はこの改革に沿って一般社団法人化することが決定し，販売・購買事業の全国段階であるJA全農に至っては，株式会社化が求められている。増田佳昭は，農協がこれらの「改革」を迫られる状況について，「新自由主義の経済理論に基づく単純で平板な主張が幅をきかせている」と指摘している（増田 2011: 1）。

　一連の「農協改革」は，①　中央会制度の廃止と公認会計士監査の導入（中央会による監査権独占の排除）を含む中央会改革，②　信用事業分離と農協の専門農協化，③　全農改革を中心とする経済事業改革，の大きく三つの論点に整理できる。

　第1の中央会改革であるが，「中央会による監査権行使が地域農協の経営を束縛している」といったほとんどこじつけの理由によって実施されたこの改革は「TPP反対運動を進めた農業・農協運動のナショナルセンターおよびローカルセンターの弱体化を狙ったもの」であるとの見方もある（増田 2018: 5）。また，中央会賦課金には農協・連合会の監査料相当分も含まれると理解されてきており，公認会計士監査の導入は中央会賦課金収入の減収につながる可能性があり，中央会における財政基盤の弱体化が懸念されている。

　第2の信用事業の分離と専門農協化であるが，農林水産省は全国の農協信用事業を農林中央金庫に譲渡させ，単位農協はその代理店として信用業務を行うという案を示している。図13-5は，総合農協における1農協当たり事業別事業総利益の推移を示している。全国の総合農協における事業総利益の合計は1995年の2.5兆円から2015年には1.9兆円にまで減少しているが，1農協当たり

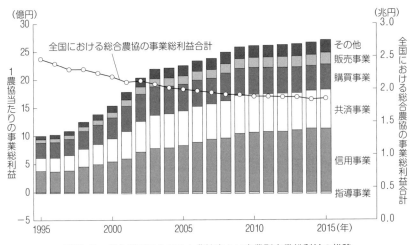

図13-5　総合農協における1農協当たり事業別事業総利益の推移
注：「指導事業」は事業収支差額を示しており，その値は支出超過（マイナス）となっている。
資料：農林水産省「総合農協統計表」。

でみると，農協合併によって事業総利益は1995年の10.0億円から2015年には27.1億円に増加している。これを事業別にみると，事業総利益合計に占める信用事業の割合が1995年の38％から2015年には42％に拡大している一方，指導・販売・購買事業を合計した営農経済事業の割合は1995年の31％から2015年には23％にまで縮小している。

　単位農協の信用事業代理店化に伴う収入の変化については農林中央金庫による試算結果を待たなければ判断が難しいが，少なくとも1農協当たり11.2億円の信用事業総利益に相当するほどの収益が得られるとは考え難い。これまで日本の農協は，日本型の総合事業を展開することで，収益性が比較的低いものの農協の本来的な事業である営農経済事業に必要な経営資源を投入することを可能にしてきた。第3の問題と関連するが，単位農協から信用事業を分離し専門農協化するためには，営農経済事業の収益性を企業並みに向上させる必要がある。それは，組合員に対してよりいっそうの受益者負担を求めることにもなり，農産物価格低迷のもとで縮小再編段階にある日本農業において，その持続性が担保できるかという点で疑問符を付けざるを得ない。

第Ⅱ部　現代の農業を考える

　第3の全農改革を中心とする経済事業改革であるが，例えば全農株式会社化のもとで，販売事業の柱であった農協系統共販を維持することができるのか，という疑問が存在する。全農株式会社化の要求は，経済界にとっていわば農協系統の独占状態とみられていた農産物市場において，民間企業のビジネスチャンス拡大を狙ったものとみられる。しかし農協は，耕作者本位の自主的協同組織により，農民的土地所有に基づく小規模多数の自作農体制のもとでの生産力向上を企図して設立されたことは前述のとおりである。その基盤となっているのが生産部会などの生産者組織に立脚した農協共販体制であり，このことで日本農業は農業技術の革新および普及と継承，地域農業における共同意識の形成と農村集落の維持を実現してきた。協同組合組織であるからこそ可能にした農協共販体制が，系統組織の株式会社化によってどのような変貌を遂げるかは未知数であるが，少なくとも利潤追求といった協同組合組織とは異なる目的を達成することが求められるという点で，現状の系統共販体制を維持することは困難であろう。

　しかしながら，生産資材購買事業や販売事業の再構築といった点では，経済事業改革は正組合員にとって「農協改革の本丸」であり，全農改革を含めたJAグループの農業事業を自己改革によって農業者にとって真に役立つような方向でどう再構築するかが極めて重要である（増田 2018: 10）。

(2)　今後の農協改革をめぐる論点

　これまで，日本における農協の展開と近年における新たな情勢について検討してきた。最後に，日本の農業の持続性を高めるという点から，今後の農協制度および農協組織のあり方を検討するための論点を整理したい。

　第1に，協同組合組織としての農協という点である。農協は，耕作者本位の自主的協同体制の確立によって，戦後の農地改革による農民的土地所有に基づく家族経営のもとで生産力を向上させるという社会的要請のもとで成立した。これに鑑みると，危機的状況にある今こそ，協同組合の原点に立ち返る必要があるのではないか。すなわち農協の経営改善は，「相互扶助」の精神の下で組合員へのサービス低下を起こさないことを前提とし，そのための組織戦略の構

200

築が求められる。

第2に，信用事業の分離についてである。日本における協同組合の萌芽は農民互助的な金融事業であり，相互扶助の精神で農民自らの生産・生活を守り向上させる役割を歴史的に担ってきた。信用事業は農協運動の原点であり，また農協の事業が総合的であることの意義は大きい。この点を踏まえ，農協が総合事業を持続的に行うための組織戦略のあり方を今一度問い直す必要がある。

第3に，農協の存在意義に関する世論形成という点である。これまで農協組織は，食料・農業面のみならず，地域社会における存在意義を自らあまり主張してこなかった。今こそ，農協が系統組織も含めて協同組合組織・連帯組織として維持すべき客観的な理由を主張し世論を形成すべきである。

第4に，農業部門・農協の経営面での自己改革についてである。これまで述べてきた農協をめぐる議論の一方で，農業部門あるいは農協組織において経営の近代化が他産業と比較して遅れていることは否めない。それでは，今後どの視点からどのような経営の近代化が必要であるのか。例えば，JAさがでは，加工・業務用野菜の生産・販売一貫体制について，サプライ・チェーンを構成する複数のJAグループ会社（子会社）を活用して構築しており，生産・加工・販売をJAさがグループで完結させている。この取組では，個別の事業を農協から切り離してグループ会社に運営させることで，機動的な投資や柔軟な人事・労務管理を実現している。また，グループ会社の運営のために持ち株会社を設立し，グループ会社の合併・統合による資産譲渡や給与体系の統一化作業にかかる煩雑処理を回避したり，重複する事業の整理や，総務・人事・労務管理の共通化などで，効率的かつ統合的な販売事業の展開を実現しようとしている（金原・品川 2018: 30-32）。JAさがの販売事業の一部におけるグループ会社化の取組は，「組合員の所得向上」という目的を前提として行われており，このような取組は，農協経営の近代化に一定の示唆を与えてくれるものと考えられる。

参考文献

金原壽秀・品川優 (2018)「農業所得向上と地域農業活性化のための自己改革」『食農

第Ⅱ部　現代の農業を考える

　　　資源経済論集』69⑴：25-36.

田代洋一（2009）「協同組合としての農協の課題」『協同組合としての農協』筑波書
　　　房：259-309.

千葉修（1982）「初期の産業組合系統方針について」『農業総合研究』36⑵：53-71.

豊田八宏（1997）「産地マーケティングの展開と農協」『流通再編と卸売市場』筑波書
　　　房：27-33.

中川雄一郎（2002）「ロッチデール公正先駆者組合と生産協同組合」『共同の發見』
　　　118：53-62.

日本農業新聞編（2017）『JAファクトブック2017』全国農業協同組合中央会.

細野賢治（2015）「新たな出荷販売戦略」『新たな食農連携と持続的資源利用──グロ
　　　ーバル化時代の地域再生に向けて』筑波書房：46-56.

増田佳昭（2011）「はしがき」『大転換期の総合JA──多様性の時代における制度的
　　　課題と戦略』家の光協会：1-2.

増田佳昭（2018）「『農協改革』の三つのテーマ──狙い，到達点，今後の展開方向」
　　　『食農資源経済論集』69⑴：1-12.

（細野　賢治）

第Ⅲ部　現代の農村を考える

| 第14章 | 農村の変容と地域づくり |

　「過疎」や「限界集落」といった言葉に象徴されるように，これまでも日本の農村は危機的状況にあると言われてきた。一方で，農村は内発的な地域づくりによって，「消滅」することなく強靭かつ柔軟に「存続」してきたことも事実である。このような状況のもと，近年の人口減少社会を前提として，日本創生会議は「2040年，地方消滅。『極点社会』が到来する」と題して自治体消滅論を展開し，農村に衝撃が走った。これを受け，政府は人口減少問題の克服と成長力の確保を長期ビジョンに掲げ，「地方創生」に取り組むこととなった。さらに，「田園回帰」と呼ばれる若者を中心とした都市住民の農村への関心の高まりとともに，農村における内発的な地域づくりの積み重ねによって，決して，「消滅しない」状況が生まれつつある。

　本章では，これまでの農村の変遷と農村政策の展開を整理するとともに，農村の必要性と地域づくりの潮流と理論について解説する。そして，人口減少時代におけるこれからの地域づくり戦略について展望する。

1　農村の変容と今日的役割

(1)　農村の変容

　表14-1から日本の国民経済に占める農業・農村のシェアを確認すると，2015年現在では農業総生産0.9％，農家戸数2.4％，農家人口3.8％，農業就業人口3.2％となっており，これまで一貫してその地位を低下させていることがわかる。また，表14-2から農業集落数の漸減（1970年を100とした指数でみると，2015年には97）に対して，農家戸数は大幅な減少（同40）をみせているこ

第14章　農村の変容と地域づくり

表14-1　国民経済における農業・農村の地位

	単位	1970年	1980年	1990年	2000年	2005年	2010年	2015年
国内総生産	10億円	73,345	242,839	442,781	526,706	524,133	500,354	530,545
うち農業総生産	10億円	3,215	6,377	8,379	6,837	4,935	4,628	4,671
シェア	%	4.4	2.6	1.9	1.3	0.9	0.9	0.9
総世帯数	千戸	28,093	36,015	41,036	47,063	49,566	51,951	56,412
うち農家戸数	千戸	5,342	4,661	2,971	2,337	1,963	1,631	1,330
シェア	%	19.0	12.9	7.2	5.0	4.0	3.1	2.4
総人口	千人	104,665	117,060	123,611	126,926	127,768	128,057	127,095
うち農家人口	千人	26,282	21,366	13,878	10,467	8,370	6,503	4,880
シェア	%	25.1	18.3	11.2	8.2	6.6	5.1	3.8
総就業人口	万人	5,109	5,552	6,280	6,453	6,365	5,982	6,376
うち農業就業者	万人	811	506	392	288	252	202	201
シェア	%	15.9	9.1	6.2	4.5	4.0	3.4	3.2

資料：農林水産省編『平成29年度　食料・農業・農村白書　参考統計表』農林統計協会，2017年より引用。

表14-2　農業集落・農家戸数の推移

(単位：集落，千戸)

			1970年	1980年	1990年	2000年	2005年	2010年	2015年
実数	農業集落数		142,699	142,377	140,122	135,163	139,465	139,176	138,256
	総農家戸数		5,342	4,661	3,835	3,120	2,848	2,528	2,155
		販売農家	—	—	2,971	2,337	1,963	1,631	1,330
		専業農家	831	623	473	426	443	451	443
		第1種兼業農家	1,802	1,002	521	350	308	225	165
		第2種兼業農家	2,709	3,036	1,977	1,561	1,212	955	722
指数	農業集落数		100	100	98	95	98	98	97
	総農家戸数		100	87	72	58	53	47	40
		販売農家	—	—	100	79	66	55	45
		専業農家	100	75	57	51	53	54	53
		第1種兼業農家	100	56	29	19	17	12	9
		第2種兼業農家	100	112	73	58	45	35	27

資料：農林水産省編『平成29年度　食料・農業・農村白書　参考統計表』農林統計協会，2017年より引用。

205

第Ⅲ部　現代の農村を考える

表14-3　農村における高齢化の推移

（単位：千人，%）

		1970年	1980年	1990年	2000年	2005年	2010年	2015年
農家人口		26,282	21,366	13,878	10,467	8,370	6,503	4,880
	65歳以上	3,082	3,330	2,709	2,936	2,646	2,231	1,883
	シェア	11.7	15.6	19.5	28.1	31.6	34.3	38.6
農業就業人口		10,252	6,973	4,819	3,891	3,353	2,606	2,097
	65歳以上	1,823	1,711	1,597	2,058	1,951	1,605	1,331
	シェア	17.8	24.5	33.1	52.9	58.2	61.6	63.5
基幹的農業従事者		7,048	4,128	2,927	2,400	2,241	2,051	1,754
	65歳以上	829	688	783	1,228	1,287	1,253	1,132
	シェア	11.8	16.7	26.8	51.2	57.4	61.1	64.6

資料：農林水産省編『平成29年度 食料・農業・農村白書 参考統計表』農林統計協会，2017年より引用。

と，表14-3から農業就業人口や基幹的農業従事者に占める65歳以上の割合が2015年で60%を超えており，農業・農村における担い手が高齢化していること，もわかる。

　特に高度経済成長期（1950年代後半）以降，農村から大量の労働力が都市へ流出し，農村の衰退が問題化している。農村における人口流出の要因として，山村経済の転換（薪炭生産の減少，木材輸入の自由化など）と所得格差の拡大，社会インフラの未整備による生活格差の拡大と利便性の低下，教育・医療の縮小などが挙げられる。農村振興に関するデータベース（農林水産省）により人口増減率をみると，1950年代後半には，大都市や中小都市で高い増加率を示す一方で，農村では高い減少率を示している。1960年代後半には，大都市の増加率が低下する一方で，中小都市の増加率は引き続き増加している。そして，1970年代の低成長期に入ると，農村における減少率は落ち着きをみせる。また，地域ブロック別の農村人口の推移をみると，関東，東海といった比較的大都市に近いブロックで減少率は低く，東北，北陸，山陰，四国といった大都市から離れたブロックでは減少が進行した。このような状況のもと，農村の「過疎」と都市の「過密」といった表裏一体の現象が問題視された。

　このような経緯を踏まえた農村の実態として，小田切は高度経済成長期以降

に始まった「人の空洞化」は現在まで続いており，1980年代後半以降には「土地の空洞化」，1990年代初頭には「むらの空洞化」が発現しているという「人・土地・むらの三つの空洞化」を指摘するとともに，地域住民がそこに住み続ける意味や誇りを見失いつつある「誇りの空洞化」を問題提起している。そして，1990年代半ばには大野が高知県大豊町の調査をもとに，集落内に住む65歳以上の人口が半数を超え，集落の自治機能の急速な低下がもたらされたことで社会的共同生活の維持が困難な状況にある集落を「限界集落」と定義し，農村の危機的状況をクローズアップさせた。

そして，2014年に刊行された『中央公論』6月号において，元総務大臣の増田寛也と日本創生会議・日本人口減少問題検討分科会の名で「消滅可能性都市896」と題された特集が組まれ（いわゆる「増田レポート」），農村に衝撃が走った。

(2) 農村の必要性と今日的役割

一般的に農村とはどのような地域を指すのであろうか。広辞苑で「農山村」を調べると，「農村と山村」となっており，「農村」は「住民の多くが農業を生業としている村落」となっている。ところが，国勢調査における「産業（大分類）別15歳以上就業者の割合の推移」をみると，第1次産業の就業人口割合は5.2%（2000年）から4.0%（2015年）へ減少しており，産業構成ではごくわずかなものとなっている。現在の農村の主要産業は，必ずしも農業とは言えない状況になってしまっている。

このような衰退の一途をたどる農村は，なぜ必要なのか。全国町村会は，「21世紀の日本にとって，農山村が，なぜ大切なのか──揺るぎない国民的合意にむけて──」（2001年）の提言のなかで，農村の価値として，「生存を支える」を筆頭に，「国土を支える」「文化の基層を支える」「自然を活かす」「新しい産業を創る」の五つを掲げている。つまり，農村は農業生産の場（食料の供給）だけでなく，環境の保持や文化・国土の保全など，国民の豊かな暮らしを実現するためにも重要な役割を果たしていることを指摘している。

戦後から高度経済成長期までの最大の課題は，農村の民主化とともに，食料

第Ⅲ部　現代の農村を考える

増産であった。そして，高度経済成長による人口・産業の都市部への急速な集中に伴い，国土の総合的・計画的な利用の必要性が認識され，優良農地を主体とした農業地域を保全・形成し，農業施策を計画的・効果的に行うための長期的な土地利用計画制度として，農業振興地域の整備に関する法律＊（農振法：1969年）が制定され，計画的な農村振興が図られた。

　　＊同法で農業振興地域に指定された地域を擁する市町村に当該法律を適用するというものである。この指定を受ければ，農業関連の公共事業の実施対象地区となることを考えれば，「農業振興地域＝農村」と考えられる。さらに，条件不利地域を対象とした地域振興立法5法（山村振興法，特定農山村法，過疎法，半島振興法，離島振興法）をみると，特定農山村法を除いて時限立法であるという共通点を有しており，広義にはこれらの地域振興立法のいずれかの法指定地域に指定されていれば，農村とも考えられる。

　そして，1990年代以降，農政における課題は農業基盤だけではなく，農村基盤をどのように整備するのかということになる。そして，食料の安定供給の確保，多面的機能の発揮，農業の持続的な発展，農村の振興を基本理念とした食料・農業・農村基本法（1999年）が制定される。その主要施策が耕作放棄地の発生防止や農業生産の維持を図るとともに，集落機能の活性化や農村の多面的機能の維持・増進を目指す中山間地域等直接支払制度（2000年）である。前述のように第1次産業就業人口率の低下を背景に，現在では，農林統計上の「農業地域類型区分（4区分）」である「中間農業地域」と「山間農業地域」を合わせて「中山間地域＊」と定義されている（表14-4参照）。

　　＊農山村と同様に「中山間地域」という言葉も使用されるが，正式に定義されたのは1990年である。それ以前は，「農業経済地帯区分」（「土地利用の指標：耕地率と林野率に基づいた指標」と「社会経済指標：農家率，専業農家率，林業兼業農家率などに基づいた指標」）によって「都市近郊地帯」「平地農村地帯」「農山村地帯」「山村地帯」に区分されていた。

　2005年には食料・農業・農村基本計画が見直され，農村振興に関する施策に，洪水防止や土壌浸食の防止，水資源のかん養といった国土保全機能，景観や生態系の保全，保健休養といったアメニティ機能，自然教育や伝統文化の継承といった教育文化機能など，多面的機能の発揮のための地域資源の保全管理政策

第14章　農村の変容と地域づくり

表14-4　農業地域類型の定義

地域類型区分	基準指標（下記のいずれかに該当）
都市的地域	・可住地に占めるDID面積が5％以上で人口密度500人以上またはDID人口2万人以上 ・可住地に占める宅地等率が60％以上で人口密度500人以上ただし林野率80％以上のものは除く
平地農業地域	・耕地率20％以上かつ林野率50％未満，ただし傾斜20分の1以上の田と傾斜8度以上の畑との合計面積の割合が90％以上のものは除く ・耕地率20％以上かつ林野率50％以上，傾斜20分の1以上の田と傾斜8度以上の畑の合計面積の割合が10％未満
中間農業地域	・耕地率20％未満で，都市的地域および山間農業地域以外 ・耕地率20％以上で，都市的地域および平地農業地域以外
山間農業地域	・林野率80％以上かつ耕地率10％未満

注：1）DID（人口集中地区）とは，原則として人口密度が4,000人/km^{2}以上の国勢調査基本単位区等が市区町村内で互いに隣接して，それらの隣接した地域の人口が5,000人以上を有する地区のこと。
　　2）決定順位は，①都市的地域→②山間農業地域→③平地農業地域・中間農業地域
資料：農林水産省「農林統計に用いる地域区分」（1990年）より作成（表現等を一部変更）。

の構築が掲げられている。

2　農村政策をめぐる系譜と潮流

(1)　戦後農村政策の系譜と特徴

① 地域開発政策の展開

　戦後，国土の均一ある発展を目的とした地域開発政策の展開をみてみよう。高度経済成長に伴う地域格差の是正に向けて，全国総合開発計画（全総）が5次にわたり策定された。その特徴をまとめると，以下のとおりである。

　全総（1962～68年）は，国土の均衡ある発展を目指して，工業の地方分散を図ろうとするものであった。そこで，重点的な開発地域を定め，投資効率を高めるための方策となるものが「拠点開発方式*」であった。具体的方策として，新産業都市（15カ所）と工業整備特別地域（6カ所）が指定された。

　＊大都市圏からある程度離れた地域に工業地域や都市を開発する拠点（開発拠点）を配置し，それらを大都市圏と交通・通信網で結ぶ開発方式。

第Ⅲ部　現代の農村を考える

　新全総（1969～76年）は，大規模開発構想において日本全体を3地域に分け，各地域を新幹線，高速道路，空港などの大量輸送により結びつけるという構想であった。次の三全総（1977～86年）では，新全総における大規模開発構想の失敗とオイルショック後における資源エネルギーの制約を受けて，それまでの経済優先の産業開発路線から，「定住圏構想*」という構想を打ち出した。

　　＊歴史的，伝統的文化に根ざし，自然環境，生活環境，生産環境の調和のとれた人間居住の総合的環境の形成を図り，さらに大都市への人口と産業の集中を抑制し，一方では地方を振興し，過密過疎に対応しながら新しい生活圏を確立することを目指すもの。

　そして，四全総（1987～97年）は，バブル経済の発生と東京一極集中などを背景に，首都圏への過度の機能集中を避けるため，多極分散型国土の構築という方向を打ち出した。しかし，実際にはゴルフ場開発などの大規模リゾート開発が進行したが，バブル経済の崩壊によって多くの事業は破綻することとなる。そして，五全総にあたる21世紀の国土のグランドデザイン（1998～2004年）では，低成長時代において「多軸型国土構造形成の基礎づくり」を基本目標に掲げ，参加と連携を基本理念として，多様な主体の参加と地域連携による国土づくりのために「多自然居住地域*の創造」が提唱された。これによって，中央主導の開発計画は終焉を迎え，2005年には全国総合開発計画の根拠法であった国土総合開発法が改正され，国土形成計画法が成立した。そして，同法において，農村はこれまでの多自然居住地域の考え方を継承しつつ，暮らしやすい農村の形成や二地域居住，外部人材の活用が目指されている。

　　＊中小都市と中山間地域などを含む農山漁村などの豊かな自然環境に恵まれた地域を21世紀の新たな生活様式を可能とする国土のフロンティアとして位置づけるとともに，地域内外の連携を進め，都市的なサービスとゆとりある居住環境，豊かな自然を併せて享受できる誇りの持てる自立的な圏域。

　そして，国土総合開発法における一連の計画を振り返ると，四全総までは地域間格差の是正に向けた政府の方針は明確であったが，五全総では明確な手法は示されず，地域間格差の是正を達成できずにその役割を終えた。

② 主な地域振興政策の展開

この間，特定の地域を対象とした各種振興法も制定されているが，条件不利地域を対象とした地域振興立法5法を紹介する。1953年には離島について振興のための特別な措置を講ずることによって自立的発展を促進し，島民の生活の安定および福祉の向上を図ることを目的とした離島振興法，1965年には山村における経済力の培養と住民の福祉の向上を図り，あわせて地域格差の是正と国民経済の発展に寄与することを目的とした山村振興法，1985年には半島地域において広域的かつ総合的な対策を実施するために必要な特別な措置を講ずることにより，これらの地域の振興を図ることを目的とした半島振興法がそれぞれ制定された。また，1993年には過疎化・高齢化の進展等が顕著な中山間地域の活力を回復することを目的とした，特定農山村地域における農林業等の活性化のための基盤整備の促進に関する法律（特定農山村法）も制定された。

さらに，過疎対策（過疎法）の沿革をみると，1970年に10年間の時限立法として過疎地域対策緊急措置法が制定された。同法では，過疎地域において緊急に生活環境，産業基盤等の整備に関する総合的かつ計画的な対策を実施するために必要な特別措置を講じることにより，人口の過度の減少を防止するとともに地域社会の基盤を強化し，住民福祉の向上と地域格差の是正に寄与することが目的とされた。その後，1980年には過疎地域振興特別措置法，1990年には過疎地域活性化特別措置法，2000年には人口の著しい減少に伴って地域社会における活力が低下し，生産機能および生活環境の整備等が他の地域と比較して低位にある地域について自立促進を図ることを目的とした過疎地域自立促進特別措置法*がそれぞれ制定された。

> *2010年に一部を改正するとともに，東日本大震災の発生により，新たに2012年にも改正され，現行法の有効期限は2021年3月末日までとされた。

③ 農業政策の展開

つぎに，農政における農村政策の展開をみてみよう。前述したように，戦後から高度経済成長期までの最大の課題は，農地改革とともに，食料増産であったため，その政策は緊急開拓事業に特化していた。しかし，1956年に経営の多

第Ⅲ部　現代の農村を考える

角化や共同施設の充実など農村振興に必要な総合対策を行うことを目的とした新農山漁村建設事業が実施され，この事業が後に構造改善事業につながることを考えると，大きな転換であったと言えよう。

高度経済成長期の農村の課題は，農村の貧困と過剰人口の解消および農林業の生産性の低さであった。農業基本法（1961年）では，自立経営農家の育成と選択的拡大などを推進する基本法農政を展開し，農村の近代化とともに，農業と他産業との生産性および所得，生活水準の格差の是正を目指した。当時は「農村政策＝農業政策」となっており，主たる政策は農林業振興，生活改善などの利便性の確保による交通網の整備にあった。このことは，農業基本法のなかで，農村に関連した内容が「農村における交通，衛生，文化などの環境の整備，生活改善，婦人などの合理化などにより農業従事者の福祉向上を図ること」の一項目にすぎないことに表れていた（吉田 1999: 295-298）。

高度経済成長の歪みが顕在化した1970年代に入ると，総合農政が展開され，農村政策が政策課題として本格的に登場した。この背景には，過密と過疎（詳細は第16章），農村の混住化という問題が発現したことにある。従来までの農業政策に加えて，地方都市の工場立地や農村の整備・開発が積極的に推進され，三全総と関連して，工業誘致と公共事業に依存した農村開発が進められた。

1990年代に入ると，農業基本法に代わり，食料・農業・農村基本法（1999年）が制定され，現在では，産業政策としての農業政策と地域政策としての農村政策がまさに車の両輪のごとく推進されている。

(2)　農村政策をめぐる潮流

①　外来型地域開発の到達点

以上，戦後農村政策の系譜を概説したが，その特徴を再確認すると，地域格差の是正を目的とした「外来型地域開発」と言える。その目的は，大都市圏に存在する主要産業の競争力拡大による所得向上に地方が貢献するための条件を整備することであり，その結果生じる地域間格差を埋めるための農村地域の所得向上政策であった。このような開発では，経済投資の優先順位は人口が集中する都市部と都市部に系列化された農村地域の生活基盤整備，最後に農村地域

住民の「暮らし」とならざるをえず，都市部への一層の人口流出を招いた。ま
た，名目上の目的が都市と農村の所得格差是正であったとしても，地方経済の
正常な産業高度化を踏まえずに，低賃金・単純労働行程の部分的な移植や財政
投資による所得移転といった対策では，域内需要の向上や地域資源の活用は望
めず，持続的かつ主体的な地域経済の発展には結びつかなかった（槙平 2013:
40-41）。

　外来型地域開発に対するもう一つの開発手法として，1970年代後半からの
「地域づくり」（当時はむらおこしやむらづくり）が注目される。一村一品運動
（大分県）やワイン行政（北海道池田町）などに代表される特産品開発や都市
農村交流がそれであり，1980年代に全国の農村へ拡がっていった。そして，現
在の地産地消や農業・農村の6次産業化へと展開することとなる。また，2003
年からは平成の市町村合併に反対し，自分たちの将来は自分たちで決めること
で地道な地域づくりを目指す小規模自治体が集まって「小さくても輝く自治体
フォーラム」を開催しており，持続可能な地域のあり方を検討している。2015
年に開催された第20回フォーラムでは，政府が進める地方創生への懸念を指摘
するとともに，農村の持つ人材育成機能や多面的機能，エネルギー・食料自給
を含む循環型社会への転換のための農村の特質と存在意義を明らかにし，真の
「地方創生」のあり方を提示している。

② 内発的地域づくりの理論

　地域づくりについては，実践（現場事例）の積み重ねが理論を生んできた。
代表的な理論として，鶴見や宮本らが提唱した内発的発展論がある。これは，
外来型地域開発による地域政策に対して，「地域の企業・組合などの団体や個
人が自発的な学習により計画をたて，自主的な技術開発をもとにして，地域の
環境を保全しつつ資源を合理的に利用し，その文化に根ざした経済発展をしな
がら，地方自治体の手で住民福祉を向上させていくような地域開発」の考えで
ある（宮本 1989: 294）。宮本の提唱する「内発的発展の原則」を引用すると，
以下のとおりである。「① 地域開発が大企業や政府の事業としてではなく，地
元の技術・産業・文化を土台として，地域内の市場を主な対象として地域の住

民が学習し計画し経営するものであること，② 環境保全の枠の中で開発を考え，自然の保全や美しい町並みをつくるというアメニティを中心の目的とし，福祉や文化が向上するように総合され，なによりも地元住民の人権の確立をもとめる総合目的をもっているということ，③ 産業開発を特定業種に限定せず，複雑な産業部門にわたるようにして，付加価値があらゆる段階で地元に帰属するような地域産業連関をはかること，④ 住民参加の制度をつくり，自治体が住民の意思を体して，その計画にのるように資本や土地利用を規制しうる自治権をもつこと」，となっている。この原則と研究スタイル（研究対象の豊富化）は，現在まで基本的に共有・継承されている。

近年では，岡田が「地域内再投資力論」を提唱している。その内容は，① 地域内にある経済主体（企業，農家，協同組合，NPO，自治体）が，毎年，地域に再投資を繰り返すことで，そこに仕事と所得が生まれ，生活が維持，拡大される，② 地域産業の維持・拡大を通して住民一人ひとりの生活の営みや地方自治体の税源が保障される，③ 地域内の再生産の維持・拡大は，生活・景観の再生産につながるうえ，農林水産業の営みは土地・山・海といった「自然環境」の再生産，国土の保全に寄与する，というものである。

さらに，小田切は地域づくりの持続化に向けて，① 内発的地域づくり戦略，② 戦略的な都市農村交流，③ 外部主体による広域な支援という 3 要素の必要性を論じるなかで，①を原則としつつ，②と③なしでは持続した地域づくりは実現しないとしている。加えて，ヨーロッパ（特にイギリス）において，地方（農村）と外部が相互に関係しなくてはならないとして「ネオ内発的発展論」の議論が発現していることも注目される。

3　農業・農村の再生と地域づくり

(1)　農業・農村の再生と地域づくりの道のり

地域づくりが全国化するなかで，ものづくりへの特化などにみられるような取組の画一化と地域間競争の激化がもたらされた。このような状況のもと，改めて地域社会に対する期待が高まり，コミュニティ・ビジネスが注目されるよ

うになる。石田は農村におけるコミュニティ・ビジネスとは，① 生きがい，他人の役に立つ喜び，地域への貢献など志を同じくする人々が自発的に集まり（自発性），② 地域のみんなに役立つ財・サービスを生産・提供し（公益性），③ 事業の継続のために効率性を追求するものの（継続性），④ そこから生まれる経済的利益すなわち剰余金の分配はこれを目的としない（非営利性）といった4つの特徴を有すると指摘している。これは，社会的企業（ソーシャル・エンタープライズ）や社会的経済（ソーシャル・エコノミー）が持つべき特徴とも言えよう。

さらに，近年の地域づくり政策のキーワードとして，6次産業化・農商工連携と都市農村交流（詳細は第15章）が挙げられる。6次産業化とは，1次産業者が生産（1次産業）だけでなく，加工（2次産業），流通・販売など（3次産業）にも主体的，総合的に関わることで，付加価値を生み出そうとする取組である。また，農商工連携とは，農林水産業者と商工業者がそれぞれの経営資源を持ち寄り，新商品・新サービスの開発などに取り組むことで，それぞれの収益拡大，消費者の便益向上，さらには地域経済の活性化や食料自給率の向上を目指すものである。両者の大きな違いはそれぞれの根拠法をみると明らかであり，六次産業化・地産地消法（2011年）が農林水産業者を支援対象としていることに対し，農商工連携促進法（2008年）は商工業者と農林水産業者の連携体を支援対象としていることである。両政策の目的が単なる個別経営体の所得向上（産業政策）ではなく，それを通じた地域再生（地域政策）であることを忘れてはならない。

(2) これからの地域づくり戦略

これまで全国各地で特徴を活かした地域づくりが進められてきたが，2013年の冬，農村に衝撃が走った。元総務大臣の増田が中心となってまとめた，いわゆる「増田レポート」である。『中央公論』（2014年6月号）論考では「地方が消滅する時代がやってくる。人口減少の大波は，まず地方の小規模自治体を襲い，その後，地方全体に急速に広がり，最後は凄まじい勢いで都市部をも飲み込んでいく」と人口減少の姿を示した。

第Ⅲ部　現代の農村を考える

　これに対して，即座に地域や研究者から異論・反論が唱えられる。また，2014年には，国レベルにおいても「まち・ひと・しごと創生本部」が設置されるとともに，人口減少の抑制と地域活性化を目指す，まち・ひと・しごと創生法と地方再生法（改正）が成立し，「地方創生」が推進されることとなった。

　近年では，これまで以上に農村や地域づくりのあり方が熱心に議論されるとともに，「田園回帰*」といわれる若者を中心とした田舎志向や地方創生に向けた地域の新たな取組がみられる。

　　　*狭義にはIターンやUターンなどで農村に移住する新たな動きを指すが，広義
　　　には東京一極集中の成長型社会からの価値観の転換を意味する。

　最後に，「地方創生」や「田園回帰」に関わる新たな動きを確認しておきたい。農業・農村の6次産業化や都市農村交流に関する各種施策の充実がみられるとともに，前者に関しては地域資源を活かした商品開発の事例が多くみられる。後者に関しては多様な取組がみられるとともに，間接的には地域への経済波及効果や都市との協働を生み出す仕組みとして注目される。また，従来の「補助金・ハコモノ行政」とは違う手法として，「補助人（ヒト）」に焦点を当てた集落支援員や地域おこし協力隊などの地域サポート人材の存在も忘れてはならない。国レベルの動きとともに，地方自治体レベルにおいても国に準じて「まち・ひと・くらし（地方版）創生総合戦略」が策定されたが，人口減少社会のもとで，多くの自治体がその方向性を模索するなか，「小規模多機能自治*」という仕組みを取り入れている島根県雲南市が注目を集めている。加えて，藤山は，県内の具体的なデータをもとに「人口（所得）の1％取り戻し戦略」を打ち出すとともに，2017年には持続可能性市町村の未来人口の予測も行っている。

　　　*概ね昭和の大合併前の旧町村または，小学校区くらいの範囲で，地域住民が行政
　　　に頼らず，いろいろな取組を行う地域づくり。

　さらに，全国で，自分たちの暮らしを守るため，地域住民が主体となって「地域運営組織（RMO*）」が結成され，暮らしを支える様々な活動を行う取り組みが行われている。そして，このRMOに対する新たな公的支援（行政や農協）のあり方の議論も進められている。

＊地域の生活や暮らしを守るため，地域で暮らす人々が中心となって形成され，地域課題の解決に向けた取組を持続的に実践する組織。具体的には，従来の自治・相互扶助活動から一歩踏み出した活動を行っている組織。2016年度の総務省調査では，609市町村で3,071組織が活動している。

以上のように，戦後，衰退の一途をたどり，「地方消滅論」で意気消沈した地域も再び息を吹き返し，決して消滅しない地域を目指して，住民や行政など地域が一体となって「終わりのない地域づくり」に取り組んでいる。

参考文献

石田正昭編著（2008）『農村版コミュニティ・ビジネスのすすめ』家の光協会.

大野晃（2008）『限界集落と地域再生』高知新聞社.

大森彌ほか共著（2015）『人口減少時代の地域づくり読本』公職研.

岡田知弘（2005）『地域づくりの経済学入門　地域内再投資力論』自治体研究社.

小倉行雄（2012）「戦後日本の地域開発政策を振り返る」放送大学テキスト.

小田切徳美編（2013）『農山村再生に挑む──理論から実践まで』岩波書店.

全国小さくても輝く自治体フォーラムの会（2014）『小さい自治体輝く自治』自治体研究社.

鶴見和子（1989）『内発的発展論』東京大学出版会.

橋口卓也（2007）『条件不利地域の農業と政策』農林統計協会.

藤山浩（2015）『田園回帰１％戦略』農山漁村文化協会.

宮本憲一（1989）『環境経済学』岩波書店.

吉田俊幸（1999）「農村政策試論」『地域政策研究』第１巻第２号：295-298.

Ward, N. et al.（2005）Universities, the Knowledge Economy and "Neo-endogenous Rural Development" Centre for Rural Economy Discussion Paper Series, University of New-castle.〔＝安藤光義／フィリップ・ロウ編（2012）ニール・ウォードほか「大学・知識経済・『ネオ内発的農村発展』」『英国農村における新たな知の地平』農林統計協会：189-205.〕

（岸上　光克・大西　敏夫）

| 第 15 章 | 都市農村交流と農業・農村振興 |

都市農村交流は，広く都市住民と農村住民の交流による社会的・経済的活動を指し，都市住民・農村住民の双方にとって多くの意義を有していることから，農業・農村振興の一手法として多様な取組が展開されている。本章では，まず，多様な展開がなされるに至った背景として戦後の都市と農村の関係性の変化について概観するとともに，都市農村交流に関わる政策の動きについて整理する。次に，都市農村交流の特徴と都市農村交流を象徴するいくつかの代表的な取組について概観し，それらの取組を複合的に行っている事例を通じて，都市農村交流がもたらす経済波及効果について紹介する。それらを踏まえ，都市農村交流を通じた農業・農村振興の可能性について考える。

1　都市と農村の関係性の変化と都市農村交流政策の展開

(1)　都市と農村の関係性の変化

　戦後の高度経済成長の過程から現在に至るまでの都市と農村の関係性は「対立」から「交流・連携・協働」へと変化しつつある。農村においては，1960年代から70年代前半にかけ，若年労働者が都市産業へと包摂されることによる地域内生産年齢人口の縮小（人の空洞化），さらには，農林業の担い手不足による耕作放棄，農地潰廃，林地荒廃が進行した（土地の空洞化）。その後，少子高齢化社会の進行に伴い，都市と農村の格差はより拡大してきたが，それらと並行して，相互扶助的な集落活動の減少により集落機能が喪われていった（むらの空洞化）。いわゆる「限界集落*」はこれらの空洞化の延長線上に発生するが，最も深刻であったのは，経済効率や合理性を追求する考え方が喧伝され

るなかで，農村での暮らしや農業で生計を立てることに対する人々の「誇り」が喪われてしまったことであろう（誇りの空洞化）。

> ＊限界集落とは，集落人口のうち半数以上を65歳以上の高齢者が占め，農業生産の
> 継続はおろか地域資源の適正な維持・管理が危ぶまれるなど集落機能が喪われつつ
> ある集落を指す。

　一方，都市においては，グローバリゼーションが進展するなかで増幅した食の安全・安心に対する不安や，食の「簡便化・外部化（外食・中食への依存）」が進展するもとで拡がった「食」と「農」のかい離，東日本大震災を契機に顕在化した大規模災害発生時のコミュニティの脆弱性などの諸問題が浮き彫りになり，地産地消，食農教育，都市農村交流への関心が高まりをみせている。また，都市域における農的空間に求められる役割（食料供給，景観形成，防災，コミュニティ形成等）に対する市民理解の進展がみられ，都市における良好な生活空間を持続的に構築するうえで都市農業への関心も高まりをみせている。そして，これらの動きに呼応するように農業・農村に価値を見出し，農村での暮らしに関心を寄せる都市住民が団塊世代のみならず若者世代にまで拡がっている。農村の側においても，少子高齢化に伴う諸問題が顕在化しつつあるもとで，外部依存では決して解決しない地域の自立や主体形成の重要性を学び，都市との連携による地域再生を模索している。

　このように，これまで「対立」や「格差」という視点でのみしか認識されることのなかった都市と農村の関係であるが，都市と農村の双方にみられる動きが軌を一にしつつあるもとで，「交流・連携・協働」といった関係性のもとでの新たな農業・農村振興への可能性が拡がっている。そして，そこで役割を期待されているのが「都市農村交流」である。

(2)　都市農村交流政策の展開

　都市農村交流は，「新しい食料・農業・農村政策」（1992年），「食料・農業・農村基本法」（1999年）において，移住・定住・二地域居住を包括した「都市と農山漁村との共生・対流」という概念として登場し，農政の枠組みを超えた政策群として展開されることとなった。しかし，都市農村交流という考え方は農

第Ⅲ部　現代の農村を考える

業政策において1970年代より登場している。

1970年代には，山村に都市住民のレクリエーションの場の提供を求めた「自然休養村」（1974年）事業，緑地空間の形成に対する都市住民のニーズの高まりによる「レクリエーション農園通達」（1975年）の提示など，都市住民のニーズに対して農業者がその機会を提供するという一方向的な展開を特徴としていた。

1980年代には，都市と農山漁村・過疎地域との交流促進が「四全総」（1987年）に位置づけられ，多様な交流活動が全国的に展開した。特に，「総合保養地域整備法（リゾート法）」（1987年）の制定を受け，全国各地で大規模リゾート開発計画が進められたが，バブル経済の崩壊に伴って破綻することとなる。外部依存型開発の典型的な失敗事例として，その後遺症は現在も開発実施地域において重くのしかかっている。

1990年代には，大規模リゾート開発に代わり，農村生活体験を特徴とする小規模「農山村（ふるさと）リゾート」の開発が全国的に推奨された。都市農村交流の拠点施設としての役割を果たす農産物直売所や体験農園などの開設が進められたほか，市民農園の法的位置づけを明記した「市民農園整備促進法」（1990年）や農林漁業体験民宿の普及を目的とした「農山漁村滞在型余暇活動のための基盤整備の促進に関する法律（農村休暇法）」（1994年）が整備された。

2000年以降は，「都市と農山漁村の共生・対流」（2003年）が省庁連携の政策群として位置づけられるなど，国の重点政策としての様相が一層強くなった。農協組織においても「JAファーマーズマーケット憲章」（2003年）が制定されるなど地産地消の観点から交流施設の整備が進められた。また，交流施設などのハード整備に留まらず，地域間交流の促進などソフト事業にも重点を置いているのも特徴である。農村と都市との地域間交流の促進を目的とした「農山漁村活性化法」（2007年）の制定に続き，総務省・文部科学省・農林水産省の三省連携による「子ども農山漁村交流プロジェクト」（2008年）が事業化されるが，その受け皿となる「農家民泊」開設時における法規制（旅館業法や食品衛生法など）の緩和措置の導入が都道府県単位でも進められ，農家民泊事業拡大の後押しをしている。また，都市地域における交流においても，「都市農業振興基本法」（2015年）が制定され，農作業を体験することができる環境の整備として

第15章　都市農村交流と農業・農村振興

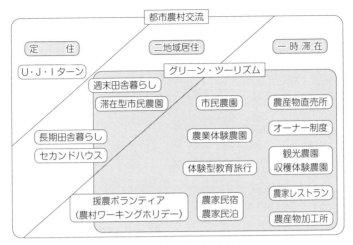

図15-1　都市農村交流における多様な取り組み
資料：農林水産省『平成25年度　食料・農業・農村白書』を基に筆者加除修正。

市民農園ならびに農業体験農園の整備について明文化されるなど，農村地域における交流のみならず，都市地域においてもその拡大が図られている。

2　都市農村交流の特徴と多様な取組の展開

(1)　都市農村交流の特徴

　都市農村交流は，広く都市住民と農村住民の交流による社会的・経済的活動を指し，「緑豊かな農山漁村地域において，その自然，文化，人々との交流を楽しむ滞在型の余暇活動」（農林水産省 1992）と定義される「グリーン・ツーリズム（以下，GT）」も内包される取組であるが，広義で捉えると都市住民と都市近郊農村住民，都市に暮らす非農業者と都市農業者間の交流も含み，農村地域から都市地域にわたり多様な展開をしている（図15-1）。
　GTについて，長期有給休暇制度を活用した滞在型ツーリズムが普及している西欧諸国と日本における展開を対比した青木は，西欧諸国におけるGTは「人々の個性的な自立的活動を基礎として，心身をリフレッシュする活動とし

第Ⅲ部 現代の農村を考える

て広く人々のライフスタイルに浸透し、そうした人々がたびたび田園地域を訪問することにより、その受入先として多様な「農的ビジネス」が展開し、農村社会の活性化や経済のバランス良い発展」（青木 2010: 17）が実現しているのに対し、日本は「余暇文化の未成熟による勤労者の労働条件の相対的不利性、硬直的な規制による多様なビジネス展開の困難性、「ムラ意識」や集団主義がもたらす「横並び主義」による個性的活動の停滞といった、特殊な日本的阻害条件が根強く存在している」（青木 2010: 18）と指摘している。

　しかし、見方を変えれば、日本の農業・農村には小規模複合経営の農家が多く、「結」などの相互扶助的な精神も多様に受け継がれていることから、農業生産活動においては条件不利とされる地域の固有性（自然景観や地域資源の豊かさ、高齢者が有する生活の知恵や集落内での人々の深いつながり、都市空間における限られた緑地空間・防災拠点としての役割など）は、個性豊かで多様な都市農村交流を展開する上での優位性と捉えることも可能である。また、西欧諸国に比べ長期的に滞在することは難しいとはいえ、「リピーター」など反復的に滞在する人々によって、小規模ではあるが心の通い合う深い交流（地域とのつながり）を実現しようとしている点こそが、都市農村交流の大きな特徴であるといえよう。そこで以下では、都市農村交流を象徴するいくつかの代表的な取組について概観する。

(2) 都市農村交流の多様な取組の展開

① 農産物直売所における交流

　1970年代に、無人市あるいは定期市として開催され始めた農産物直売所（以下、直売所）は、近年の食の安全・安心への期待の高まりを受けて、生産者の「顔がみえる」流通を実現するものとして全国的に成長を遂げている。特に、諸外国の直売所と比較して特徴的なことは、農協直営型あるいは「道の駅」併設型に象徴されるような常設型の大型店舗が増加している点である。生産者個人またはグループが運営主体である小規模直売所の場合は、生産者と消費者の交流機会が自ずと確保されるが、大規模直売所の場合、一般に生産者が直売所に足を運ぶのは早朝の出荷時と夕方の残品引取時のみであるため、直接の交流

機会は極めて少ない。しかし近年では，POSレジと連動した「販売情報通知システム（生産者の携帯端末にリアルタイムで出荷した農産物等の販売情報が送信されるシステム）」が導入されており，生産者の営農意欲向上に寄与するのみならず追加搬入に訪れた際の消費者との交流機会を提供している。さらに，地元食材を利用したレストラン（あるいはイートイン）の併設や食育イベントの実施，直売所出荷者による農業体験の受け入れなど多角的な事業展開を図る直売所も増え始めている。

　当初，直売所には，規格外品の販路確保，高齢者・女性の農家・農業経営内での地位向上など，営農意欲の向上や潜在的な生産力の底上げという点での地域農業活性化への役割が期待されていたが，近年では加えて，農業や農村に関心はあるものの何から取組めばよいかわからないという都市部の消費者が抱える悩みに対して，「顔のみえる」流通から一歩進んだ都市農村交流へと誘う「前線基地」としての役割が期待されている。

② オーナー制度による交流

　中山間地域において過疎化・高齢化が進行し，農林業の担い手が減少する中で，オーナー制度を活用し，都市住民との交流によってその地域が有する固有の地域資源を保全・管理していこうとする取組が展開されている。オーナー制度とは，消費者が生産者に事前に出資し，生産物を受け取る仕組みを指すものであり，棚田などの水田を対象としたものから，野菜の区画や果樹一本を対象としたものなどバリエーションに富んだ取組が見られる。また，その取組の多くは，単なるモノのやり取りのみではなく，出資した田畑における農作業体験が組み込まれており，その生産過程に触れることができることからも都市住民の農業理解へとつながる一つの手段として注目されている。

　オーナー制度による交流を地域資源の保全・管理につなげていくには，収穫などの単発的な交流に留まるのではなく，反復的な交流機会を設けることや定期的に生産物の情報提供を行うことによって都市住民の側に生産地域の資源管理に関わっているという当事者意識を生み出すことが重要である。

第Ⅲ部　現代の農村を考える

③ 観光農園における交流

　観光レクリエーションと農業を組み合わせた取組である観光農園は高度経済成長期以降，国民のライフスタイルの変化や道路交通条件の発達により展開してきたが，近年の食や農に対する関心の高まりを受けて全国に拡大している。観光農園とは，入園料を支払い，農園を鑑賞できるものや果樹のもぎ取りなど収穫体験料を支払い，収穫体験を行うことができる農園を指すが，観光農園来園者は当該農園における体験のみならず，周辺の様々な観光施設（直売所やレストランなど）に立ち寄ることから，周辺地域への経済効果をもたらし，地域の活性化に貢献する取組として注目されている。

　また，何度も足を運ぶリピーターが存在している観光農園もみられ，そこでは，通常のモノのやり取りだけでは得ることのできない人と人とのつながり，いわゆる都市住民との「顔と心のみえる関係」が構築されている。

④ 市民農園における交流

　いま，都市的地域では農地の有効利用や都市住民の農業理解促進などを，中山間地域では遊休農地の解消や都市農村交流による地域活性化などを目的として，市民農園の開設が進んでいる。都市住民からの土に触れたいというニーズの高まりを受けて都市近郊で数多く開設されてきた市民農園は，都市住民に対する一定の農業理解の醸成に貢献してきたものの，次のような問題を有している。農園利用者にとっては，① 資材の準備や日常の管理を含め頻繁に農園に通う必要があるため，時間的余裕が必要である。② 栽培指導は基本的になく農作業に対する技術が乏しい場合には管理が困難である。③ 利用者間で集まる機会等が設定されていないため，コミュニケーションが取りづらくトラブルが起きる場合もある。また，農業者にとっては，① 低価格の利用料金設定の場合が多いため収益性が低い。② 都市農業者にとってみると農園利用者への「農地貸付方式（賃借権を設定）」となるため，納税猶予や生産緑地の買取り申出が困難となる＊。

　　＊相続税納税猶予制度とは「相続人自らが農業を営む」場合（三大都市圏特定市の
　　　生産緑地地区の場合終身営農，三大都市圏特定市以外の農地の場合20年営農），相

続税額のうち農業投資価格を超える部分に対応する相続税について，納税が猶予される制度である。また，生産緑地の買取り申出は，生産緑地告示日より30年経過または主たる従事者が死亡等の理由により農業従事が不可能となった場合に可能となる。農地貸付方式による市民農園では，農園利用者に農地を貸し付けるため，相続人自らが農業を営んでいることに該当せず，主たる従事者は農園利用者となる。したがって，相続税納税猶予の適用外となり，生産緑地の買取り申出は生産緑地告示日より30年経過した場合のみしか行えなくなっている。現在，生産緑地に関して貸借を行った場合でも相続税納税猶予が適用される制度の創設に向けた議論が行われている。

　このような状況のなかで，近年では農業者自らが経営の一環として農作業の一部を農園利用者に体験させる「農園利用方式（賃借権の設定なし）」による農園である「農業体験農園」が，市民農園の新たなビジネスモデルとして注目を集めつつある。農業体験農園は，園主である農業者が作付計画を作成するとともに，農作業に必要な資材等を準備し，定期的に講習会を実施することで農業技術の指導を行う。利用者は入園料と農作物収穫料として利用料金を前払いし，播種・植え付け，施肥，農薬散布から収穫までの一連の農作業を体験する農園を指し，市民農園と同様に都市住民の土に触れたいというニーズを満たしつつ，市民農園で指摘された問題への対策を含んだ仕組みによって展開されている。そこでは，利用者における農業理解の促進はもちろんのこと，農業者と利用者さらには利用者同士の新たなコミュニティの形成が実現している。

⑤ 体験教育旅行（農家民泊）における交流

　都市部の小・中学校および高校において，農村での滞在を目的とする「体験教育旅行」を導入する動きが拡大しており，農家に宿泊し農作業や農村暮らしを体験することができる「農家民泊」の利用に対する期待が高まっている。受入地域においては，当初期待された副収入増加等の経済効果より，むしろ子どもの教育にかかわることへの喜び，高齢者の生きがい創出，コミュニティ活動の活性化，さらには子どもたちの目線を通じて田舎の価値を再認識するなど社会的効果を指摘する声も多い。また，農家民泊の受け入れの中心となる女性が農村社会の閉鎖性や「いえ」規範から脱却し，「個」としての自立化を促進す

第Ⅲ部　現代の農村を考える

る契機ともなっている。

　一方で，参加した児童・学校関係者からは，短期的な滞在期間とはいえ，農家の「暮らし」や「こころ」がみえる都会では得難い体験交流の場として総じて高い評価が与えられている。実際に受入地域と学校側が体験教育旅行の意義について共有し，事前・事後の教科学習との連携・接続が図られる場合には，農村での体験学習が有する高い教育効果についての認識が共有され，結果として継続的な取組へと発展させることも可能である。

⑥　農村ワーキングホリデーにおける交流

　ワーキングホリデーは一般には，国際理解の促進を目的として，海外での休暇機会とその資金を補うために一時的な就労機会を与える制度を意味するが，「農村ワーキングホリデー（以下，農村 WH）」は，1998年より日本国内で開始された「農林業・農山村に関心を持ち田舎暮らしや農林業を体験してみたいと希望する都市住民に，繁忙期の農林家が寝食を提供することで労働力を得るという仕組み」を指す。長野県飯田市に代表される「無償方式」と宮崎県西米良村に代表される「有償方式」があるが，担い手不足に悩む多くの市町村で導入に向けた検討が開始されている。

　観光目的ではない「対等平等の関係に基づくパートナーシップ事業」と位置づけられた飯田市の農村 WH では，毎年春と秋に 3 泊 4 日のプログラムを各 2 回実施しており，参加登録者の60％にも及ぶ多くのリピーターが存在している。また，参加者の年代は定年退職を迎えた夫婦や男性の参加が増加傾向にあるが，開始当初から最も多いのが20〜30歳代の女性であることは興味深い。なお，飯田市では，農村 WH による事業効果を農業振興（適期作業の能率向上や営農意欲向上など），定住促進（新規就農・田舎暮らしの促進など），観光振興（地域への関心，口コミによる応援団効果）など多方面に及ぶと評価している。また近年では，大学生と大学教員が地域の現場に入り，地域の課題解決や地域づくりに継続的に取組み，地域の活性化及び地域の人材育成に資する「域学連携」の取組として農村 WH を導入しているケースもみられ，若者の人材育成の機会としてもその役割が期待されている。

第15章 都市農村交流と農業・農村振興

3 都市農村交流がもたらす経済波及効果

　以上みたように，都市農村交流の取組は多様な展開をみせており，多くの役割が期待されている。ここでは，多様な都市農村交流の取組を展開しつつ，地域内外からの広範な支援・出資を得る一方で，住民参加と幅広い合意形成を図ることを常に意識しながら地域づくりを進めている和歌山県田辺市上秋津地域における「秋津野ガルテン」の事例から，都市農村交流がもたらす経済波及効果について紹介したい。

(1)　和歌山県田辺市上秋津地域における都市農村交流のあゆみ

　和歌山県田辺市上秋津地域（11集落・約1,100戸）は，田辺市中央部に位置する果樹地帯である。同市周辺は日照時間が長く柑橘栽培に適していることから，地域では約60種類以上の柑橘が生産されており，当地での典型的な農業経営の形態は，柑橘専作経営または柑橘・梅の複合作経営である。

　同地域の特徴は，地域の全組織が参加する「秋津野塾」（1994年設立）が中心となり，地域内の合意形成を図りながら，生産・生活基盤の整備，担い手の育成，地域内外との交流，地域文化の継承など地域づくりに取組んでいることである。コミュニティと経済活動を一体化させた農を基本とする地域づくりが高く評価され，1996年度には「第35回農林水産祭表彰・村づくり部門」の天皇杯を受賞している。

　これらの地域づくりが土台となり，非農家を含む地域住民31名の出資によって1999年に設立されたのが農産物直売所「きてら」であり，これが上秋津におけるコミュニティ・ビジネスの出発点である。開設当初の出荷者数は約70名，売上高は約1,000万円であったが，その後柑橘を主体とする地場産品詰め合わせ宅配BOX「きてらセット」の導入（1999年），増資・店舗移転に伴う農産物加工場の併設（2003年），無添加・無調整の果汁ジュースを商品化する「俺ん家ジュース倶楽部」の設置（2004年）などを経て，2013年度実績で出荷者数約250名，売上高は約1.3億円と右肩上がりの成長を遂げている。なお，それらの過

227

第Ⅲ部　現代の農村を考える

程で，兼業・高齢農家に対して有利な出荷先を確保するとともに，地域の女性に対する新たな就労機会を創出してきたことは言うまでもない。

　そして，2008年には地元小学校の移転に伴う木造校舎の有効活用方策の検討を機に「地域マスタープラン（現状分析を踏まえた10年後の将来展望)」の作成を進めるとともに，地域内外からの出資を新たに募り，都市農村交流を活かした地域づくりを目的とする「農業法人（株）秋津野」を設立した。そして，農業体験学習・みかんの樹オーナー制度・市民農園・農家レストラン・宿泊滞在施設などの事業を総合的に推進するための施設として「秋津野ガルテン」が誕生した。その後も，地元柑橘を使用したお菓子づくり体験工房の開店（2010年)，体験教育旅行を受け入れる農家民泊の導入，農村WHの実施など新たな都市農村交流の取組を積極的に展開している。また，人材育成についても，国・自治体・民間からの支援を得て，大学との連携により「地域づくり学校」（2008〜2013年度)，「地域づくり戦略論」（2014年度〜)＊などの取組に着手していることは特筆すべき点である。

　　＊秋津野ガルテンにて，地域づくりに関わる民間事業者や地域住民，大学教員を講
　　師に迎え全16回の講義を開講している。農業者・行政職員・民間事業者・学生など
　　が受講しており，世代間・異業種交流による学びの場が提供されている。

(2)　都市農村交流がもたらす経済波及効果：秋津野ガルテンの事例から

　上記のように様々な都市農村交流の取組を展開している上秋津地域であるが，ここでは秋津野ガルテンが行う都市農村交流による経済波及効果について和歌山県ならびに田辺市に及ぼす経済波及効果の2つの視点でみておこう。なお，経済波及効果の具体的な推計手法としては，主に産業連関表と乗数理論を利用した方法が一般的であるが，和歌山県への経済波及効果については和歌山県産業連関表（34部門)，田辺市への経済波及効果については田辺市の地域産業連関表が存在しないため，乗数理論を用いて算出している＊。

　　＊詳細は藤田武弘・大井達雄（2015）を参照のこと。

　まず，和歌山県への経済波及効果についてみると，秋津野ガルテン（農産物直売所「きてら」を含む）の事業活動，ならびに利用客による和歌山県での観

228

第15章 都市農村交流と農業・農村振興

光消費額がもたらす生産誘発額は，合計で1,007,617千円（波及効果倍率：1.49倍）と推計され，秋津野ガルテンが年間10億円を超える規模で和歌山県の地域経済に貢献していることが判明した。産業別にみると，対個人サービスが380,467千円（37.8％）を占め，宿泊業や飲食業などサービス業を中心とした産業部門で大きな経済波及効果が発生していると言える。

次に，田辺市への経済波及効果について明らかとなった点を列挙しておく。

① 秋津野ガルテンの最終需要額は198,216千円であり，部門別構成比は，物販部門142,196千円（71.7％），飲食部門38,351千円（19.3％），宿泊部門8,490千円（4.3％），体験部門・その他部門9,179千円（4.6％）であった。

② 秋津野ガルテンの部門別収支構造の原材料費率と付加価値率をみると，物販部門90.2％・22.8％，飲食部門56.2％・63.1％，宿泊部門30.5％・63.1％，体験部門・その他部門100.0％超・63.1％であった。体験部門・その他部門の原材料費率が100％を超えているが，これは，マージンとして体験料の一部のみを秋津野ガルテンの収入にし，残りの金額は農家に支払われているためである。ただし計算の便宜上，体験部門・その他部門の原材料費率は100.0％に設定した。

③ 諸経費の域内調達率についてみると，原材料費は物販部門83.6％，飲食部門46.2％，宿泊部門23.9％，体験部門・その他部門100.0％，人件費は全ての部門において100.0％であり，地域住民の雇用に対する貢献度が極めて高い。

④ 原材料波及効果は，部門別に原材料調達額を算出し合算すると全体の原材料調達額は161,555千円，第1次原材料波及効果は126,957千円となるが，これは最終需要額全体の64.0％に相当する。さらに，第2次以降の原材料波及効果を含んだ全部効果は，以下の算式によって求めることができる。

第1次波及効果乗数÷（1－全産業原材料率×全産業域内調達率）

⑤ ここで，第1次波及効果乗数は64.0％と計算され，さらに市内の全産業原材料率を40％，全産業域内調達率40％と仮定すると，全部効果は0.762と計算される。その結果，最終需要額198,216千円に対し，151,041千円の原材料波及効果が計測される。

第Ⅲ部　現代の農村を考える

⑥　所得波及効果は，部門別に付加価値額を算出し合算すると全体の付加価値額は67,769千円となり，域内従業員率が100％であるため，第1次所得波及効果はそのまま67,769千円となる。また，限界消費性向＊を0.638と仮定すると43,237千円が消費に回ると推定され，この43,237千円に第1次原材料波及効果（126,957千円）を加えた170,194千円が第2次以降の所得波及効果算出の基礎となる。170,194千円に対する所得波及効果は以下の公式によって求めることができる。

$$\frac{\alpha\beta}{1-(c-m)\alpha\beta-(1-\alpha)\gamma}$$

　　α：付加価値率，β：域内所得率，γ：域内原材料調達率，c：限界消費性向，m：限界移入性向

　　＊限界消費性向とは，所得が増加した際の増加分のうち消費に回される割合を指す。例えば所得が10万円増加したときに，6万円を消費に回したとすると，限界消費性向は0.60となる。

⑦　ここで，α：33％，β：80％，γ：40％，c：0.60，m：30％と仮定し，挿入すると0.404という数値が得られ，第2次以降の所得波及効果は170,194千円×0.404＝68,759千円となる。結果，所得波及効果は67,769千円＋68,759千円＝136,528千円と計算される。

⑧　最終の原材料波及効果170,194千円と所得波及効果136,528千円に最終要額の198,216千円を合わせて，田辺市への経済波及効果は504,938千円と推計される。また乗数倍率＊は504,938千円÷198,216千円＝2.55倍に達する。

　　＊乗数倍率とは，ある投資を行うことで，投資先にはそれが所得となり限界消費性向分が消費に向けられる。それは再び他者の所得となり消費に向けられ，第三者の所得となるという循環が繰り返されることで最初の支出が何倍の効果になるかの倍率を指す。例えば100万円投資し，限界消費性向が0.60とした場合，その効果は100万＋60万（100万×0.60）＋36万（100万×0.60²）＋21万（100万×0.60³）…＝244万円となり，乗数倍率は244万円÷100万円＝2.44倍となる。

なお，乗数倍率が2倍を超えている点は注目すべきであり，秋津野ガルテンが地産地消を重視し，地元の人を雇用し，地元のモノを使用し続けていること

第15章　都市農村交流と農業・農村振興

の現れであると言える。もし地元以外の農家や業者と取引を行えば，秋津野ガルテン自体の経営は黒字化するかもしれないが，地域社会は潤わない。この経営姿勢が計測結果に現れたと考えられるが，この結果こそがまさにコミュニティ・ビジネスの真骨頂と言えるだろう。

4　都市農村交流による農業・農村振興

　以上，都市農村交流の多様な展開について整理し，事例分析からそれらの取組がもたらす経済波及効果について概観したが，最後に，都市農村交流による農業・農村振興の可能性について考察を加えてまとめとする。

　第1は，地域資源の発掘・利活用，さらには農業・農村の多角化・複合化の推進に貢献していることである。戦後は「1.5次産業」と揶揄された農家女性や高齢者を担い手とする加工・直売への取組は，いまや農家レストランの開設，棚田・果樹園等のオーナー制度の実施，体験教育旅行の受け皿としての農家民泊の導入など，都市農村交流を契機とした着地型農村ビジネス（「6次産業」）へと多角的・複合的に展開し始めている。なお，最も経済の地域循環性の高い形態は，先の事例分析において取り上げたコミュニティ・ビジネスとして展開する都市農村交流の取組である。

　第2は，経済成長の過程で喪われつつあった農業で生計を立てることや農村で暮らすことへの「誇り」，居住地域への愛着，さらには地域コミュニティの再生に寄与していることである。なお，再生の過程において交流を通じた他者からの「まなざし」が奏功していることは言うまでもない。いままでは当たり前として見過ごしていた地域資源や煩わしいとさえ感じていた地域のつながりが，交流活動による他者との交わりによって地域固有の貴重な「価値」として再認識される動きが拡がっていることは，農業・農村振興を考える上で重要な点である。

　第3は，多様な展開をみせる都市農村交流の取組みを通じて，多くの農業・農村の応援団やサポーターを育成し，さらには取組実施地域のみならず全国の農業・農村の新たな担い手となる可能性を有していることである。先の事例分

231

第Ⅲ部　現代の農村を考える

析において取り上げた上秋津地域においても，次世代の地域づくり人材の育成に取組んでおり，現在では「地域づくり戦略論」などの学習機会を通じて全国における地域づくりの手法を学び，地域内の人材育成に取組むとともに，上秋津における地域づくりの成果を外部に発信することで外部人材の育成にさえ貢献している。実際に，都市農村交流の取り組みを経験したのちに，他地域で農業・農村の担い手として定着しているという例も存在する。まさに，都市農村交流は日本農業・農村が直面する担い手不足という問題の解決に資する可能性を秘めている。

参考文献

青木辰司（2010）『転換するグリーン・ツーリズム　広域連携と自立をめざして』学芸出版社.

小田切徳美（2009）『農山村再生「限界集落」問題を超えて』岩波書店.

日本村落研究学会編（2008）『グリーン・ツーリズムの新展開　農村再生戦略としての都市・農村交流の課題』農山漁村文化協会.

農林水産省（1992）『グリーン・ツーリズム研究会・中間報告』

橋本卓爾・山田良治・藤田武弘・大西敏夫編（2011）『都市と農村　交流から協働へ』日本経済評論社.

藤田武弘（2012）「グリーン・ツーリズムによる地域農業・農村再生の可能性」『農業市場研究』21(3)：24-36.

藤田武弘・大井達雄（2015）「都市農村交流活動における経済効果の可視化に関する一考察」『観光学』(12)：27-39.

（藤井　至・藤田　武弘）

	第16章	移住・定住と農村コミュニティの再生

　農村では過疎化や高齢化が進み，農業・農村の担い手不足が問題となっている。農業の存続が危ぶまれるだけでなく，農村が有する多面的な機能も低下し，農村コミュニティも弱体化してきている。

　このような農村において，都市住民の農村移住や二地域居住を地域の活性化につなげようと，行政と住民が連携し移住支援に取組んできた地域があり，国もこのような取組を後押ししてきた。また最近では，若者の「田園回帰」志向が高まっており，農村の新たな担い手として期待が寄せられているところである。

　本章では，農村に向かう移住者の実態を分析するとともに，地域づくりを目的に移住者を受け入れる農村サイドの取組や国の政策を分析し，移住・定住推進について農村コミュニティ再生の視点から考察する。

1　都市から農村への移住の現状

(1)　農村における過疎化の進行

　自然に囲まれ，四季折々に美しい風景が広がる日本の農村とそこで営まれている農業は，食料の供給にとどまらず，国土保全，水源の涵養などの環境保全，文化の伝承，癒しややすらぎの提供，体験学習等において多面的な機能を有する。しかしながら，農村の過疎化は山間部から平野部へと拡大し，農村では人口減少や高齢化により住民が相互に扶助し合ってきた生活の維持や農業の生産活動，農村をとりまく環境の管理に困難をきたしている。

　「過疎地域」とは，人口の著しい減少により，生活水準や生産機能の維持が

第Ⅲ部　現代の農村を考える

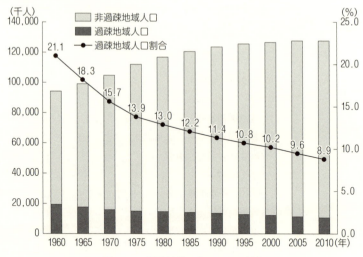

図16-1　過疎地域の人口とその割合

資料：総務省「平成27年度版過疎対策の現況」より引用。

困難になった地域をいい，市町村の人口減少率および財政力指数等により地域指定が行われている。過疎地域の対策については，高度経済成長に伴い過疎問題が顕在化した1970年以降，過疎対策立法（一般に過疎法と総称される）が4次にわたり制定されている。国は公共事業への財政措置や民間事業への税制措置などの支援策を講じ，自治体はこれらの支援策により，生活の基盤整備や雇用の創出，また農村環境の保全に向けた過疎対策事業を実施してきた。

全国の過疎の状況をみると，過疎地域の指定を受けた市町村（過疎地域）は拡大傾向にあるが，人口及び人口割合は年々減少している（図16-1）。法成立当初の1970年に指定を受けた市町村数は776で，全国3,280市町村に対する比率（過疎率）は23.7％であった。過疎地域の要件は法の延長とともに見直しが行われ，2016年には市町村数が797に増加し，全国1,719市町村に対する過疎率が46.4％に上昇している。これに伴い過疎地域の面積も22万1,911 km² に拡大し，国土の58.7％を占めるに至っている。一方，人口規模でみると，過疎地域の人口は1960年には19,923千人で総人口に占める割合は21.1％であったが，2010年には11,355千人に減少し，人口割合も8.9％に低下している。

234

第16章　移住・定住と農村コミュニティの再生

　過疎地域では，特に農村部において活力低下が著しい。農家の高齢化や後継者不足により農業は後退し，耕作放棄地や鳥獣被害が拡大している。加えて，住民の相互扶助で成り立ってきた集落機能の維持そのものが難しくなる地域もみられ，このような地域に対し「空洞化」や「消滅」の議論がなされている*。

　　＊増田は，人口推計により2040年の若年女性の人口が現在の半数以下となる市町村を「今後消滅する可能性が高い」として公表するとともに，少子化対策や地方再生の必要性を論じた。
　　　一方，小田切は，農村の過疎化を人口が急減する「人の空洞化」，その後農地が荒廃する「土地の空洞化」，集落機能の低下が顕在化する「むらの空洞化」と，3段階の空洞化と論じ，さらに過疎化が進むと「集落限界化」の段階に至るとしたが，集落は限界化が進んでも消滅には向かわず，基本的に将来に向けて存在しようとする「強靭性」をあわせもつと指摘した。

(2)　都市住民の田園回帰志向の高まり

　このような農村に対し，小田切は，「以前のように，一方的な都市志向をほとんどの国民がもっているという状況ではない。若い世代を中心に，定住や子育てにおける農山漁村志向は確かに生まれている」と指摘する（小田切 2016）。

　小田切が引用する内閣府の世論調査によると，都市住民の農山漁村への定住願望は，2014年の調査では「ある」，「どちらかというとある」と回答した割合は31.6％で2005年調査（20.6％）よりも増加している（図16-2）。年代別にみると，30代・40代の増加率が大きく，特に20代男性の約半数に定住願望がみられる。また，子育てに適しているのは農山漁村と考えている者は比較的多く，20代・30代の若い子育て世代，また男女別では女性に多い。

　都市住民の農村に対するかかわり方は様々である。滞在時間に注目すると，農業体験や農村ボランティア，農村でのワーキングホリデー，就農研修などのように，農村を訪れ一時的に滞在する「都市農村交流」，また都市の住まいと行き来しながら農村に暮らす「二地域居住」，さらに都市から農村へ移り住む「農村移住」がある。都市住民はこれらを別々に志向するのではなく，農村ワーキングホリデーなどを目的に何度も農村を訪れ，地元住民と交流するうちに

235

第Ⅲ部　現代の農村を考える

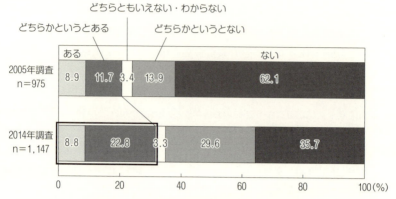

図16-2　都市住民の農山漁村地域への定住願望

資料：内閣府の調査を分析した農林水産省「農山漁村に関する世論調査結果」（2014年9月）を一部加筆。

農村に対する共感が生まれ移住に至るケースがあり，この場合は，都市農村交流の延長線上に農村移住がみられる。

(3) 農村移住におけるU・I・Jターンの形態

　農村への移住の形態については，U・I・Jターンに分類される。Uターンは，生まれ育った故郷から進学や就職を機に都会へ移住した後，再び生まれ育った故郷に移住（帰郷）すること，Iターンは，都市で生まれ育った者が地方へ移住すること，また，Jターンは地方で生まれ育った者が都市に移住し，その後生まれ育った地域でない別の地方に移住することを指す。都市住民はライフステージの変化を機に農村への移住を選択している。つぎにU・I・Jターンで，ライフステージの変化による移住行動の分類を試みる（図16-3）。

　Uターンは，生まれ育った故郷への帰郷である。この事例では，学校卒業を機に帰郷する若年移住，定年退職を機に帰郷する定年移住，また親や親族が高齢になるなど，家庭の事情により家業の後継や介護のため帰郷するミドル世代の移住の事例がみられる。

　また，IターンとJターンは，地縁のない地方への移住という点で共通している。移住者は農業や農村がもつ資源に魅力を感じ，それぞれ目的をもって移

第16章　移住・定住と農村コミュニティの再生

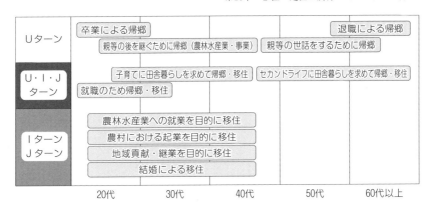

図16-3　ライフステージの変化によるU・I・Jターン移住
資料：国土交通省資料等により筆者作成。

住している。この事例では，農林水産業への就業，農村の地域資源を活用した起業，地域貢献を希望する「地域おこし協力隊」，地場産業等への就業や継業などがみられ，また結婚により配偶者の故郷へ移住する事例もある。これらは，農村における「なりわい」や活動を主な目的に移住することから，若年世代や転職を希望するミドル世代など，現役世代に多くみられる。

さらに，U・I・Jターンに共通する，企業への就職を目的に移住する若年世代の帰郷や移住，農村に子育ての環境を求めて移住するミドル世代の帰郷や移住，退職後の田舎暮らしを求めて移住する中高年世代の帰郷や移住がある。

このように，農村への移住はライフステージの変化にあわせて生じており，Uターンは，主な目的が「帰郷」という「地域先行型」であるのに対し，IターンとJターンは，農林水産業はもとより，農村の資源を生かす「なりわい」や活動，また，田舎暮らしを求める「目的先行型」の移住が多い。

2　国主導の都市から農村への移住・定住政策

都市住民の農村移住については，「都市と農村の交流・対流・共生」の観点から注目され，国の主導により推進されてきた経緯がある。2000年代以降は全

第Ⅲ部　現代の農村を考える

国的な推進組織が設立され，移住支援に取組む自治体が増えていった。農村移住や定住促進に関する国の政策は，都市と農山漁村の共生・対流を目的に関係省庁の政策群により促進され，特に国土交通省（旧国土庁），総務省（旧自治省），農林水産省において特徴がみられるため，3省における政策形成を整理しておく（表16-1）。

　国土交通省では，国土計画の面から都市部に流入した人口の地方への還流を目指した「交流・定住政策」が形成された。高度経済成長期における都市部への人口集中は都市の過密問題を招き，対策が求められた。1977年に策定された「第3次全国総合開発計画」では，① 大都市の人口集中抑制と地方振興，② 人間居住の総合的環境の形成を目的に「定住圏構想」が提起された。この時期，オイルショック後の景気低迷もあり，一時的にＵターン現象がみられた。その

表16-1　都市から農村への移住・定住政策の展開

年　代	年	農村移住に関する政策・法整備	農村移住・農村をとりまく状況
1970年代	1970年	「過疎地域対策緊急措置法」制定（総）	
	1971年		• 日米農産物交渉，グレープフルーツなど20品目，牛・豚・豚肉など17品目輸入自由化
	1973年		第1次オイルショック
	1977年	「第3次全国総合開発計画（三全総）」策定（国）	
	1979年		第2次オイルショック
1980年代	1980年	「過疎地域振興特別措置法」制定（総）	
	1985年		「労働者派遣事業法」制定
	1986年		前川リポート発表，内需拡大へ政策転換
	1987年	「第4次全国総合開発計画」(四全総)策定（多極分散型国土開発）（国）	
1990年代	1990年	• 「過疎地域活性化特別措置法」制定(総) • 「市民農園整備促進法」制定（農）	
	1991年		• 「限界集落」の概念が提唱される。 • 日米牛肉・オレンジの自由化開始
	1992年	「新しい食料・農業・農村政策の方向」（新政策）（農）	

第16章　移住・定住と農村コミュニティの再生

	1993年		GATT ウルグアイラウンド農業交渉合意
	1998年	「21世紀の国土のグランドデザイン」策定（国）	
	1999年	「食料・農業・農村基本法」制定（農）	
2000年代	2000年	・「過疎地域自立促進特別措置法」制定（総）	
	2002年	・「『食』と『農』の再生プラン」を発表（農） ・経済財政諮問会議が都市と農山漁村の共生・対流を「経済財政運営と構造改革に関する基本方針2002」において位置づけ	
	2005年	・都市と農山漁村の共生・対流に関するプロジェクトチームが「都市と農山漁村の共生・対流の一層の推進について」を提言（農） ・「都市と農山漁村の共生・対流推進会議（オーライ！ニッポン会議）」設立（農）	国勢調査（日本の人口は減少局面へ）
	2007年	・「農山漁村の活性化のための定住等及び地域間交流の促進に関する法律」（農山漁村活性化法）制定 ・「地方再生戦略」の中で「地方と都市の『共生』」を基本理念として位置づけ ・「移住・交流推進機構（JOIN）」設立（総） ・暮らしの複線化研究会が「暮らしの複線化に向けて」を報告	団塊世代が60歳を迎える。
	2008年	・「田舎で働き隊！」事業開始（農） ・「国土形成計画（全国版）」策定（国）	・日本の人口が減少に転じる。 ・リーマン・ブラザーズ破綻による世界金融危機が発生
	2009年	「地域おこし協力隊」事業開始（総）	
2010年代	2011年		東日本大震災が発生
	2014年	・「まち・ひと・しごと創生法」制定，「まち・ひと・しごと創生総合戦略」策定 ・「国土のグランドデザイン2050〜対流促進型国土の形成〜」策定（国）	・日本創生会議が「消滅可能性都市」を発表 ・「田園回帰」の概念が提唱される。
	2015年	「国土形成計画（全国版）」策定（国）	

注：1）（国）は国土交通省（旧国土庁），（総）は総務省（旧自治省），（農）は農林水産省の関連施策。
　　2）「田舎で働き隊！」（農）は，2015年から「地域おこし協力隊」に呼称変更。
資料：暉峻（2013）等により筆者作成。

第Ⅲ部　現代の農村を考える

後の物価高騰は地価暴騰へとつながり，1980年代後半にはバブル経済を招く。
「第4次全国総合開発計画」では，内需拡大，交流ネットワーク構想が打ち出
された。東京一極集中の是正，地方圏の整備を進める「多極分散型国土」の形
成を目指し，都市住民の農山漁村での複数地域居住（マルチハビテーション）が
提唱された。また，1990年代以降はバブル経済が崩壊し，農村ではそれまでの
外来型の地域開発への反発から地域固有の資源を活用した農村リゾート創造と
いう内発的発展の機運が高まった。「21世紀の国土のグランドデザイン」では，
豊かな自然環境を有する農村を「多自然居住地域」と位置づけ，マルチハビテ
ーションやテレワーク（情報通信を活用した遠隔勤務）による移住・定住政策
が打ち出された。さらに，2000年代に入って策定された「国土形成計画」では，
「暮らしの複線化研究会」の報告を受け，二地域居住やＵ・Ｉ・Ｊターンによる
定住や交流など，多様な形での人の誘致・移動の促進を目指した。また，最近
の「国土のグランドデザイン2050」や「国土形成計画」では，従来の定住・交
流政策に加え，IT 産業をはじめとした多様な産業振興による「二地域生活・
就労」が注目されている。

　総務省では「過疎地域」対策の面から，農村の定住環境の整備，都市住民の
農村移住を推進してきた。過疎地域における著しい人口減少に対応するため
1970年に「過疎地域対策緊急措置法」が制定された。法期限とともに「過疎地
域振興特別措置法」，「過疎地域活性化特別措置法」，「過疎地域自立促進特別措
置法」の過疎法が制定され，財政措置を講じて，定住環境の整備や地域活性化
に向けた事業が行われてきた。一方，団塊世代が定年退職を迎える，いわゆる
「2007年問題」では団塊世代の定年帰農が期待され，関係省庁の政策群による
「都市と農山漁村の共生・対流」推進の流れができ，推進組織として自治体と
民間企業が参画し「移住・交流推進機構（JOIN）」が設立された。その後も都
市住民の田舎暮らしが注目され，全国的に自治体による移住支援や農村におけ
る都市・農村交流が広がっていった。リーマンショック後は，都市部において
企業の派遣切りや非正規雇用の増加が社会問題となった。また，同時期に発生
した東日本大震災は絆意識を高め，若者の就労観や家族観が変容したと言われ
ている。「地域おこし協力隊」は，都市住民が地域貢献や地域協力を行いなが

240

ら農村に移住する制度であるが、若者を中心に年々参加者が増加している。

　また、農林水産省では、農林水産業の低迷という構造的な課題に対する農業・農村政策の一つとして「農村と都市との共生・対流政策」が形成された。都市住民の農村移住は、農業や地域の担い手確保、農村と都市との共生を目的に推進されてきた。農産物輸入自由化や生活スタイルの変化は国内農産物の消費を減少させ、価格低迷を招いた。農業の後継者不足が問題となり、農業研修により農家・非農家を問わず新規就農の促進を目指した。また、1992年に公表された「新しい食料・農業・農村政策の方向」には、農村と都市の相互補完・共生が明記され、都市住民を農村に受け入れる「グリーン・ツーリズム」推進の方向性が示された。そして、市民農園整備促進法のもと、都市住民など農業者以外の者が農業を体験できるようになり、滞在型市民農園（クラインガルテン）などの施設が整備された。2000年代に入ると、農家人口の減少や高齢化により活力が低下する農村の振興に、都市住民など多様な主体による参加と理解を求めるようになる。

　「『食』と『農』の再生プラン」が策定され、都市と農山漁村の共生・対流を重要施策と位置づけ、全国的な推進組織「都市と農山漁村の共生・対流推進会議（オーライ！ニッポン会議）」が設立された。その後、農山漁村活性化法により、農村と都市の交流事業や内発的な地域づくりに取組む団体が各地に増えていった。また、農業や農村の担い手を確保するために、従来の農業研修制度や新規就農助成制度に加え、「田舎で働き隊！」事業が始まっている。

　このように、都市から農村への移住・定住政策は、人口の都市集中の緩和、農村における過疎対策や新たな農業後継者確保、都市と地方の共生の観点から都市住民の農村に対する理解醸成などを目的として実行されてきた。政府は、2014年、「まち・ひと・しごと創生総合戦略」を策定し、地方創生政策を打ち出した。全国の自治体は、地方版総合戦略を策定し、地方へ向かう新しい人の流れ、特に若者の流れをつくるため移住支援の取組を加速させている。

第Ⅲ部　現代の農村を考える

3　農村における移住支援の取組

(1)　全国の移住支援と和歌山県における取組

　都市住民が農村へ移住するためには，「仕事」「住まい」「暮らし」の確保が必要である。自治体は国の政策による後押しを受け，農村への都市住民の移住を支援してきた。「仕事」については，農業など第1次産業の就業研修やUIターン就職の支援，「住まい」については，田園居住や二地域居住のための滞在型市民農園（クラインガルテン）の整備や空き家バンクの設置，また「暮らし」については移住時の生活助成などの支援がそれぞれ行われた。特に島根県や高知県などでは，比較的早い時期から県レベルの総合的なサポートが行われてきたが，ここでは自治体のみの支援にとどまらず，行政と住民が連携し，移住支援を行ってきた和歌山県における取組をみていく。

　和歌山県では，2006年に農山村の活性化を目的として「田舎暮らし支援事業」により都市住民の移住支援を開始した。県内には，それ以前にも那智勝浦町色川地区における住民主導の移住支援の取組や林業の担い手を移住者にも求める「緑の雇用」事業など行政による農林業研修の取組があったが，田舎暮らし支援事業を契機に県と市町村による移住支援の体制づくりが行われた（図16-4）。

　市町村では移住相談の担当職員である「ワンストップパーソン」を配置するとともに，移住推進の中間支援組織である官民連携の受入協議会を設置した。受入協議会は地域の自治会の代表や移住者などで構成されたが，それまで体験交流や地域の振興に取組んできた団体が兼ねる場合もあり，地域づくりを目的に新しい取組を始めた。また，会の運営を市町村の担当部署が担う場合が多く，移住支援は行政と受入協議会が一体的に実施した。行政の担当者は，住まいや子育て環境等に関し行政部署をまたぐ相談に，ワンストップ窓口として1カ所で対応する。受入協議会のメンバーである先輩移住者は，移住希望者に地域での暮らしについて自らの経験をアドバイスし，地元のメンバーは移住希望者と住民との橋渡しを行う。そして，移住が決まれば，空き家の仲介に，「田舎暮

242

第16章 移住・定住と農村コミュニティの再生

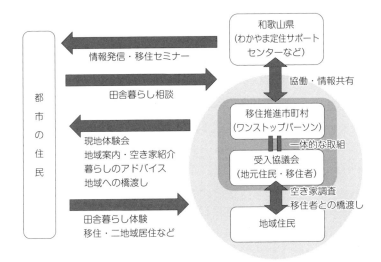

図16-4　和歌山県における移住支援の体制
資料：和歌山県資料や聞き取り調査により筆者作成。

らし住宅協力員」として委嘱された宅地建物取引事業者が協力する。また，受入協議会では，移住者から住居希望が多い空き家調査も行う。このように受入協議会は，行政と移住希望者や地元住民との間で移住や定住に関する中間支援を行っている。このような移住支援の取組は，当初5市町でスタートしたが，過疎化や高齢化により取組む市町村が拡大し，また，国の地方創生政策や県の呼びかけにより，2017年には22市町村に受入協議会が設置され，県内30市町村すべてにワンストップパーソンが配置されている。

　県はこのような市町村の情報を東京都，大阪市，和歌山市の「わかやま定住サポートセンター」において提供し，移住希望者の相談に対応している。また「仕事」「住まい」「暮らし」の視点から，起業や就農，継業の支援，空き家バンクの創設や空き家の改修支援，若年者には生活支援を行うとともに，市町村や受入協議会と連携して都市部で移住相談やセミナーを，県内農村部では現地体験会を開催している。さらに，県南部の古座川町にある「ふるさと定住センター」では田舎暮らしの体験研修が行われている。

　つぎに，県の事業開始当初から移住支援が行われている那智勝浦町色川地区

第Ⅲ部　現代の農村を考える

と紀美野町における取組をみていく。

(2)　那智勝浦町色川地区「色川地域振興推進委員会」の移住支援

　那智勝浦町色川地区は，和歌山県南東部にある世界遺産「那智の滝」の西方に位置する棚田が広がる山村で，住民主導の移住者受入れに40年の歴史がある先進的な定住促進地である。このような色川地区においても過疎化は顕著で，戦後の最盛期に約3,000人いた地区人口は，鉱山の閉山や林業の不振で338人（2017年10月）に減少し，高齢化も進んでいる。これらの地区住民のうち移住者は約半数を占め，移住者の存在は地域の存続に大きな意味を持つ。

　色川地区の移住者受入れは，住民が地域の過疎化，高齢化に危機感を抱き，1977年，有機農業を志す都市住民のグループ「耕人舎」を受け入れたのをきっかけに始まった。耕人舎は都市部から有機農業や田舎暮らしを希望する若者を実習生として受け入れ，徐々に地区に定住者が増えていった。彼らは新しい実習生のロールモデルとなり，移住者が移住者を呼ぶ好循環が生まれた。このような耕人舎による定住促進の取組は，1991年の「色川地域振興推進委員会」（以下，委員会）の設立以降，地域全体の取組へと発展していった。

　委員会の移住支援は，有機農業実習生の受入れで培ってきた「定住支援プログラム」により行われている。2006年に県のしくみを取り入れてからは，役場のワンストップパーソンを通じて移住希望者から委員会に連絡が入り，町の宿泊研修施設「籠ふるさと塾」を拠点に，委員会の定住促進班がサポートする。移住希望者は，第1段階では田舎暮らし体験（2泊3日），第2段階では短期の移住体験（先輩移住者等を1日3家族，滞在中に15家族を訪問し，暮らしや地域における仕事を観察），第3段階では仮定住（実際に色川地区で生活），そして，移住する決心がつけば，第4段階で最長1年をかけて住居や仕事を探すことになっている。このような段階的な移住支援のしくみは，移住者の理想と現実のギャップを低減し，移住後の円滑な定住に役立っている。

　委員会は実質的に地域の自治組織として機能し，地域づくりの一環で移住者を受け入れてきた。委員会は，色川地区にある9地区（集落）の区長とそれぞれの地区で選ばれた委員，そして委員会から入会を要請した住民で構成されて

第16章　移住・定住と農村コミュニティの再生

図16-5　和歌山県内の位置図
資料：筆者作成

いるが，委員の過半数は移住者となっている。これは，地区に移住者が増え，人口減少や高齢化が進む集落に移住者の存在が欠かせなくなっていることを物語っているが，移住者受入れの長い歴史のなかで，移住者と地元の住民がお互いに「配慮や斟酌」し，信頼関係を築いてきたことによるところが大きい。移住者のなかには地域の区長に就任し，委員会の活動に加わる者もいる。委員会は移住支援のほか，地区の住民や転出した住民に届ける「色川だより」の発行，里山保全や棚田保全を行う「色川を明るくする会」，高齢者訪問を行う「ゲタバキの会」の活動を行い，移住者と地元の住民は協力して地域を支えている。

また，2016年9月には，色川地区に新しい小中学校の校舎が完成した。旧校舎の老朽化により建て替えられたものだが，町は，色川地区は今後も移住者により児童生徒数が確保されると判断し，近隣の小中学校への統合ではなく学校

第Ⅲ部　現代の農村を考える

色川小中学校の新校舎

を存続させた。紀州材を使った教室では，20名を超える子ども達が学んでいる。

(3) 紀美野町「きみの定住を支援する会」の移住支援

　紀美野町は県北部に位置し，高野山に通じる街道に沿って集落が続く農山村である。明治期以降は棕櫚（しゅろ）の栽培やそれを材料にロープ・日用雑貨を製造する棕櫚産業が栄えたが，化学繊維の普及とともに衰退していった。現在は，稲作，柿などの果樹や山椒の栽培などが営まれており，近隣の和歌山市等へ働きに出る者も多い。2015年の町人口は9,206人で1980年から約3分の2に減少している。また高齢化も進み，地域には空き家が増加している。

　紀美野町ではこのような過疎化や高齢化に対応するため，2006年にワンストップパーソンを配置し，移住の中間支援を行う「きみの定住を支援する会」（以下，「定住の会」）を立ち上げ，役場の美里支所を拠点に行政主導による移住支援を始めた。定住の会は地元の商工会やJAなどの団体に属する住民，町にUIターンした移住者，事務局として加わった役場の担当職員や地域おこし協力隊，集落支援員で構成され，順次新しい移住者に入会を呼びかけて会員を増やしている。

第16章　移住・定住と農村コミュニティの再生

紀美野町の古民家カフェ

　定住の会は，最初に田舎と都会では慣習や文化に多くの違いがあることを移住希望者に伝えて理解を求めている。そして地域案内や先輩移住者との面談においても地域の暮らしを詳しく説明，そのうえで「田舎暮らし住宅協力員」の仲介のもと空き家情報を提供し，さらに移住後の世話人を紹介し，地域に慣れるまで見守る。このようなきめ細かな支援により，移住前後の暮らしに対する意識のギャップは少なく，転出する者もほとんどいない。一方，住民に対しては，地域説明会を開き，空き家の提供や移住者受入れへの理解や協力を呼びかけている。定住の会は，2010年に安定的な取組を目指してNPO法人化された。
　紀美野町への移住者たちは，それぞれの地域で多彩に暮らしており，自分たちの生活だけでなく地域にも目を向け，集落の活動や消防団活動に関わっている。定住の会が支援した紀美野町への移住者の年齢をみると子育て世代が多く，50歳以下が全体の7割を占め，20歳未満の子ども世代も2割いる。
　このような若い移住者は農業だけでなく，「農」的な暮らしをしながら別に仕事をもつ者も多い。近隣市の企業等へ働きに出る者，大工，建築士，家具職人，イラストレーターなど移住前の仕事を続ける者，農家民泊を始める者，伝統産業である棕櫚箒製造の技術を引き継ぎ職人となった者もいる。また，食に

247

第Ⅲ部　現代の農村を考える

関することで起業した移住者も多い。地域には，ベーカリー，古民家カフェ，ジェラート店，イタリアンやフレンチレストランなど移住者が開設した店舗が増え，週末には近隣の都市部から来店客を集め，賑わいが生まれている。

4　農村移住・定住のこれから

　依然として人口の東京一極集中が続くが，都市住民の田園回帰志向は若者を中心に高まっている。若い移住者は，都市では得られない生活環境や地域の資源活用に自己実現を求めて農村に移住している。移住者は，子育て環境に田舎暮らしを求め就職先を探す者，農業の6次産業化に取り組む者，起業する者，地元産業の後継者となる者など様々で，農村が受け継いできた知恵や技術に共感し，地域づくりに参加する地域おこし協力隊なども増えてきた。

　農村コミュニティは，このような移住者の多様性を受け入れ，地域づくりに生かすことができるかが問われている。日本の農村は，ムラ社会の閉鎖性や密接な人間関係が指摘されてきた。IターンやJターン者は，地縁のない新しい土地で一から人間関係を築かなくてはならない。従来の移住者は農業に携わる者が多く，共同作業など住民との密接な関係のなかで，集落で受け継がれてきた風習や決まりごとを理解し，そのまま受け入れて暮らしてきた。ところが，最近は農業だけでなく様々なスタイルで農村に暮らす移住者が増えており，風習や決まりごとに接し，不思議に思い，合理的でないと考える移住者もいるだろう。閉鎖的だといわれた農村コミュニティでは，活力が低下する地域の活性化のため，外部の移住者を受け入れようという機運が高まってきている。今後は，移住者に地域の風習や決まりごとを一方的に押しつけるのではなく，お互いに理解し協力し合って集落の暮らしを守っていこうとするもう一段階上の意識転換が必要になるだろう。そして，移住者が農村コミュニティの一員として連帯感をもって暮らすには，地域の暮らしに共感する移住のステップが必要である。また，若者の田園回帰にあっては移住後の仕事探しのステップも必要だろう。そのためには，行政との間をとりもつ移住の中間支援組織や地元住民との仲立ちをする世話人の存在がさらに重要度を増す。

248

また，農村移住や定住は，国主導の政策により進められてきた。定住環境の整備や農業後継者の育成とともに，最近では，多様な人材の農村移住による産業振興や都会と2地域での生活や就労が注目されている。特にIT業界では，Wi-Fiやクラウドなどの技術が進歩し，IT環境があれば場所を選ばない働き方が可能になってきた。働き方改革もあり，企業も地方に目を向けはじめている。現にIT企業のサテライトオフィス設置により転入人口が増加した地域やプログラミング教育などで地域と関わる社員の暮らしぶりなどが見受けられる。今後，すべてのものがインターネットにつながるIoTの進展のなかで，農村においてもこのような多様な人材を農業・農村の再生に生かす取組が期待される。

参考文献

大森彌・武藤博己・後藤春彦・大杉覚・沼尾波子・図司直也（2015）『人口減少時代の地域づくり読本』公職研.

小田切徳美（2015）『農山村は消滅しない』岩波書店.

小田切徳美・筒井一伸編著（2016）『田園回帰の過去・現在・未来』農山漁村文化協会.

阪井加寿子・藤田武弘（2015）「都市から地方への移住促進における中間支援組織の役割と意義──和歌山県における取組を事例として」『農業市場研究』24(2)64-70.

暉峻衆三（2013）『日本の農業150年』有斐閣.

増田寛也編著（2014）『地方消滅──東京一極集中が招く人口急減』中央公論新社.

（阪井 加寿子・貫田 理紗）

第17章 地域資源の活用と農村ビジネス

　農村では，農業を含め様々な生業（なりわい）が営まれている。農産物の生産・加工・販売を主軸とする「農業ビジネス」は当然のことながら，農業・農村に内在する多面的機能を活かした「農村ビジネス」の展開が現代の農村には求められている。そのためには，農業者をはじめ，農村に住む非農業者や域外からの通勤・通学者等も含めた広範な人達が自らの「地域資源」を見出し，経済的な付加価値を高める形で活用し，継続的に取り組める体制を確立する必要がある。

　本章では，本格的な人口減少社会を迎えた現代社会における「田舎移住者」や「関係人口」といった新しい概念にも着目し，地域資源の概念整理や国の政策を整理しつつ，持続的な農村ビジネス展開について論ずる。

1　田園回帰と農村ビジネス

(1)　人口減少下での田園回帰

　総務省「国勢調査」によると，2010年10月1日に1億2,805万7,352人だった日本の人口は，2015年に1億2,709万4,745人と初の減少を記録した（図17-1参照）。5年間に96万2,607人の減少（年平均19万2,521人）であるが，翌年以降の10月1日推計人口をみても，2016年に1億2,693万3,000人（対前年減16万1,745人），2017年には1億2,670万6,000人（同22万7,000人）と続いている。国立社会保障・人口問題研究所の将来推計によれば，今後この減少傾向はさらに加速し，2060年の人口は8,674万人と予測されている。

　都道府県別の人口（総務省「2015年国勢調査」）は，最も多い東京の1,351万人

250

第17章　地域資源の活用と農村ビジネス

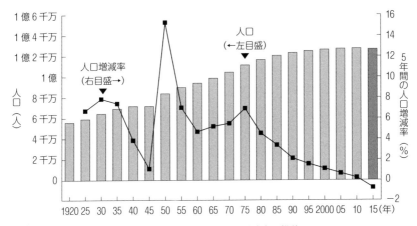

図17-1　日本の人口と人口増減率の推移

資料：総務省「平成27年国勢調査　人口等基本集計結果　要約」p.1より引用。

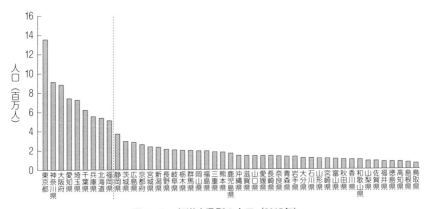

図17-2　都道府県別の人口（2015年）

資料：総務省「平成27年国勢調査　人口等基本集計結果　要約」p.2より引用。

から神奈川・大阪・愛知・埼玉・千葉・兵庫・北海道・福岡までの上位9都道府県の合計が6,847万人で全国の半分以上（53.9％）を占めている（図17-2参照）。本州では3大都市圏へ，北海道では札幌へ，九州では福岡へ，それぞれヒト・モノ・カネが集まり，各県内でも県庁所在地など主要都市圏への一集中

251

第Ⅲ部　現代の農村を考える

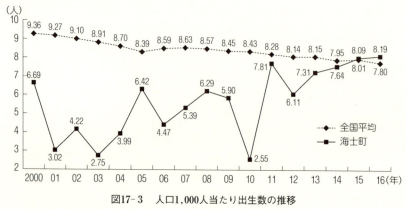

図17-3　人口1,000人当たり出生数の推移

注：住民基本台帳ベースの日本人住民に限る。
資料：総務省「国勢調査」および「住民基本台帳に基づく人口・人口動態」により作成。

という基調は強い。

　日本全体として本格的な人口減少時代を迎え，農業中心の農村から商工業中心の都市へ人口が流出し続けてきたわけだが，その傾向とは反対に「田園回帰」の動きもみられるようになってきた。都市から農村へ移り住む「田舎移住者」は，団塊の世代が定年退職に伴って故郷にUターンし始める2007年前後にもマスメディア等で度々クローズアップされたが，ここ数年（特に2011年3月の東日本大震災以降）は「都会の田舎」や「田舎の都会」でなく，「田舎の田舎」へ子育て現役世代が家族で移り住むケースも増えている。また，地域おこし協力隊（2009年に総務省が創設）等の制度による単身での農村Iターンの増加に加え，祖父母の郷里に移り住む「孫ターン」といった新しい言葉も登場している。

　例えば，島根県海士町（2015年「国勢調査」の人口2,353人）では山内道雄町長の就任（2002年）以降，市町村合併せずに単独町として様々な取組を進めた結果，若い世代の転入者も増え，2015年には「人口1,000人当たり出生数」が全国平均を超える状況にまで至った（図17-3参照）。

(2) 農業ビジネスから農村ビジネス・農村でのビジネスへ

　都市で生まれ育った若い人が農村へ移り住む場合，収入を得るために何らかの生業が必要になる。新規就農への支援制度を活用して農産物の生産自体に従事する人もいるし，農産物の加工・販売といった「農業ビジネス」を生業とする道もある。ただ，1次産業・2次産業・3次産業を掛け合わせる「6次産業化」や，農業・工業・商業の連携強化によって相乗効果を発揮させる「農商工連携」という言葉に象徴される「付加価値の高い産業」を目指していくと，農業そのものに加えて，例えば美しい農村景観を活かした農村観光等の「農村ビジネス」にまで視野を拡げていく必要がある。

　また，通信環境の整備により携帯電話やインターネットが全国どこでも使えるようになった結果，都市と農村の情報格差が縮まり，農村の恵まれた自然環境を積極的に選択してIT系・アート系といったクリエイティブな仕事に従事する「ノマドワーカー」や，都市に本社を残しつつも農村に「サテライトオフィス」を設ける事業者も増えてきた。つまり，このような「農村でのビジネス」展開も含め，農村空間そのものが内包する価値を多様な観点から磨き上げ，活用することが現代の農村には求められている。

　その際，農村に賦存する様々な「地域資源」の価値に気づき，その魅力を引き出し，地域内および地域外（都市に限らない）へ情報を発信し，経済的な対価を得られる状態にまで展開しなければならない。もちろん，農村ビジネスは都市から農村へ移り住んだ人だけでなく，農村で生まれ育った人も展開し得る。しかし，見慣れた農村景観・口にし慣れた食べ物や水・吸い慣れた空気・かぎ慣れた匂い・聞き慣れた音…いずれも当然と思っている多くの農村出身者にとって，その価値や魅力に気づきにくい場合もある。一度は農村を離れて都市で生活して初めて認識する人も多い。つまり，「外部の目で見て感じる農村の価値」が極めて重要なのである。それは「都市生活者の価値観」を意識することでもあり，また日本という枠を越えて海外マーケットも視野に入れる場合は「外国人の価値観」まで意識することである。

第Ⅲ部 現代の農村を考える

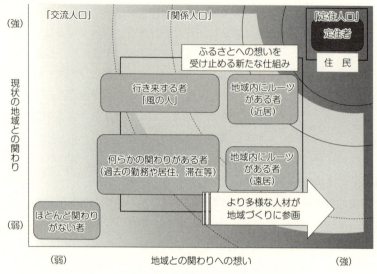

図17-4 地域外の人材と地域との関わりの深化

資料：総務省（2017）p.24より引用。

(3) 定住人口・交流人口・関係人口

総務省は2017年4月，定住人口と交流人口の中間概念を「関係人口」と位置づけた。長期的に住む定住人口，短期的に訪れる交流人口に対して，継続的に地域と関わり続ける人（例えば，出身者や勤務経験者等）の数を意味する新しい考え方である（図17-4参照）。

この関係人口増も前述した「外部の目」をもたらし，農村ビジネス展開に有効である。例えば，地域おこし協力隊に類する制度（1994年から地球緑化センターが実施している「緑のふるさと協力隊」，2009～2014年度の農林水産省「田舎で働き隊」，自治体等による農村インターン等）で農村に関わった外部人材の大半は任期終了後，各自の人件費を賄える農村ビジネスを自ら起こすか民間企業や公的機関に雇用されない限り，その地域に住み続けられない。しかし，一度そこを離れた後も何らかの形で関係を継続させ，条件が整った後で再び移り住む場合もある。もちろん再定住までには至らなくても，頻繁に来訪したり，様々な情報ツールを活かして常にコンタクトし続けたりする人もいる。こうし

第17章　地域資源の活用と農村ビジネス

た関係人口の増加が結果的には交流人口増に結びついたり，農村ビジネス展開時に有益な知識や技術をもたらしたりするといった効果も期待できる。

2　地域資源活用と地域政策

(1)　地域資源の概念整理

　ここまで地域資源という用語を明確に規定せず使ってきたが，その概念を改めて整理する。

　2018年現在，国の科学技術・学術審議会には「資源調査分科会」が設置されている。これは戦前間もない1947年に設置された経済安定本部「資源委員会」の流れを汲む組織で，1949年に総理府「資源調査会」と改称，1956年に科学技術庁へ移管，2001年の省庁再編に伴って現在の形に改組されてからは文部科学省の科学技術・学術政策局（政策課資源室）が事務局を担当している。

　地域資源に関する検討が行われた2011年3月7日の第28回「資源調査分科会」配布資料では，永田恵十郎（1988）の定義を引用する形で

①　非移転性：地域的存在であり，空間的に移転が困難。

②　有機的連鎖性：地域内の資源相互に有機的な連鎖性を有する。

③　非市場性：上記2点の特徴ゆえ，どこへでも供給できる市場財になり得ない。

を地域資源の特徴として挙げ，こうした特徴から，大量生産・大量消費型の資源とはなり得ず，その存在そのものが既に他とは差異化された独自の価値を有する，としている。

　なお，永田は「地域の活性化を進めるためには，農林地の利用度の向上はもとより，植物資源の見直しや加工，農畜産廃棄物の再利用，水力・風力・太陽熱等ローカルエネルギーの利用，緑資源の維持培養とその空間的利用の推進等農村に豊富に賦存する地域資源を積極的に活用していくことが重要である」という1986年度農業白書の規定を拠り所としながら，地域資源を表17-1のように分類している。

　準地域資源を「人間の労働が加わることによって本来的地域資源から生み出

255

第Ⅲ部　現代の農村を考える

表17-1　地域資源の分類

1次区分	2次区分	内　　容
本来的地域資源	潜在的	地理的条件：地質，地勢，位置，陸水，海水 気候的条件：降水，光，温度，風，潮流
	顕在的	農用地，森林，用水，河川
	環境的	自然景観，保全された生態系
準地域資源	付随的	間伐材，家畜糞尿，農業副産物等，山林原野の草
	特産的	山菜等の地域特産物
	歴史的	地域の伝統的な技術，情報等

資料：永田恵十郎（1988）により作成。

されたもの」と区分し，さらに働きかける主体である「人」は働きかけられる客体とは違って資源ではない，と考えた。

　その考え方に対して，資源を物に限定せず「人的資源」や「社会資源」「知的資源」まで含める広義な捉え方もある。いずれにせよ，現時点で厳密な概念が存在する訳ではなく，時代や地域によって様々に変化するが，資源の一般的な英訳である“resourse”が「再び」を意味する接頭辞“re”と「源」を意味する“sourse”の組み合わせた単語であることは非常に興味深く感じられる。なお，2014年4月に「地域資源マネジメント研究科」を設置した兵庫県立大学や，2016年4月に「地域資源マネジメント学科」を設置した愛媛大学では，ともに地域資源を“regional-resource”と英訳している。

　また，総務省自治行政局地域振興課が2007年3月に編集した『地域資源の再発見』では，「人材」「施設」「自然」「文化」「コミュニティ」「その他」に関する地域資源と活用方法を例示している（図17-5参照）。

　ここで示されている資源の存在する「地域」は，農村に限らず都市も含まれているため，それを活用したビジネスは結果的に「コミュニティビジネス」や「ソーシャルビジネス」といった側面を持ち合わせることになる。

(2)　地域資源の活用に関する法律と国の施策群

　地域資源法（中小企業による地域産業資源を活用した事業活動の促進に関す

第17章　地域資源の活用と農村ビジネス

人　材

地域資源	活用方法
・企業OB	・ガーデニングボランティア
・主　婦	・ビジネスサポート
・都市住民	・森林ボランティア
・大学生	・教育ボランティア
・留学生	・観光モニター

文　化

地域資源	活用方法
・民　話	・イベント
・伝統技術	・新製品
・寺　社	・まち歩き
・かるた	
・食文化	

施　設

地域資源	活用方法
・町　屋	・宿泊施設
・町屋工場	・障害者施設
・蔵	・イベント会場
・学校	・インキュベーション施設

コミュニティ

地域資源	活用方法
・町内会	・まちづくり組織
・集　落	・まちづくり活動
・NPO	・移送交通サービス

自　然

地域資源	活用方法
・砂　浜	・イベント
・遊休農地	・菜の花栽培

その他

地域資源	活用方法
・漬け梅	・ジャム
・下　水	・修景用水

図17-5　地域資源と活用方法の例

資料：文部科学省　科学技術・学術審議会　資源調査分科会（2011）p.7 より引用。
原資料：総務省自治行政局地域振興課『地域資源の再発見』による。

る法律：公布2007年5月，改正2015年7月）に基づき経済産業省が運営してい
るサイトでは，地域資源を特産品や観光名所といった「その地域ならではのリ
ソース」と解説し，次の3類型を紹介している。

① 農林水産物（野菜，果物，魚，木材等）

② 鉱工業品・生産技術（鋳物，繊維，漆器，陶磁器等）

③ 文化財，自然の風景地，その他の観光資源（文化財，自然景観，温泉等）

上記3類型のなかから都道府県が地域資源を指定し，それを活用した事業計

第Ⅲ部　現代の農村を考える

画を中小企業が策定して国の認可を受け，新ビジネス創出の支援措置（2015年の一部改正時には「農業体験や産業観光等」も対象に追加）を受ける仕組みとなっている。

六次産業化・地産地消法（地域資源を活用した農林漁業者等による新事業の創出等及び地域の農林水産物の利用促進に関する法律：公布2010年12月，改正2015年9月）では，「農林水産物等及び農山漁村に存在する土地，水その他の資源」を農業者等が有効活用し事業の多角化・高度化・新たな創出を図る，としている。

前者は中小企業が，後者は農業者等がそれぞれ主に対象となっているが，農商工等連携促進法（中小企業者と農林漁業者との連携による事業活動の促進に関する法律：公布2008年5月，改正2015年5月）では，両者の連携を主軸に据えた地域経済活性化を図っている。なお，同法の公布直前の2008年4月に経済産業省と農林水産省が発表した「農商工連携88選」では，農畜産物を活用した新商品の開発33件，林水産物を活用した新商品の開発14件，新サービスの提供15件，新しい生産（または販売）方式の開発26件，大学や研究機関等とも連携した取組25件，地域住民や消費者団体等とも連携した取組9件（重複あり）が選定されている。

農林水産省は「農と商工」の連携に加え，「農と観光」で国土交通省と，「農と福祉」で厚生労働省とそれぞれ連携を推進している。また，2008年度から「子ども農山漁村交流プロジェクト」を総務省・文部科学省と事業予算化している。地域資源法や六次産業化・地産地消法とは依拠する法律が異なるものの，いずれも地域資源を活用した農村ビジネス促進に向けた施策群と言えるであろう。

(3)　産業政策から地域政策への変遷

地域資源というキーワードから国の農村活性化施策群にまで言及したが，農業政策から農村政策への変遷について整理する。

農業基本法（公布1961年6月）が1999年7月に廃止され，新農基法（食料・農業・農村基本法：公布1999年7月，改正2016年2月）となって以降，2000年3月に「食料・農業・農村政策推進本部」が，2010年11月に「食と農林漁業の再生推

第17章　地域資源の活用と農村ビジネス

進本部」が，2013年５月に「農林水産業・地域の活力創造本部」がそれぞれ内閣総理大臣を本部長として設置されている。食料生産という農業の基本的機能に関する「産業政策」から発して，農業・農村の持つ多面的機能を活かす「地域政策」をも包含するよう変遷してきた傾向が名称変更から読み取れよう。

新農基法15条１項に基づく「食料・農業・農村基本計画」は概ね５年ごとに見直され，2015年３月に閣議決定された現計画では産業政策と地域政策を「車の両輪」と表現している。「農業ビジネス」にとどまらず，「農村ビジネス」を本章の標題とした理由もここにある。

3　持続可能な社会の構築に向けて

(1)　外部経済の内部化

農業・農村は国土の保全，水源のかん養，自然環境の保全，良好な景観の形成，文化の伝承などの多面的機能を有する。この「農村で生産活動が行われることによって生ずる便益」に対する経済的な見返りを農業者・農村生活者が得ていない状態を「外部経済」という。いかに外部経済を内部化させる（経済的な見返りを得られる状態にする）か，という点が農村ビジネスでは最も重要である。例えば，経済的なやりとりの発生しない行為（援農ボランティア等）まで含めた広義の「都市農村交流」という用語を，金銭のやりとりが伴う「農村ツーリズム」や「交流産業」と区別する考え方がある。社会的・文化的・精神的な側面を全く否定するわけではないが，農村側から一方的な無償の「おもてなし」提供が続くことによる「交流疲れ」が以前から指摘されているように，やはり一定以上の経済的な要素が組み込まれない取組は継続が難しい。

十分に使われていない地域資源を「活用」し，その便益（benefit）を利益（profit）として農村の経済に組み込むためには，作り手の都合を優先する（product-out）のではなく，買い手の希望を重視する（market-in）必要がある。

もちろん工業と異なる農業特有の性質から難しい面もあるが，やはり可能な限り市場ニーズを踏まえた「商品化」や「情報発信」を行っていかない限り，高付加価値な農村ビジネスの展開は望めない。そのためには，マーケティング

259

第Ⅲ部　現代の農村を考える

の知識や具体的なスキルを持った人材が求められるが，定住人口の限られた農村で得難い場合は「関係人口」の力も得なければならない。しかし，外部経済を内部化させた成果が結局は域外に流出する事例（例えば，都市のアウトソーシング企業等に多くの利益が配分されてしまう場合）も散見されるので，その点は注意を要する。

(2)　公的統計上の具体例

　農村ビジネスの姿は様々であるが，農林水産省「2015年農林業センサス」の「農業生産関連事業を行っている経営体」は「農産物の加工」「消費者に直接販売」「貸農園・体験農園等」「観光農園」「農家民宿」「農家レストラン」「海外への輸出」「その他」の７種類に，同「2013年漁業センサス」の「兼業種類別経営体」は「水産加工場」「民宿」「遊漁船業」「その他」の４種類にそれぞれ分類されている。

　しかし，その数は例えば上記の「農林業センサス」の農家民宿（1,750戸）と「漁業センサス」の民宿（1,228戸）を足した2,978戸が「農林漁家民宿」の公的統計値となるが，別の準公的任意調査で明らかになった小規模農林漁家民宿の方が多いという逆転現象も生じており，正確な実態が反映されていない問題点が指摘されている。また，農業者が調査対象の母数となっている農業ビジネス限定統計であるため，当然のことではあるが，農村ビジネス全体は把握できない。農家民宿や農家レストランに類する農村ビジネスである非農業者の「農村民泊」や「農村レストラン」も重要なプレーヤーであるため，例えば国産食材使用率50％以上の飲食店が掲げられる「緑提灯」制度のように何らかの基準が公的に整えられると，ユーザー側にとっても有益であろう。

(3)　逆転の発想と地域内連携

　雇用創出，地域内での資源循環と自給の促進，食育・人間性回復・健康増進の実現，食文化・地域文化の復権といった様々な効果がもたらされる農村でのビジネス展開に当たっては，従来型の一般的な「規模の経済」追求にとらわれず，農村ならではの様々な仕事を組み合わせた「範囲の経済」を目指す観点も

大切である。

百姓（＝百の仕事）という表現に象徴されるとおり，そもそも農業者は農産物の生産・加工・販売をはじめ，様々な生業を組み合わせながら長い年月にわたって農村での生活を維持してきた。しかし，戦後の高度経済成長期以降，大規模一極集中（狭く深く）という商工業的な方向性を追うことが農業・農村にも求められ，小規模多極分散（広く薄く）という特性を打ち消す「近代化」が推進された結果「農村から都市への人口流出」が続いてきた。

その流れを反転させるためには，「人が多くて土地が高く生活環境の悪い」都市を指向するのではなく，「人が少なくて土地が安く生活環境の良い」農村の利点を認識し，引き出し，活用できる人材が必要である。都市の価値観も理解しつつ，農村の魅力をアピールし，ビジネス化するためには，「逆転の発想」が必要である。前述した島根県海士町では「ないものはない」というキャッチコピーを掲げている。一見すると開き直った標語に捉えられるが，「何でもある」という肯定の意味も込められている。また，沖縄県今帰仁村では「ぬーんねんしが今帰仁」というキャッチコピーを打ち出した。「何もないけど」という意味の沖縄方言で素朴さを強調し，観光客を惹きつけている。方言も「田舎臭い」と隠さず地域資源と捉えて活用する，都会的な人工物が「何もない」ことを良い面として強調する，その価値観に共鳴する客層をターゲットにする，そういった戦略が現代の農村ビジネス展開には必要である。

特定の専業収入を高める方向性が可能であれば，それを追及することも良いが，小さな生業を組み合わせて収入を確保する方法もある。獣害対策としても強く要請されている「ジビエ料理」や，原発事故後に一層その必要性が認識されている「小水力発電」など，まだ大きなビジネスには至っていない小さな農村ビジネスの開発も大切である。その際，様々な公的支援を活用できると弾みがつくが，過大な施設整備に伴って大きな後年度負担が発生してしまうことや「補助金ありき」で短期的な取組に終わってしまわないようにすることが肝要である。

様々な農村ビジネスの主体が地域内で連携し合って相互補完することで，経済的にも社会的にも大きな波及効果をもたらす。ある一つの会社・個人だけが

第Ⅲ部　現代の農村を考える

大儲けするのではなく，多くの人が少しずつでも利益を得られるような仕組み
を構築することが可能であれば，その地域の持続性は増すであろう。過度な資
源浪費で短期的な利潤最大化を目指すのではなく，再生可能な適正範囲で活用
（wise-use）する農村ビジネスが「将来の世代まで暮らし続けられる社会」構築
のために求められている。

参考文献

池上甲一編著（2007）『むらの資源を研究する――フィールドからの発想』農山漁村
　　文化協会.

大江靖雄（2017）『都市農村交流の経済分析』農林統計出版.

小田切徳美（2008）「農山漁村地域再生の課題」大森彌・山下茂・後藤春彦・小田切
　　徳美・内海麻利・大杉覚『実践まちづくり読本』公職研：307-392.

経済産業省　中小企業庁『地域資源早わかりガイド』https://www.mirasapo.jp/shigen/
　　guide/

佐藤仁（2007）「持たざる国の資源論――環境論との総合に向けて」『環境社会学研
　　究』13: 173-183.

総務省（2017）『これからの移住・交流施策のあり方に関する検討会　中間とりまとめ』

谷口憲治編著（2014）『地域資源活用による農村振興――条件不利地域を中心に』農
　　林統計出版.

中尾誠二（2011）「2010年世界農林業センサス確定値にみる新規開業農家民宿の形態」
　　『農業経済研究別冊2011年度日本農業経済学会論文集』163-169

永田恵十郎（1988）『地域資源の国民的利用』農山漁村文化協会.

農林水産省・経済産業省，『農商工連携88選の選定・公表について』http://www.maff.
　　go.jp/j/press/kanbo/kihyo01/pdf/080404_1-01.pdf

藤田武弘（2012）「グリーン・ツーリズムによる地域農業・農村再生の可能性」『農業
　　市場研究』21(3)：24-36.

藤山浩（2016）『田園回帰１％戦略――地元に人と仕事を取り戻す』農山漁村文化協会.

文部科学省　科学技術・学術審議会　資源調査分科会（2011）『地域資源の活用を通
　　じたゆたかなくにづくりについて』

矢口芳生（2012）『サービス農業論』農林統計出版.

婁小波（2013）『海業の時代――漁村活性化に向けた地域の挑戦』農山漁村文化協会.

（中尾　誠二）

索　引

A-Z

buy local　13
CODEX 委員会　43, 79
CSA　13
EPA　73
FTA　73
GAP　45, 150, 167
GATT　35, 65
GATT ウルグアイ・ラウンド　35, 38, 69
GATT ケネディ・ラウンド　68
GATT 東京ラウンド　68
HACCP　45
IBRD　65
IMF　65
IT 環境　249
MSA 協定　20, 64
PFC バランス　20
SPS 協定　79
TMR センター　184
TPP　28, 75, 92
U・I・J ターン　236
WCS 用稲　126
WTO　28, 38, 72, 88, 158, 161
WTO ドーハ・ラウンド　73

ア行

相対取引　132, 147, 151
青の政策　88
空き家バンク　242
新しい食料・農業・農村政策の方向　87
アニマルウエルフェア　181
域学連携　226
遺伝子組換え作物　43
田舎暮らし　237
田舎で働き隊！　241, 254
稲発酵粗飼料用稲　126
違反転用　104

異物混入　57
インストア・マーチャンダイジング戦略　182
インテグレーション　37, 174
営農指導　189
栄養不足人口　14
エコフィード　178
エブリデイ・ロープライス戦略　182
エロア資金　64
エンゲル係数　22
大口需要者　147
オーナー制度　223
卸売市場法　36
卸売市場　36
卸売業者　147
卸売市場外流通（市場外流通）　145
卸売市場経由率　145, 151
卸売市場システム　136
卸売市場法　141, 147
卸売市場流通（市場流通）　145
温度帯別流通　141

カ行

外食産業　10, 51
開発不自由の原則　107
開発輸入　57
外部依存型開発　220
外部経済　259
外来型地域開発　212
価格規制　34
価格形成機能　145
画一化　4
加工・業務需要　150
加工・業務用　138
加工型畜産　174
加工食品　47
家族経営　113

過疎地域　233
花壇用苗物類　137
学校給食　19
株式譲渡制限　99
ガリオア資金　19, 64
関係人口　254
観光農園　224
関税　63, 157, 164
関税相当量　72
関税率　158, 161, 166
関税割当制度　161
基幹的農業従事者　112
寄生地主制　96
機能性表示食品　151
黄の政策　88
切花類　137
期末在庫量　6
逆輸入　57
キャトル・ステーション（CS）　183
キャトル・ブリーディング・ステーション（CBS）
　　183
狭域流通　136
教育効果　226
共済事業　193
協同組合　186
共同選別（共選）　137
共同販売（共販）　137
共販　190
業務用米　131, 135
拠点開発方式　209
クラインガルテン　241
グリーン・ツーリズム　221, 241
経営安定対策　133
経営耕地面積　113
経営所得安定対策　121, 134
経営所得安定対策大綱　133
稽古用需要　140
経済事業　189
経済のグローバル化　33, 34, 45
経済波及効果　227
軽量野菜　138
決済機能　147

限界集落　207, 218
原基的流通　145
健康増進法　40
減反（＝米生産調整）　87, 123
原料糖（粗糖）　157
原料費率　55
広域（大量）流通　136, 141, 144
小売業者　147
耕作者主義　96
耕作放棄地　103, 235
耕地面積　83
口蹄疫　171
購買事業　192
合弁企業　11
交流人口　254
交流疲れ　259
国際協同組合年　188
穀物自給率　79
穀物メジャー　5, 70
こだわり商材　142
国家貿易　72
子ども農山漁村交流プロジェクト　220, 258
コミュニティ・ビジネス　214, 227
米需給調整政策　123
米トレーサビリティ法　130
雇用就農者　118
コントラクター　184

サ行
産業組合　194
産業連関表　228
三全総　210
産地間競争　142, 150
産地形成　148
産地食肉センター　178
産地直送（産直）　148
産直流通　145
参入規制　34
仕上茶（製茶）　164
自営農業就農者　117
シカゴ商品取引所　5
シカゴ相場　176

索　引

自給的農家　110
自主流通米制度　123
自然生態系　108
指定産地　148
指定消費地域　148
指定野菜　148
指導事業　189
市民農園　224
集荷機能　145
集出荷組織　141
住専問題　196
集団転作　124
収入保険制度　134
雌雄判別精液　178
集落営農　92, 115
集落支援員　246
重量野菜　138
需給調整　121
需給調整政策　121
主業農家　111
主要食糧の需給及び価格の安定に関する法律
　　（食糧法）　89
准組合員　188
準主業農家　111
小規模多機能自治　216
小規模多極分散　261
商業的農業　136, 142
条件不利地域　143, 162
乗数理論　228
消費者志向（マーケット・イン）　182
消費者保護基本法　43
商品作物　137
情報収集伝達機能　147
商物一致の原則　147
少量多品目消費　140
食育　30
食生活の標準化・画一化　4
食肉卸売市場併設と畜場　178
食の外部化　10, 23, 136
食の洋風化　26
食品衛生法　40
食品卸売業　51, 52

食品関連流通業　38
食品小売業　37, 51
食品産業　47, 48
食品製造業　38, 49
食品添加物　43
食品表示法　44
食品リサイクル　61
食品流通業　50
食品ロス　31, 61
食料・農業・農村基本法　38, 88, 208
食料安全保障　79
食糧管理制度　123
食糧管理法　34, 85
食料自給率　26, 29, 78
食料自給力　29
食料主権　80
食糧増産政策　19
食糧法　35, 129
自立経営農家　85
飼料自給率　28
飼料用米　126, 178
シン・マーケット　6
新規参入者　118
新規就農者　116, 150
新規需要米　126
人工授精交配　177
新全総　210
身土不二　13
新日米安全保障条約　67
信用事業　193
水田作経営　121
水田農業　121
水田フル活用　121, 126
スローフード運動　13
正組合員　188
生産志向（プロダクト・アウト）　182
生産調整政策　122, 123
生産と消費の隔たり　33, 39, 45
生産費　133
生産力　142
精製糖　157
青年就農給付金　92

265

セリ取引　147, 149
セルフ・サービス　53
全国総合開発計画（全総）　209
専作経営　141
選択的拡大　85, 141, 142
鮮度保持技術　144, 145
専門農協　144, 145, 188
相互安全保障法（MSA）　64
総合農協　144, 188
相互扶助　222

タ行
大規模遠隔産地　141, 142
大規模小売店舗法　38
体験教育旅行　225
滞在型ツーリズム　221
第三者販売　147
多自然居住地域の創造　210
田畑輪換　124
団塊世代　240
地域・地場流通　142
地域運営組織（RMO）　216
地域おこし協力隊　237, 252
地域資源　253
地域資源法　256
地域振興立法5法　211
地域づくり　213
地域内再投資力論　214
チェーンストア　148
畜産環境汚染問題　176
地産地消　13, 136, 230
地方創生　216, 241
中間支援組織　242
中山間地域等直接支払制度　208
鳥獣被害　235
調整金　157
直接販売（直販）　148
直荷引き　147
地力収奪　141
継業　243
定時・定量・定品質・一定価格（四定条件）
　148

定住圏構想　210, 238
定住人口　254
低需要部位　180
デフレ　56, 60
田園回帰　216, 248, 252
田園回帰志向　235
転作　124
転作奨励金　124
転作奨励作物　141
伝統産業　52
糖化製品　159
糖価調整制度　157
特定農林水産物などの名称の保護に関する法律
　（地理的表示法）　44
都市計画区域　100
都市計画法　100
都市農業振興基本法　101
都市農村交流　215, 219, 235, 259
土壌の団粒構造　108
土地の空洞化　218
土地持ち非農家　111
特区法　99
鳥インフルエンザ　171

ナ行
内発的発展論　213
仲卸業者　147
中食　23
なりわい　237
肉用牛肥育経営　174
21世紀の国土のグランドデザイン　210
二重米価制度　34
2007年問題　240
二地域居住　235
日欧（EU）EPA　77, 94
日豪EPA　74
日米安全保障条約　64
日米構造協議　38
日米農産物交渉　69
担い手不足　136
二宮尊徳　194
入札取引　132

266

索　引

認定新規就農者　92
認定農業者　88, 98
ネオ内発的発展論　214
農会　193
農外企業　115
農家民泊　220, 225, 247
農業委員会　99
農協改革　198
農業基本法　36, 85
農業協同組合合併助成法　195
農業協同組合法　188
農協共販　136, 190
農協共販組織　144, 151
農業経営基盤強化促進法　88, 98
農業経営体　82
農協系統出荷　147
農業産出額　84
農業次世代人材育成資金　93
農業者戸別所得補償制度　91, 134
農業就業人口　83, 112
農業従事者　112
農業振興地域の整備に関する法律（農振法）
　　208
農業生産法人　90, 96
農業体験農園　225
農業への企業参入　99
農業法人　114
農業労働力　112
濃厚飼料　174
農産物直売所　13, 222
農産物貿易促進援助法（PL480）　20, 64
農産物輸入自由化　241
農商工等連携促進法　258
農商工連携　61, 215, 253
農振法　98
農村移住　235
農村コミュニティ　248
農村振興　231
農村ツーリズム　259
農村ビジネス　253
農村民泊　260
農村レストラン　260

農村ワーキングホリデー　226, 235
農地改革　97
農地開発事業　103
農地所有適格法人　93, 100, 114
農地信託制度　97
農地中間管理機構　92
農地中間管理事業　105
農地の権利移動　97
農地の転用　104
農地法　85, 97
農地利用集積円滑化団体　105
農民解放指令　195
農薬残留　57
農用地区域　100
農用地利用増進法　85
農林水産業・地域の活力創造プラン　129
農林物資の規格化等に関する法律（JAS法）
　　40
農林漁家民宿　260
ノマドワーカー　253

ハ行
バイイング・パワー　148
バイオマス・エネルギー　5
売買参加者　147
バケット輸送　151
鉢物類　137
花木・庭園樹　137
ハーモナイゼーション　3, 43, 45
ハラール認証　180
バリューチェーン　181
繁殖・肥育一貫経営　177
販売事業　189
販売農家　82, 110
東日本大震災　240
光センサー選果機　143, 150
非関税障壁　63
人の空洞化　218
非貿易的関心事項　71
品質競争　143
品目横断的経営安定対策　82, 105
ファーマーズ・マーケット　13, 191

267

ファストフード　53
ファミリーレストラン　53
風評被害　171
副業的農家　111
物流革新　141
不当景品類及び不当表示防止法（景品表示法）
　　40
プラザ合意　59, 69, 87, 138
ブレトンウッズ体制　65
ブロックローテーション　124
分荷機能　145
貿易為替自由化計画大綱　67
報徳社　194
保健機能食品　151
誇りの空洞化　207, 219

マ行

孫ターン　252
増田レポート　207
まち・ひと・しごと創生法　216
マルチハビテーション　240
緑提灯　260
緑の革命　4
緑の雇用　242
緑の政策　88
緑のふるさと協力隊　254
ミニマム・アクセス（最低輸入機会）　35, 72,
　　89
ムラ社会　248
むらの空洞化　218
銘柄産地　143
メタン化　61
素畜費　176

ヤ行

野菜生産出荷安定法　36, 141
結　222
有機 JAS　150
遊休農地　99

ラ・ワ行

輸送園芸地帯　144
輸入依存体制　26
預託契約生産　174
四全総　210
四定条件　151
ライセンシング　11
リーフ茶　166
リーマン・ショック　5, 240
流通チャネル　145
利用権　98
良食味品種　130
緑茶飲料　166
リレー出荷体制　150
輪作　156
輪作体系　108
零細農耕　131
劣等財　35
連合国軍最高司令官総司令部　195
連作障害　141
労働集約化　143
労働集約的な生産体系　137
ローカリズム　12
ローカル・フードシステム　12
6次産業化　100, 180, 215, 248, 253
六次産業化・地産地消法　258
ロッチデール公正先駆者組合　187
ワンストップパーソン　242
ワンストップショッピング　148

執筆者紹介（執筆順，執筆担当）

藤田 武弘（ふじた・たけひろ，編著者，追手門学院大学地域創造学部）はじめに，
　　　　　第15章

櫻井 清一（さくらい・せいいち，千葉大学大学院園芸学研究院）第1章

杉村 泰彦（すぎむら・やすひこ，琉球大学農学部）第2章

矢野　泉（やの・いずみ，広島修道大学商学部）第3章

佐藤 和憲（さとう・かずのり，東京農業大学国際食料情報学部）第4章

内藤 重之（ないとう・しげゆき，編著者，琉球大学農学部）第5章

横山 英信（よこやま・ひでのぶ，岩手大学人文社会科学部）第6章

荒井　聡（あらい・さとし，福島大学農学群食農学類）第7章

山本 淳子（やまもと・じゅんこ，琉球大学農学部）第8章

小野 雅之（おの・まさゆき，摂南大学農学部）第9章

宮井 浩志（みやい・ひろし，山口大学経済学部）第10章

辻　和良（つじ・かずよし，元・和歌山大学食農総合研究所）第10章

坂井 教郎（さかい・のりお，鹿児島大学農学部）第11章

安部 新一（あべ・しんいち，元・宮城学院女子大学現代ビジネス学部）第12章

細野 賢治（ほその・けんじ，編著者，広島大学大学院統合生命科学研究科）第13章

岸上 光克（きしがみ・みつよし，編著者，和歌山大学経済学部）第14章

大西 敏夫（おおにし・としお，大阪商業大学経済学部）第14章

藤井　至（ふじい・いたる，大阪商業大学経済学部）第15章

阪井加寿子（さかい・かずこ，和歌山大学食農総合研究教育センター）第16章

貫田 理紗（ぬきた・りさ，島根県中山間地域研究センター）第16章

中尾 誠二（なかお・せいじ，福知山公立大学地域経営学部）第17章

編著者紹介（①生年，出身地　②学歴，学位　③現職　④主な著書）

藤田武弘（ふじた・たけひろ）

① 1962年，大阪府
② 大阪府立大学大学院・農学研究科博士後期課程単位取得退学，博士（農学）
③ 追手門学院大学地域創造学部・教授／和歌山大学名誉教授
④『地場流通と卸売市場』農林統計協会，2000年（単著），『なにわ大阪の伝統野菜』農山漁村文化協会，2002（共著），『中国大都市にみる青果物供給システムの新展開』筑波書房，2002年（編著），『地域産業複合体の形成と展開』農林統計協会，2005年（編著），『都市と農村』日本経済評論社，2011年（編著），『ホスピタリティ入門』新曜社，2013年（共著），『ここからはじめる観光学』ナカニシヤ出版，2015年（共著）

内藤重之（ないとう・しげゆき）

① 1967年，岡山県
② 大阪府立大学大学院・農学研究科博士後期課程中退，博士（農学）
② 琉球大学農学部・教授
④『流通再編と花き卸売市場』農林統計協会，2001年（単著），『食と農の経済学』ミネルヴァ書房，2004年（編著），『食料・農産物の市場と流通Ⅱ』筑波書房，2008年（共著），『学校給食における地産地消と食育効果』筑波書房，2010年（編著），『そばによる地域創生』筑波書房，2017年（編著），『食料・農業・農村の六次産業化（戦後日本の食料・農業・農村第8巻）』農林統計協会，2018年（共著）

細野賢治（ほその・けんじ）

① 1967年，大阪府
② 大阪府立大学大学院・農学研究科博士前期課程修了，博士（農学）
③ 広島大学大学院統合生命科学研究科・教授
④『園芸産地の展開と再編』農林統計協会，2001年（共著），『ミカン産地の形成と展開』農林統計出版，2009年（単著），『実践 農産物地域ブランド化戦略』筑波書房，2009年（共著），『新たな食農連携と持続的資源利用』筑波書房，2015年（共著），『産地再編が示唆するもの』農林統計協会，2016年（共著），『米離脱後TPP11と官邸主導型「農政改革」』農林統計協会，2018年（共著）

編著者紹介

岸上光克（きしがみ・みつよし）

① 1977年，兵庫県

② 大阪府立大学大学院・農学生命科学研究科博士後期課程修了，博士（農学）

③ 和歌山大学経済学部・教授

④ 『農業経営の新展開とネットワーク（日本農業経営年報 No. 4)』農林統計協会，2005年（共著），『地域再生と農協』筑波書房，2012年（単著），『やっぱりおもろい！ 関西農業』昭和堂，2012年（共著），『廃校利活用による農山村再生（JC 総研ブックレット No. 9)』筑波書房，2015年（単著）

MINERVA TEXT LIBRARY ⑱

現代の食料・農業・農村を考える

2018年5月30日　初版第1刷発行　　　　　　　　　　〈検印省略〉
2023年12月20日　初版第4刷発行
　　　　　　　　　　　　　　　　　　　　定価はカバーに
　　　　　　　　　　　　　　　　　　　　表示しています

編著者	藤	田	武	弘
	内	藤	重	之
	細	野	賢	治
	岸	上	光	克
発行者	杉	田	啓	三
印刷者	江	戸	孝	典

発行所　株式会社　ミネルヴァ書房

607-8494 京都市山科区日ノ岡堤谷町1
電話 代表 (075)581-5191番
振替口座 01020-0-8076番

ⓒ 藤田・内藤・細野・岸上ほか，2018　　共同印刷工業・坂井製本

ISBN978-4-623-08284-1

Printed in Japan

食と農の社会学──生命と地域の視点から

桝潟俊子・谷口吉光・立川雅司編著　Ａ５判　328頁　本体2800円

●食と農に関する理論を紹介するとともに，日本独自の実践や研究成果も紹介する教科書。現在の食と農の問題を，産業化・市場化・グローバル化の進展と，それに対抗する反近代化，・自然との共生・ローカル化の動きとのせめぎ合いとしてとらえる。読者に身近な社会的問題やトピックを取り上げ，具体例を研究や運動の文脈に位置づけて論じた。

日本の「いい会社」──地域に生きる会社力

坂本光司・法政大学大学院 坂本光司研究室著　Ａ５判　248頁　本体2000円

●地域をささえる，魅力ある会社とは。「日本でいちばん大切にしたい会社」のすばらしい取り組み20！

ゼロからの経営戦略

沼上　幹著　四六判　296頁　本体2000円

●ヤマトホールディングス，富士重工業，ＴＯＴＯ，コマツなど多くの企業の成功事例を通して，これからの企業戦略を考えていく手がかりを探る。市場の成熟化，グローバル競争の激化する中，明確な戦略がなければ勝てない時代において，「場当たり的経営者」と「力量のある経営者」の違いを分ける戦略的思考法についてわかりやすく語る。

実践的グローバル・マーケティング

大石芳裕著　四六判　268頁　本体2000円

●「ものづくり」にこだわる日本企業が，ライバルの多い世界の市場に参入するためには，「グローバル・マーケティング」は欠かせない。製品を「誰に，何を，どのように」売っていくのかを戦略的に考えるためのノウハウを，ヤクルト，ハウス食品，コマツなど，世界市場においてもブランドを確立している企業のマーケティングにおける成功事例通じて紹介していく。

──── ミネルヴァ書房 ────

https://www.minervashobo.co.jp/